Verlag der Österreichischen Akademie der Wissenschaften

Österreichischer Sachstandsbericht Klimawandel 2014
Austrian Assessment Report 2014 (AAR14)

Zusammenfassung für Entscheidungstragende
und
Synthese

HerausgeberInnen
Helga Kromp-Kolb
Nebojsa Nakicenovic
Karl Steininger
Andreas Gobiet
Herbert Formayer
Angela Köppl
Franz Prettenthaler
Johann Stötter
Jürgen Schneider

Dieser Sachstandsbericht entstand im Zuge des Projektes „Austrian Panel on Climate Change Assessment Report", das aus Mitteln des Klima- und Energiefonds gefördert und im Rahmen des Programms „Austrian Climate Research Program" durchgeführt wurde.

Veröffentlicht mit Unterstützung des Austrian Science Fund (FWF): PUB 221-V21

Wien, September 2014
2., überarbeitete Auflage: Wien, März 2015

ISBN: 978-3-7001-7701-2
ISBN (Gesamtbband) 978-3-7001-7699-2

Titelseitengestaltung
Anka James, auf Basis von Sabine Tschürtz in Munoz and Steininger, 2010.

Übersetzung der Zusammenfassung für Entscheidungstragende ins Englische
Bano Mehdi

Zitierweise des Gesamtbandes
APCC (2014): *Österreichischer Sachstandsbericht Klimawandel 2014 (AAR14)*. Austrian Panel on Climate Change (APCC), Verlag der Österreichischen Akademie der Wissenschaften, Wien, Österreich, 1096 Seiten. ISBN 978-3-7001-7699-2

Die Zitierweisen der *Zusammenfassung für Entscheidungstragende* und der *Synthese* sind auf der Titelseite des jeweiligen Berichtsteiles und im Anhang angeführt.

Die vorliegende Publikation umfasst die überarbeiteten Ausgaben der *Zusammenfassung für Entscheidungstragende* in deutscher und englischer Sprache und der *Synthese*. Diese Dokumente sind ein Auszug der umfassenden Darstellung im vollständigen Bericht, auf dessen Band-und Kapitelnummern in der vorliegenden Publikation verwiesen wird.
Die Zitierweisen der Kapitel und Berichtsteile sind im Anhang komplett aufgelistet.

Alle Teile dieses Berichts sind im Verlag der Österreichischen Akademie der Wissenschaften publiziert und sowohl im Buchhandel als auch unter www.apcc.ac.at erhältlich.

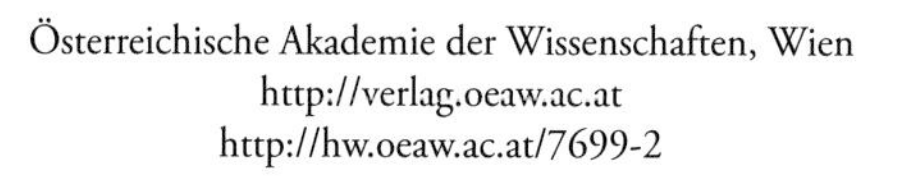

Österreichische Akademie der Wissenschaften, Wien
http://verlag.oeaw.ac.at
http://hw.oeaw.ac.at/7699-2

Druck: Wogranoll Druck GmbH, 7210 Mattersburg

Österreichischer Sachstandsbericht Klimawandel 2014

Austrian Assessment Report 2014 (AAR14)

Austrian Panel on Climate Change (APCC)

Projektleiter / Project Leader
Nebojsa Nakicenovic

Organisationskomitee / Organizing Committee
Helga Kromp-Kolb, Nebojsa Nakicenovic, Karl Steininger

Projektmanagement / Project Management
Laura Morawetz

Co-Chairs
Band 1: Andreas Gobiet, Helga Kromp-Kolb
Band 2: Herbert Formayer, Franz Prettenthaler, Johann Stötter
Band 3: Angela Köppl, Nebojsa Nakicenovic, Jürgen Schneider, Karl Steininger

Koordinierende LeitautorInnen / Coordinating Lead Authors
Bodo Ahrens, Ingeborg Auer, Andreas Baumgarten, Birgit Bednar-Friedl, Josef Eitzinger, Ulrich Foelsche, Herbert Formayer, Clemens Geitner, Thomas Glade, Andreas Gobiet, Georg Grabherr, Reinhard Haas, Helmut Haberl, Leopold Haimberger, Regina Hitzenberger, Martin König, Helga Kromp-Kolb, Manfred Lexer, Wolfgang Loibl, Romain Molitor, Hanns Moshammer, Hans-Peter Nachtnebel, Franz Prettenthaler, Wolfgang Rabitsch, Klaus Radunsky, Hans Schnitzer, Wolfgang Schöner, Niels Schulz, Petra Seibert, Sigrid Stagl, Robert Steiger, Johann Stötter, Wolfgang Streicher, Wilfried Winiwarter

Review EditorInnen / Review Editors
Brigitte Bach, Sabine Fuss, Dieter Gerten, Martin Gerzabek, Peter Houben, Carsten Loose, Hermann Lotze-Campen, Fred Luks, Wolfgang Mattes, Sabine McCallum, Urs Neu, Andrea Prutsch, Mathias Rotach

Wissenschaftlicher Beirat / Scientific Advisory Board
Jill Jäger, Daniela Jacob, Dirk Messner

Qualitätssicherung / Review Process
Mathis Rogner, Keywan Riahi

Sekretariat / Secretariat
Benedikt Becsi, Simon De Stercke, Olivia Koland, Heidrun Leitner, Julian Matzenberger, Bano Mehdi, Pat Wagner, Brigitte Wolkinger

Finales Lektorat / Copy Editing
Thomas Reithmayer, Matthias Litschauer, Kathryn Platzer

Layout und Formatierung / Layout and Formatting
Valerie Braun, Kati Heinrich, Tobias Töpfer

Beteiligte Institutionen

Die folgenden Institutionen ermöglichten MitarbeiterInnen dankenswerterweise die Mitwirkung an der Erstellung des AAR14 und haben dadurch wesentlich zum Sachstandsbericht beigetragen:

- Agentur für Gesundheit und Ernährungssicherheit (AGES)
- Alpen-Adria Universität Klagenfurt - Wien - Graz
- alpS GmbH
- Amt der Tiroler Landesregierung
- ARGE Erneuerbare Energie Dachverband Gleisdorf
- Austrian Institute for Technology (AIT)
- BIOENERGY2020+ GmbH
- Bundesamt für Wasserwirtschaft (BAW)
- Bundesforschungs- und Ausbildungszentrum für Wald, Naturgefahren und Landschaft (BFW)
- Bundesministerium für Land- und Forstwirtschaft, Umwelt und Wasserwirtschaft (BMLFUW), Abteilung VII/3 – Wasserhaushalt
- Bundesministerium für Verkehr, Innovation und Technologie (BMVIT), Abteilung für Energie- und Umwelttechnologien
- Climate Change Centre Austria (CCCA)
- Climate Policy Initiative, Venice Office
- Donau-Universität Krems
- Helmholtz-Zentrum für Umweltforschung GmbH
- Institut für Entwicklungspolitik (DIE)
- International Institute for Applied Systems Analysis (IIASA)
- J.W.v. Goethe Universität Frankfurt am Main
- Joanneum Research Forschungsgesellschaft mbH
- komobile w7 GmbH
- Konrad-Lorenz-Institut für Vergleichende Verhaltensforschung
- Lehr- und Forschungszentrum Raumberg-Gumpenstein
- Leibniz-Institut für Agrartechnik Potsdam-Bornim e.V (ATB)
- Management Center Innsbruck (MCI)
- Max-Planck-Institut für Meteorologie (MPI-M)
- Medizinische Universität Wien
- Mercator Research Institute on Global Commons and Climate Change
- MODUL University Vienna
- Naturschutzbund Steiermark
- Niederösterreichische Landesregierung
- Österreichisches Institut für Wirtschaftsforschung (WIFO)
- Österreichische Akademie der Wissenschaften (ÖAW)
- Potsdam-Institut für Klimafolgenforschung (PIK)
- Schweizer Akademie der Naturwissenschaften
- Statistik Austria
- Sustainable Europe Research Institute (SERI)
- Technische Universität Graz (TU Graz)
- Technische Universität Wien (TU Wien)
- Tierärztliche Hochschule Hannover
- Umweltbundesamt Wien
- Universität Bayreuth
- Universität für Bodenkultur (BOKU)
- Universität Graz (Uni Graz)
- Universität Innsbruck
- Universität Salzburg (Uni Salzburg)
- Universität Wien (Uni Wien)
- Universität Leiden
- Wirtschaftsuniversität Wien (WU Wien)
- Wissenschaftlicher Beirat der Bundesregierung Globale Umweltveränderungen (WBGU)
- Zentralanstalt für Meteorologie und Geodynamik (ZAMG)

Inhaltsverzeichnis

Österreichischer Sachstandsbericht Klimawandel 2014

Zum Geleit

Bei meiner Angelobung zum Bundespräsidenten nach meiner Wiederwahl im Jahre 2010 habe ich auf die Gefahren des Klimawandels hingewiesen, und auch auf die Verantwortung Österreichs, zur Lösung dieses großen Problems beizutragen.

In einer 3-jährigen gemeinsamen, unentgeltlichen Anstrengung haben nun über 200 Wissenschafterinnen und Wissenschafter in Österreich ihr Wissen zusammengetragen, über Disziplinengrenzen hinweg auf einander abgestimmt, und gemeinsam Schlüsse gezogen, um der Öffentlichkeit und den Entscheidungsträgern ein möglichst umfassendes und wissenschaftlich abgesichertes Bild des Klimawandels in Österreich zu zeichnen.

Komplementär zum fünfen globalen Bericht des Intergovernmental Panel on Climate Change (IPCC), liegt nun vom Austrian Panel of Climate Change (APCC) der Austrian Assessment Report (AAR14) vor. Er fasst zusammen, was über Klimawandel in Österreich erforscht wurde, welche Auswirkungen er hat und in weiterer Folge noch haben kann. Er zeigt Anpassungs- und Minderungsmaßnahmen auf und kommt zu dem Schluss, dass Österreich seiner Verantwortung bisher nicht in ausreichendem Maße nachgekommen ist. Er legt aber auch dar, dass es viele Handlungsoptionen gibt, die – unabhängig vom Klimawandel – Vorteile mit sich bringen würden.

Die Wissenschaft hat in eindrucksvoller Weise gezeigt, wie ernst sie den Klimawandel nimmt. Es ist zu hoffen, dass ihr Werk vermehrte politische Anstrengungen für den Klimaschutz in Österreich auslöst, und die Zivilgesellschaft / Öffentlichkeit in ihrem (wachsenden) Engagement für eine lebenswerte Zukunft gestärkt wird.

Vorbemerkungen zum Sachstandsbericht: Entstehung und Grundsätze

Vorbemerkungen zum Sachstandsbericht Klimawandel: Entstehung und Grundsätze

Warum ein Sachstandsbericht Klimawandel für Österreich?

Der Klimawandel ist eine der größten Herausforderungen für die Menschheit in diesem Jahrhundert. Das „Intergovernmental Panel on Climate Change" (IPCC) bestätigt in seinem 2013/2014 publizierten fünften Sachstandsbericht („Fifth Assessment Report, AR5") nochmals, was aus der Fachliteratur schon seit Jahrzehnten bekannt ist: Der Klimawandel findet statt und wird hauptsächlich durch menschliche Aktivitäten verursacht. Die mittlere globale Temperatur ist seit 1880 um fast ein Grad Celsius angestiegen. Des weiteren schlussfolgert das IPCC, dass zukünftig unverminderte Emissionen einen Temperaturanstieg um drei bis fünf Grad Celsius bis zum Ende des Jahrhunderts verursachen würden. Das IPCC Szenario mit dem höchsten Emissionsminderungsziel ist auf einen globalen Temperaturanstieg von zwei Grad Celsius bis Ende des Jahrhunderts ausgelegt – dies würde für Österreich einen Temperaturanstieg von rund vier Grad Celsius bedeuten; der bisherige mittlere Temperaturanstieg in Österreich ist ebenso bereits ungefähr zweimal so hoch wie der des globalen Durchschnitts. Die mit diesem globalen Szenario verknüpfte zukünftige Entwicklung würde bereits einen gefährlichen Klimawandel auslösen; die Emissionspfade mit höheren Emissionen können katastrophale Folgen nach sich ziehen.

Obwohl die Wissenschaft seit vielen Jahren auf den ständig fortschreitenden Klimawandel und seine Auswirkungen hinweist und trotz darauf basierender internationaler und nationaler Absichterklärungen den Klimawandel einzudämmen, nehmen die Treibhausgasemissionen weltweit weiterhin zu. Auch in Österreich zählen Klimawandelanpassung und Klimaschutz nicht zu den obersten Prioritäten der Politik. In manchen Diskussionen entsteht sogar der Eindruck, dieses Problem hätte mit Österreich wenig zu tun.

Angesichts des Ausmaßes der möglichen negativen Auswirkungen des Klimawandels und der Notwendigkeit sofort zu handeln, um den Klimawandel zu bremsen und das Klima zu stabilisieren, entstand die Idee, ähnlich den auf globaler Ebene erstellten IPCC Sachstandsberichten, eine nationale Beurteilung für Österreich durchzuführen, einen Austrian Assessment Report 2014 (AAR14). Das nun vorliegende Buch ist das Ergebnis dieser Bemühungen. Es stellt einen IPCC-ähnlichen Bericht für Österreich dar, der bestehendes Wissen zum Klimawandel in Österreich, seinen Auswirkungen, sowie den Erfordernissen und Möglichkeiten der Minderung und Anpassung in drei Bänden zusammenfasst, um einen ersten, umfassenden und konsolidierten Überblick über den Stand des Wissens zum Klimawandel in Österreich zu geben.

Statt eine kleine Gruppe von AutorInnen mit dieser Aufgabe zu betrauen, wurden alle zum Thema Klimawandel in Österreich Forschenden zur Mitwirkung eingeladen; die Bereitschaft war sehr groß. Letztendlich haben rund 240 WissenschaftlerInnen von rund 50 Forschungseinrichtungen den Sachstandsbericht Klimawandel (AAR14) gemeinsam erstellt. Es konnte solcherart ein wesentlich vollständigeres, disziplinenübergreifendes Bild gezeichnet werden, als dies einer kleine(ere)n Gruppe möglich gewesen wäre. Durch Zusammenführen von mit verschiedenen Ansätzen und Methoden erarbeiteten Erkenntnissen werden darüber hinaus die Ergebnisse robuster, bzw. werden weniger robuste als solche erkannt und der nach wie vor bestehende Forschungsbedarf tritt klarer zum Vorschein. Der Bericht stellt daher Entscheidungsgrundlagen für Entscheidungstragende auf unterschiedlichen Ebenen und in verschiedenen Sektoren bereit, deren Verlässlichkeit von den Forschenden gemeinsam abgeschätzt und transparent gemacht wurde (Details dazu siehe Abschnitt „Umgang mit Unsicherheiten" im Folgenden).

Die gemeinsame Anstrengung setzt auch ein deutliches und sichtbares Lebenszeichen der rasch wachsenden österreichischen „Klimaforschungscommunity", die durch die gemeinsame Arbeit an diesem Bericht zusätzlich zusammengewachsen ist und von bisher nicht gekannten Synergien profitieren konnte.

Aufbau und Grundsätze des AAR14 im Vergleich zum IPCC AR5

Es war von Anbeginn vorgesehen, Erstellungsprozess und Struktur des Austrian Assessment Reports 2014 (AAR14) nach dem Muster des IPCC auszurichten, da sich zum einen das auf internationaler Ebene über die Jahre entwickelte Verfahren bewährt hat, und zum anderen seit dem vorletzten IPCC Sachstandsbericht (AR4) zudem weitere wesentliche Verbesserungen hinsichtlich Transparenz und Qualitätssicherung eingeführt wurden. Dennoch gibt es einige Abweichungen.

Ähnlich den IPCC-Sachstandsberichten liegt dem AAR14 das Prinzip zugrunde, entscheidungsrelevant zu sein, aber keinen empfehlenden Charakter zu haben. Dieses Prinzip kommt vor allem im 3. Band zum Tragen. Der Bericht enthält daher auch zahlreiche Vorschläge, welche Maßnahmen möglich oder notwendig wären, wenn bestimmte Ergebnisse oder Ziele erreicht werden sollen. Um Handeln auch im Sinne des Vorsorgeprinzips zu ermöglichen (welches das Auftreten irreparabler Schäden, etwa an der Gesundheit oder an Ökosystemen, durch geeignete Maßnahmen von vornherein auszuschließen sucht), wird getrachtet, die volle Bandbreite („best case" bis „worst case") möglicher Auswirkungen des Klimawandels darzustellen. Da der „best case" sehr häufig lediglich im Fortbestand der derzeitigen Situation besteht, liegt das Augenmerk naturgemäß stärker auf „worst case" Szenarien. Diese sind keineswegs als Prognosen zu verstehen, oft nicht einmal als sehr wahrscheinliche Entwicklungen, aber ihre Betrachtung ist erforderlich, um der Gesellschaft informierte Entscheidungen zu ermöglichen.

Die Hauptinformationsquellen für die IPCC Berichte sind nach Begutachtungsverfahren publizierte Artikel in internationalen wissenschaftlichen Zeitschriften. Wiewohl sogenannte „graue" Literatur[1] vom IPCC nicht grundsätzlich ausgeschlossen wird, kommt ihr doch auf der internationalen Ebene eine geringe Rolle zu. Im AAR14 wurde verstärkt auch auf graue Literatur zurückgegriffen, jedoch (wie beim IPCC auch) unter der Voraussetzung, dass sie zugänglich ist, oder zugänglich gemacht wurde. Das erschien auf nationaler Ebene in größerem Ausmaß notwendig, weil Untersuchungen zu lokalen und regionalen Fragen oft nicht in referierten Zeitschriften publiziert werden, zum Stand des Wissens über den Klimawandel in Österreich aber dennoch Wesentliches beitragen können. Als Nebeneffekt des AAR14 ist daher nicht nur eine Literaturdatenbank entstanden, die alle Literaturzitate des Berichtes enthält, sondern auch eine Sammlung grauer Literatur, die über das Climate Change Centre Austria (CCCA) auch weiterhin zugänglich sein wird.

Ebenso haben die AutorInnen das übersetzte IPCC Glossar (aus dem IPCC AR4) an die Bedürfnisse des AAR14 angepasst und teilweise wesentlich erweitert. Ein gutes Beispiel dafür ist der Themenkreis „Boden" der im IPCC Bericht wesentlich weniger ausführlich behandelt wird und daher im Glossar ungenügend berücksichtigt war. Das APCC Glossar wird vom CCCA als lebendes Dokument weitergeführt und online verfügbar gemacht.

Der Volltext des Austrian Assessment Report 2014, AAR14, ist in 3 Bände gegliedert. Band 1 widmet sich den physikalischen Grundlagen des Klimawandels, Band 2 den Auswirkungen, und Band 3 der möglichen Minderung von Treibhausgasemissionen und der Anpassung an den Klimawandel. Jeder der drei Bände wurde von zwei bis vier Co-Chairs betreut. Ihre Aufgabe war es, sicherzustellen, dass die einzelnen Kapitel keine wesentlichen Überschneidungen, Lücken, Inkonsistenzen, etc. aufweisen. Gemeinsam bilden die Co-Chairs der drei Bände das „Austrian Panel on Climate Change" (APCC).

Diese Gliederung des AAR14 weicht von jener des IPCC AR5 insofern ab, als sich die Anpassungsmaßnahmen dort im zweiten Band zusammen mit den Auswirkungen des Klimawandels finden, weil Anpassung vor allem in natürlichen Systemen oft schwer von den Auswirkungen zu trennen ist. Dies war dem APCC bewusst, doch schien diesem wichtiger, dass Anpassungs- und Minderungsmaßnahmen nicht völlig von einander losgelöst betrachtet werden, da dies zu fehlgeleiteten Maßnahmen führen kann.

Jeder der Bände ist in 5 bis 6 Kapitel gegliedert. Für jedes Kapitel des Berichtes wurden zwei bis drei thematisch komplementäre, koordinierende LeitautorInnen bestimmt und vom Panel bestätigt, die ihrerseits KollegInnen einluden, Teile des Kapitels zu schreiben (LeitautorInnen), oder einzelne Beiträge zu liefern (Beitragende AutorInnen). Die koordinierenden LeitautorInnen organisierten die Arbeit innerhalb ihres Kapitels mit allen jenen, die bereit waren, einen Beitrag zu leisten. Sie tragen die Verantwortung für Inhalt und Fertigstellung der einzelnen Kapitel. Diese Organisation bzw. Hierarchie von AutorInnen entspricht ebenso der IPCC Praxis.

Der erste und – nach Feedback und Review überarbeitete – zweite Entwurf jedes Kapitels wurden jeweils einem anonymen externen Begutachtungsprozess unterzogen, ähnlich dem Peer-Reviewprozess von wissenschaftlichen Zeitschriften. Alle Kommentare und - im Falle des zweiten Entwurfes - auch die Antworten der AutorInnen wurden dokumentiert. Ähnlich dem IPCC Prozess stellten namentlich bekannte Review EditorInnen angemessene Reaktionen der AutorInnen auf jeden einzelnen Kommentar sicher. Anders als beim IPCC Bericht wurde die Regierung bzw. die Politik in den Begutachtungsprozess nicht explizit eingebunden, sehr wohl jedoch auch deren Feedbacks als Stakeholder zweimal eingeholt (siehe dazu auch im Folgenden).

Die Synthese stellt eine Zusammenfassung des Volltextes dar. Für sie zeichnet ein Redaktionsteam verantwortlich, das auf Basis von Beiträgen der koordinierenden LeitautorInnen eine geschlossene Darstellung der Ergebnisse erstellt hat.

[1] „Graue Literatur" fasst das Ergebnis wissenschaftlicher Forschung zusammen, die nicht (oder noch nicht) einem Peer-Review-Prozess einer wissenschaftlichen Zeitschrift unterworfen wurde.

Die kürzeste Fassung, die Zusammenfassung für Entscheidungstragende, ist ebenfalls von einem Redaktionsteam auf Basis der Kernaussagen der einzelnen Kapitel entworfen worden, anschließend in einem Arbeitstreffen und mehrfachen Iterationsschleifen im Kreis der koordinierenden LeitautorInnen und vielen LeitautorInnen überarbeitet worden und letztendlich wieder vom Redaktionsteam finalisiert worden. Während die Zusammenfassung für Entscheidungstragende des IPCC Satz für Satz zwischen Wissenschaft und Politik ausgehandelt wird und das letztendlich veröffentlichte Papier dadurch politische Mächtigkeit erlangt, wurden politische Akteure in den AAR14 nach ausführlichen Diskussionen im APCC nur über zwei Stakeholder Workshops und das Angebot die Entwürfe zu kommentieren, eingebunden. Dies erschien dem APCC für einen kleinen Staat mit vielfältigen Abhängigkeiten wissenschaftlicher Institutionen und mit geringer Tradition in der Interaktion Wissenschaft-Politik als angemessene Vorgangsweise. Die Einbindung der Politik unterscheidet sich daher wesentlich von jener im IPCC Prozess.

Analog dem IPCC Bericht wurde die umfangreiche inhaltliche Arbeit von den Forschenden bzw. deren Institutionen unentgeltlich geleistet.

Erstellung des Sachstandsberichtes

Der Sachstandsbericht Klimawandel (AAR14) ist das Kernprodukt des im Rahmen des Austrian Climate Research Program (ACRP) des Klima- und Energiefonds (KLIEN) geförderten Projektes „Austrian Panel on Climate Change Assessment Report", das eine Laufzeit vom 01.7.2011 bis 31.10.2014 hat. Die Leitung des Projektes lag bei Nebojsa Nakicenovic (Technische Universität Wien); ein Organisationskomitee, bestehend aus Helga Kromp-Kolb (Universität für Bodenkultur, Wien), Nebojsa Nakicenovic (Technische Universität Wien), und Karl Steininger (Universität Graz) hat gemeinsam mit dem Leiter des Review Prozesses, Keywan Riahi (International Institute for Applied Systems Analysis, IIASA) das APCC Projekt gesteuert. Über das Projekt wurden koordinative Tätigkeiten und Sachleistungen finanziert, aber die umfangreiche inhaltliche Arbeit der Forscherinnen und Forscher und die koordinative Tätigkeit des Organisationskomitees wurden unentgeltlich geleistet. Lediglich den Co-Chairs und den Koordinierenden Leitautorinnen wurde ein kleiner, einheitlicher Betrag zur Finanzierung von Hilfsdiensten, wie etwa die Erstellung von Abbildungen und Tabellen, oder die Unterstützung bei der Koordination der AutorInnen zur Verfügung gestellt. Der Fonds zur Förderung der wissenschaftlichen Forschung (FWF) hat einen Beitrag zur Drucklegung des Berichtes geleistet.

Die Einladung zur Mitwirkung an dem Projekt erging sowohl vor Projekteinreichung als auch nach Projektgenehmigung von der Projektleitung (Organisationskomitee) an die einschlägig Forschenden in Österreich, und nochmals von den Koordinierenden Leitautorinnen an die im jeweiligen Themenbereich Forschenden.

Potentielle künftige NutzerInnen des AAR14 aus Politik, Verwaltung, Zivilgesellschaft und Wirtschaft wurden in den Entstehungsprozess des AAR14 eingebunden, um deren Bedürfnissen möglichst gerecht zu werden. Die Stakeholder wurden zunächst zur vorgesehenen Struktur und Inhalt des Berichtes gefragt, und wieder als die vorläufigen Ergebnisse vorlagen (zweiter Entwurf). In beiden Fällen wurden jeweils Stakeholder-Konferenzen abgehalten und die Vorschläge und Kommentare der NutzerInnen anschließend durch die AutorInnen geprüft und soweit möglich und als innerhalb des APCC Rahmens als umsetzbar erachtet, in der weiteren Ausarbeitung berücksichtigt.

Ein Scientific Advisory Board (SAB), bestehend aus internationalen ExpertInnen, wurde zur Begleitung des Projektes eingerichtet.

Im Laufe der Arbeit hat sich allerdings gezeigt, dass beträchtliche zentrale Unterstützung für den Fortgang der Arbeit unentbehrlich war, worauf das Projektsekretariat wesentliche Aufgaben übernahm, die ursprünglich den Koordinierenden LeitautorInnen zugedacht waren, während das Organisationskomitee des ACRP-Projektes den Co-Chairs bei der Wahrnehmung ihrer Aufgaben behilflich war bzw. Aufgaben übernahm, die ursprünglich für letztere vorgesehen waren.

Beim Entwurf des ACRP-Projektes hatte man sich am internationalen IPCC Prozess orientiert, wobei wohl zu wenig berücksichtigt wurde, dass der internationale Expertenpool sehr viel größer als der nationale ist und der nationale Prozess daher viel stärker von der zeitlichen Verfügbarkeit und der Prioritätensetzung einzelner WissenschafterInnen abhängig ist. Auch zeitlich begrenzter Ausfall einzelner ForscherInnen hatte daher wesentliche Auswirkungen auf den Fortschritt und die Qualität des gesamten Projektes.

Das ACRP-Projekt „Austrian Panel on Climate Change Assessment Report" umfasst auch die Analyse des Entstehungsprozesses des Österreichischen Sachstandsberichtes Klimawandel. Dazu wird ein eigener anonymisierter „Meta-Bericht" als Unterstützung für die Konzeption möglicher zukünftiger nationaler Sachstandsberichte erstellt.

Mitwirkende

Der AAR14 ist die gemeinsame Leistung zahlreicher Mitwirkender, die alle Wesentliches zu seinem Entstehen beigetragen haben. Es ist dem Organisationskomitee ein Anliegen, diese Leistungen zu würdigen:

Autorinnen und Autoren

Manche der rund 240 WissenschafterInnen haben einzelne Bände oder Kapitel koordiniert, andere haben einzelne Abschnitte, Absätze oder eine Graphik beigesteuert – ihrer aller Arbeit war für die Qualität des Berichtes entscheidend. Viele Koordinierende LeitautorInnen haben den Aufwand nicht gescheut, alle einschlägig in Österreich forschenden KollegInnen in die gemeinsame Arbeit einzubeziehen und einigen ist es gelungen, auch den Zeitplan einzuhalten. Manche haben kurzfristig während des Prozesses Verantwortung übernommen, um sichtbar gewordene Lücken zu schließen. Aus unterschiedlichen Gründen konnten nicht alle Koordinierenden LeitautorInnen bis zum Ende dabei bleiben – die meisten haben dennoch auf die eine oder andere Weise zum Gesamtwerk beigetragen.

Qualitätskontrolle

Keywan Riahi und Mathis Rogner, IIASA, haben in professioneller Weise den Begutachtungsprozess organisiert, und dafür über 70, weitgehend anonym bleibende, ehrenamtlich tätige ReviewerInnen zur Mitarbeit gewonnen. Durch über 2 900 Kommentare und Fragen haben diese wesentlich zur Qualitätsverbesserung des Berichtes beigetragen. Die 13 Review-EditorInnen haben sichergestellt, dass den Kommentaren und Fragen der ReviewerInnen angemessen Rechnung getragen wird. Mit großer Ausdauer hat Mathis Rogner, IIASA, Rückmeldungen von allen Beteiligten eingefordert, Kommentar-und-Antworten-Tabellen erstellt, mehr als 17 Telefonkonferenztermine zustande gebracht, bei denen offene Punkte zwischen Review-EditorInnen, Koordinierenden LeitautorInnen und Organisationskomitee ausdiskutiert werden konnten, und auch sonst auf vielfältige Weise den Prozess vorangebracht.

Projektmanagement

Bei Laura Morawetz, BOKU, sind mit der Zeit alle Fäden zusammengelaufen. Fast unmerklich hat sie das Heft in die Hand genommen und die im Antrag bedauerlicherweise nicht vorgesehene Position der Projektmanagerin wahrgenommen. Trotz verwirrender Vielfalt an übermittelten Text- und Abbildungsversionen, Anfragen unterschiedlichster Art und immer wieder nicht eingehaltener Zeitpläne hat sie nie die Geduld und Übersicht verloren und vorausschauend auch das Organisationskomitee auf notwendige nächste Schritte hingewiesen. Ohne ihre unermüdliche und stets freundliche Ermutigung unterstützungsbedürftigen und selbst säumigen PartnerInnen gegenüber wäre dieser Bericht nicht fertig geworden. Wo immer Not an Mann oder Frau war, ist sie eingesprungen.

Projektsekretariat

Julian Matzenberger, TU Wien, hat die Verträge mit den Partnerinstitutionen aufgesetzt, die Homepage erstellt, wichtige Anleitungen für AutorInnen aus dem IPCC und GEA (Global Energy Assessment) Prozess an die AAR14 Bedürfnisse angepasst und bis Anfang 2014 die offiziellen Kontakte zur KPC gepflogen. Matthias Themeßl, CCCA, hat das Glossar erweitert und betreut, und die Literaturdatenbank aufgesetzt. Heidi Leitner, BOKU, hat sich um die Fertigstellung der Second Order Drafts verdient gemacht, und gemeinsam mit Iouli Andreev, Irene Schicker (BOKU) und Simon De Stercke (IIASA) die Literaturdatenbank befüllt, Kopien zitierter grauer Literatur gesammelt und gemeinsam mit Laura Morawetz für weitgehende Vereinheitlichung der Literaturverzeichnisse gesorgt. Die aufwändige Zusammenstellung der Originalgraphiken in mehreren Iterationen und das Einholen aller Copyrights oblag Benedikt Becsi (BOKU, TU Wien). Pat Wagner unterstützte von Seiten der IIASA Koordination und Kommunikation innerhalb des Organisationskomitees. Olivia Koland und Brigitte Wolkinger (Uni Graz) haben die Workshops und Review-Prozesse mit den Stakeholdern vorzüglich organisiert, den jeweiligen Informationsfluss sichergestellt und Kontakte weiter betreut, und die Second Order Draft-Versionen der Kapitel dafür mit aufbereitet. In den letzten Wochen ist Bano Mehdi (IIASA) zum Team dazu gestoßen und hat sehr effizient wichtige Lücken gefüllt, sei es die Übersetzung der Zusammenfassung für Entscheidungstragende, die Klärung offener Fragen zu Abbildungen oder die Erstellung von Vorlagen für die Titelei.

LektorInnen

Thomas Reithmayer, Matthias Litschauer, Thomas Gerersdorfer, Heidi Leitner und Huem Otero haben (unter teilweise auch knappen Zeitvorgaben) Manuskripte des ersten Entwurfes jedes Kapitels lektoriert. Mit bewundernswerter Flexibilität haben sie sich den – aufgrund stochastisch eingehender Manuskripte – stets wechselnden Zeitplänen angepasst. Thomas Reithmayer und Matthias Litschauer waren dann für das finale Lektorat der einzelnen Kapitel, der Synthese und der Zusammenfassung für Entscheidungstragende verantwortlich. Obwohl ursprünglich ganz andere Zeiträume für das finale Lektorieren vorgesehen waren, hat es vor allem Thomas Reithmayer ermöglicht, durch jonglieren seiner anderen Verpflichtungen Wartezeiten für die APCC Autorinnen auf ein Minimum zu reduzieren. Mathis Rogner hat, wo nötig, die englischen Übersetzungen von Kapitelüberschriften, Bildtexten und Kurzfassungen lektoriert und sprachlich überarbeitet.

Layouterteam

Das Layouterteam (Valerie Braun, Kati Heinrich, Tobias Töpfer) des Institutes für Interdisziplinäre Gebirgsforschung der Österreichischen Akademie der Wissenschaften unter der Leitung von Axel Borsdorf hat nicht nur sehr professionelle Layout-Arbeit unter teilweise knappen Zeitvorgaben geleistet, sondern ist dem Organisationskomitee auch hinsichtlich Verlag und Druck mit Rat und Tat zur Seite gestanden. Mit großer Selbstverständlichkeit haben die KollegInnen bis dahin übersehene Fehler ausgebessert, Abbildungen und Tabellen lesbarer gemacht, und eine zusätzliche Letztkontrolle des Gesamtwerkes vorgenommen, die sonst wohl unterblieben wäre. Die Erstellung eines ansprechenden Druckwerkes war ihnen sichtbar ein Anliegen. Auch als die fristgerechte Fertigstellung des Berichtes schon unmöglich erschien, arbeiteten sie unbeirrt weiter, reagierten freundlich auf immer neue Änderungswünsche seitens der APCC-Community und machten schließlich das Unmögliche doch möglich.

Scientific Advisory Board

Jill Jäger als SAB Vorsitzende hat in den ersten Phasen wichtigen und wertvollen Rat gegeben und den gesamten Prozess wohlwollend begleitet. Sie war ermutigend oder mahnend, jeweils zur richtigen Zeit und war ein sicherer Anker in dem bewegten Projektverlauf. Die beide weiteren Mitglieder des SAB, Daniela Jacob und Dirk Messner haben sich mit dankenswerter Geduld und äußert flexibel den sich ändernden Anforderungen angepasst und alle drei haben wertvolle Ratschläge für die Synthese und die Zusammenfassung für Entscheidungstragende gegeben. Jenen Anregungen, die nicht mehr im Werk selbst berücksichtigt werden konnten, wurde zumindest in der untenstehenden kritischen Reflexion Rechnung getragen, damit sie beim nächsten AAR berücksichtigt werden können.

Projektkonzept

Ganz am Beginn des Projektes stand Sebastian Helgenberger (BOKU), der bei der Erstellung des Antrages an den KLIEN / ACRP Wesentliches beigetragen und Kernelemente der Projektstruktur entwickelt hat. Er hat im Antrag auch bereits das Meta-Projekt angelegt, das es nun ermöglicht auch die (durchaus erwartbaren) Abweichungen zwischen der Theorie des Ablaufes, der sich am internationalen IPCC Prozess orientierte, und der Praxis auf nationaler Ebene zu dokumentieren und zu analysieren.

Institutionelle Unterstützung

Über 50 wissenschaftliche Einrichtungen ermöglichten ihren MitarbeiterInnen dankenswerterweise die ehrenamtliche Mitwirkung an der Erstellung und Qualitätssicherung des AAR14 und haben durch ihre wohlwollende Unterstützung entscheidend zum Sachstandsbericht beigetragen.

Das Institut für Gebirgsforschung der Österreichischen Akademie der Wissenschaften ermöglichte großzügigerweise dem Layouterteam die volle Konzentration auf die Fertigstellung des Werkes und stellte seine beträchtliche Erfahrung bei der Herausgabe von Büchern zu Verfügung.

Besonders zu erwähnen ist die Unterstützung der Technischen Universität Wien, der Universität für Bodenkultur Wien, der Universität Graz und der IIASA, die es dem Organisationskomitee ermöglicht haben, wesentlich mehr Zeit in das Projekt zu investieren, als vorhergesehen. Diese vier Institutionen, in besonderem Ausmaße jedoch die Technische Universität Wien, die Universität für Bodenkultur und die IIASA haben darüber hinaus MitarbeiterInnen für das Sekretariat und die Qualitätskontrolle aus eigenen Mitteln finanziert, die Universität für Bodenkultur zusätzlich das Projektmanagement.

Der Klima- und Energiefonds (KLIEN) hat im Rahmen des Austrian Climate Research Programs das Projekt APCC und damit verbundene koordinierende Arbeit unterstützt. Die fachliche Arbeit und die koordinierende Tätigkeit der WissenschaftlerInnen, einschließlich des Organisationskomitees, erfolgten ehrenamtlich. Dennoch, ohne die Unterstützung und den Rahmen des KLIEN/ACRP wäre der AAR14 nicht entstanden. Der KLIEN hat sich auch bereit erklärt, gemeinsam mit dem Climate Change Centre Austria bei der Dissemination des Berichtes behilflich zu sein.

Die KPC als abwickelnde Stelle, insbesondere Biljana Spasojevic als Kontaktperson, war entgegenkommend bei Spezialwünschen, die mit dem etwas aus dem Rahmen der üblichen Forschungsprojekte fallenden Vorhaben einhergingen.

Der FWF hat innerhalb eines knapp bemessenen Zeitrahmens einen in finanzieller Hinsicht wichtigen Druckkostenbeitrag genehmigt, und darüber hinaus mit der dieser Bewilligung vorangehenden Prüfung den wissenschaftlichen Qualitätssicherungsprozeß bestätigt, dem das vorliegende Werk unterworfen war.

Der ÖAW Verlag erwies sich als sehr geduldig und hilfreich hinsichtlich unserer vielen Fragen, und war äußerst flexibel angesichts eines sich mehrfach verschiebenden Liefertermins für das Manuskript.

Das Climate Change Centre Austria (CCCA) wird, nach Abschluss des Projektes, die Produkte (AAR14, Literaturdatenbank, Glossar, etc.) in seine Obhut übernehmen, verfügbar halten und weiterführen. Das CCCA könnte, möglicherweise, der Träger des nächsten Österreichischen Sachstandsberichtes Klimawandel sein.

Öffentliche Verwaltung

Das Projekt war durchgängig mitgetragen durch die ideelle Unterstützung und die Bestärkung des Bewusstseins des Bedarfs der öffentlichen Verwaltung nach diesem Assessment Report. Allen voran ist die Sektion «Umwelt und Klimaschutz» des Bundesministeriums für Land-, Forstwirtschaft, Umwelt und Wasserwirtschaft zu nennen. Praktische Unterstützung erfuhr das Projekt auch durch die beiden, damals noch getrennten Bundesministerien für Wissenschaft und Forschung und für Wirtschaft, durch das Bundesministerium für Äußeres, das Bundesministerium für Verkehr, Infrastruktur und Technologie und das Bundeskanzleramt.

PartnerInnen, Familien, FreundInnen und KollegInnen

Nicht zuletzt seien die Angehörigen, FreundInnen und nicht direkt beteiligten KollegInnen aller Mitwirkenden erwähnt, die zweifellos phasenweise unter deren zeitenger, teils sehr anspruchsvoller Beschäftigung mit dem AAR14 gelitten haben. Die Mitwirkung an IPCC Berichten soll Ehen gefährdet oder zerstört haben – das konnte beim APCC vermieden werden, aber die Geduld des Umfeldes vieler der Beteiligten – vor allem jener in den zentralen Positionen, denen in der letzten Phase Dauereinsatz abverlangt wurde – darf nicht unerwähnt bleiben.

Ihnen allen sei an dieser Stelle seitens des Organisationskomitees sehr herzlich gedankt.

Qualitätssicherung

In einem mehrstufigen Verfahren wurden zuerst Struktur und Inhalt des Gesamtwerkes erarbeitet, dann für jedes einzelne Kapitel genauer ausgearbeitet und die einzelnen Kapitel auf einander abgestimmt.

Für die Qualitätssicherung und die Organisation des Review-Prozesses zeichnete die IIASA verantwortlich. Jedes der 17 Kapitel wurde zweimal einem umfassenden Review unterzogen.

Ein „First Order Draft“ (FOD) wurde einem ersten, teilweise internen, jedenfalls aber anonymen Review unterzogen. Die für den Qualitätssicherungsprozess zuständige IIASA sammelte die Kommentare und stellte diese in anonymer Form den Koordinierenden LeitautorInnen zur Verfügung. Letztere beantworteten die Kommentare und ließen diese und andere Verbesserungen und Erweiterungen in einen „Second Order Draft“ (SOD) einfließen.

Für jedes Kapitel in seiner Version als SOD wurden von der IIASA zwischen 3 und 6 internationale ReviewerInnen gewonnen, auch AutorInnen anderer Kapitel und TeilnehmerInnen des Stakeholderprozesses waren zusätzlich weiterhin zum Review eingeladen. Die anonymisierten Kommentare – zwischen 40 und 500 pro Kapitel – wurden gesammelt und wiederum den Koordinierenden LeitautorInnen zugestellt. In einer Tabelle wurde zu jedem Kommentar festgehalten, wie er abgearbeitet wurde – ob er umgesetzt, teilweise umgesetzt, oder abgelehnt wurde (in letzterem Fall mit Begründung warum).

Eine/ein Review EditorIn pro Kapitel überprüfte, ob die Kommentare und Anmerkungen zufriedenstellend behandelt wurden und erläuterte anschließend in einer oder mehreren Telefonkonferenzen den Koordinierenden LeitautorInnen seinen/ihren Befund. Co-Chairs und Mitglieder des Organisationskomitees nahmen ebenfalls an den Telefonkonferenzen teil, um Konsistenz in der Vorgangsweise zwischen den Kapiteln zu gewährleisten. In den meisten Fällen genügte eine Iteration und nachfolgende Ausarbeitung um die Freigabe des Kapitels durch die/den Review EditorIn zu erreichen. Die Tabellen mit den Kommentaren und Antworten sind einsehbar, um die nötige Transparenz zu gewährleisten.

Mit der schriftlichen Bestätigung der inhaltlichen Freigabe durch die Review-EditorInnen (sign-off-letter) konnte der Text ans Lektorat und anschließend zum Layoutieren weitergeleitet werden. Nach jedem Schritt erfolgte eine Kontrolle durch die Koordinierenden LeitautorInnen, die letztlich die Verantwortung für ihr jeweiliges Kapitel tragen.

Kritische Reflexion

Selbstverständlich weist der aus unserer Sicht sehr gelungene Sachstandsbericht auch Schwächen auf. Einige davon sind uns schmerzlich bewusst. Dieser Bericht ist der erste Klimasachstandsbericht für Österreich; der einzige in der Intention vergleichbare Bericht wurde von der Akademie der Wissenschaften, Kommission Reinhaltung der Luft 1989–1992 erstellt. Bei jenem Bericht wurde von etwa einem Dutzend Fachleuten das aktuelle Wissen über den Klimawandel in Österreich zusammengetragen. Der AAR14 hatte demgegenüber neben der Erstellung eines Berichtes über einen zwischenzeitlich wesentlich umfangreicheren Sachstand auch das Ziel, die in Österreich auf dem Gebiet des Klimawandels, seiner Ursachen und Auswirkungen sowie zu den Anpassungs- und Mitigationsmaßnahmen Forschenden zusammenzuführen, um über verstärkten fachlichen Austausch Kapazität und Qualität der Klimaforschung in Österreich zu erhöhen. Deswegen wurde bei der Erstellung bewusst das Konzept des IPCC übernommen: Ein offener Prozess, bei dem erfahrene WissenschafterInnen als Verantwortliche für einzelne Kapitel sich bemühen, alle einschlägig Forschenden entweder direkt als AutorInnen, oder indirekt über ihre Publikationen in das Werk einzubeziehen.

Dieses zweite Ziel ist nicht in allen Bereichen oder nicht ausreichend gut gelungen. Es gibt Kapitel und Subkapitel, bei denen die Verantwortlichen die Chance zu nutzen wussten, gemeinsam an einer Publikation zu arbeiten und im Konsens der einschlägig Forschenden wurde das vorhandene Wissen innerhalb des begrenzten Platzes bestmöglich und umfassend dargestellt. Es gab aber – als anderes Extrem – auch Kapitel, in denen (zumindest zunächst) vorwiegend das eigene Werk bzw. jenes der eigenen Institution dargestellt wurde. In Einzelfällen wurden auch implizit einschränkende Grundansätze gewählt, die dazu führten, dass zahlreiche Arbeiten ausgeschlossen blieben, etwa dass in einem der Kapitel nur Arbeiten berücksichtigt werden, die ganz Österreich umfassen, nicht aber solche, die sich nur auf Teilregionen beziehen, oder in einem anderen Kapitel nur Arbeiten, die in das offizielle staatliche Berichtsschema fallen. In Einzelfällen mögen auch ausgeprägte persönliche Präferenzen eine Rolle gespielt haben. Im Zuge des mehrstufigen Reviewprozesses konnte in den meisten Fällen noch eine gewisse Öffnung bewirkt werden, doch konnte ein echtes, gemeinsames Assessment, bzw. die völlige Befreiung von den einschränkenden Voraussetzungen nicht mehr in allen Fällen erreicht werden. Wo es möglich war, wurde wenigstens versucht, solche Einschränkungen explizit zu machen. All jene Kolleginnen und Kollegen, deren Arbeiten solcherart nicht die gebührende Berücksichtigung fanden, bitten wir um Nachsicht. Wir laden Sie jedoch herzlich ein, uns auf diese Arbeiten aufmerksam zu machen, damit sie in die Datenbank des CCCA aufgenommen werden können und damit gegen dasselbe Versehen bei einer nächsten Auflage vorgebaut werden kann.

Zu Recht wurde von Gutachtern eingemahnt, dass Begriffe, Klassifizierungen, Gliederungen oder ähnliche gesamtheitliche Aspekte nicht immer systematisch durch alle Kapitel durchgezogen wurden. Dies ist auf die parallele Arbeit der verschiedenen

AutorInnenteams zurückzuführen und die Schwierigkeit des Abgleiches, wenn nicht alle Kapitel zeitgerecht und damit zeitgleich vorliegen.

Im ursprünglichen Ablaufplan war reichlich Zeit vorgesehen um nach Vorliegen aller Kapitel, das Gesamtwerk auf Konsistenz, Vollständigkeit und Duplizierungen hin zu überprüfen. Leider zeigte sich, dass Termintreue auf der internationalen Eben offenbar leichter zu erreichen ist, als auf der nationalen. So wurden die AAR14 Publikationen zwar im Sinne des Auftraggebers fristgerecht fertig, doch fehlte es an Zeit für umfassende Quervergleiche. Für Hinweise auf Inkonsistenzen sind wir daher dankbar.

Nicht durch den Entstehungsprozess bestimmt ist das Problem, dass die Originalliteratur, auf der Band 2 und Band 3 beruhen, es oft an Klarheit bezüglich der Klimaszenarien fehlen läßt, für welche die jeweiligen Aussagen gelten. Hier wird künftig das in Errichtung befindliche Klimadatenzentrum des CCCA, das definierte Klimaszenarien für Impaktforschung zur Verfügung stellen wird, eine gewisse Abhilfe schaffen.

In zwei Bereichen konnten Gutachterwünsche meist nicht erfüllt werden: Der eine betrifft ökonomische Kostenabschätzungen für Schäden, Anpassungs- oder Minderungsmaßnahmen. Derartige Studien liegen bisher für Österreich nur sehr vereinzelt vor. An einer Abschätzung der Kosten des Nicht-Handelns wird derzeit gearbeitet – aufgrund der zeitgleichen Erstellung konnten die Ergebnisse nicht mehr in den vorliegenden AAR14 aufgenommen werden. Darüber hinaus zeigen aber auch diese Ergebnisse, dass es in vielen Bereichen noch an Daten fehlt.

Der zweite Themenblock betrifft Politik und Governance. Der AAR14 enthält wenig zum Thema politischer Rahmenbedingungen, Kompetenzverteilung und Entscheidungsfindung in der Klimapolitik, Österreichs Rolle in der EU- und internationalen Politik, oder ähnliche institutionelle Fragen. Dies geht einerseits auf ein tatsächliches Forschungsdefizit in diesem Bereich zurück, ist aber möglicherweise auch eine Folge der anfangs beschlossenen Gliederung des Sachstandsberichtes, welche diese Fragestellungen eher als Querschnittsmaterie verstanden wissen wollte, die dann jedoch nicht systematisch durch die Kapitel durchgezogen wurde – nicht zuletzt ein Hinweis auf noch fehlende Interdisziplinarität in der Klimaforschung.

Ein Problem systemischer Art betrifft die Aufnahme konkreter Fallbeispiele für Entwicklungen in Richtung gesellschaftlicher Transformation: In den meisten Fällen sind diese Pioniere – seien es Firmen, Gemeinden oder Regionen – bisher nicht Gegenstand wissenschaftlicher Untersuchungen. Sie entziehen sich damit weitgehend der Erfassung im AAR14, da weder exakte Beschreibungen der Vorhaben, noch Evaluierungen des bisherigen Erfolges vorliegen. Dies ist bedauerlich, denn gerade auf dieser Ebene geschieht in Österreich einiges, das zudem auch international interessant und jedenfalls der Analyse und Dokumentation wert wäre.

Es war ein Ziel des APCC Projektes, Forschungsdefizite zu erkennen, und damit eine Grundlage für einen österreichischen „Science Plan Klimawandel" zu schaffen. Der in den letzten Abschnitten jedes Kapitels dargestellte Forschungsbedarf und die obigen Absätze zu den Caveats des AAR14 werden zum Kern des beim CCCA in Arbeit befindlichen Science Plans beitragen.

Umgang mit Unsicherheit

Empirische Wissenschaft

Erkenntnistheoretisch ist ein strenger Beweis für den anthropogenen Klimawandel nicht möglich, weil sich die Klimaforschung als eine empirische Wissenschaft versteht, die auf Beobachtung und Erfahrung gründet. Da die Theorie der Klimabeeinflussung durch den Menschen bereits seit über 30 Jahren der wissenschaftlichen Überprüfung unterworfen war, ist sie als wesentlich wahrscheinlicher einzuschätzen als andere vorgebrachte Hypothesen und es ist sachlich gerechtfertigt, sie weiteren Betrachtungen sowie auch Entscheidungen zugrunde zu legen.

Ein wesentlicher Teil der Analysen vergangener Änderungen und der Großteil der Zukunftsprojektionen beruhen auf Modellberechnungen. Es ist angebracht, Modelle kritisch zu betrachten: Sie geben die Natur bzw. die Wirklichkeit nie vollständig wieder, sie können immer nur Teilaspekte simulieren. Es ist daher wichtig, Modelle mit Überlegung einzusetzen, und nur dann, wenn sie für den spezifischen Zweck validiert sind. Andererseits sind Modelle die einzige Möglichkeit, quantitative Aussagen über komplexe Zusammenhänge zu ermitteln. Sie sind daher als Werkzeug unentbehrlich.

Mit dem Übergang von naturwissenschaftlichen zu gesellschaftspolitischen und ökonomischen Aspekten, d. h. mit dem Übergang von Band 1 und großteils Band 2 zu Band 3, gewinnen normative Vorgaben immer mehr an Bedeutung. Es wird versucht, diese jeweils explizit zu machen, doch mag dies nicht überall gelungen sein, da viele Vorgaben schon derart in der Denkkultur verankert sind, dass sie nicht mehr auffallen.

All diesen Überlegungen zufolge ist es wichtig, Aussagen über den Klimawandel, seine Folgeerscheinungen und die Optionen für Maßnahmen durch die Angabe nachvollziehbarer Bewertungen zum Grad der Unsicherheiten der Aussagen zu ergänzen.

Bewertung der Unsicherheit nach Muster des IPCC[2]

Über das oben beschriebene grundsätzliche Problem empirischer Wissenschaften hinaus, können wissenschaftliche Aussagen aus verschiedenen Gründen unsicher sein. Unsicherheit entsteht zum einen durch einen Mangel an Information oder durch verschiedene Interpretationen sowohl dieser Informationen als auch darüber, was bekannt ist oder überhaupt bekannt sein kann. Unsicherheit kann viele Quellen haben, von bezifferbaren Fehlern in Daten bis hin zu mehrdeutig formulierten Konzepten und Terminologien oder unsicheren Projektionen über menschliches Verhalten. Unsicherheit kann deshalb entweder quantitativ angegeben werden, z.B. durch eine Auswahl von berechneten Werten aus verschiedenen Modellen, oder durch qualitative Aussagen, die das Urteil eines Expertenteams wiedergeben.

Der AAR14 ist um sorgfältige Kommunikation der Unsicherheiten bemüht – u.a. durch einen einheitlichen Umgang mit den Begrifflichkeiten, eine nachvollziehbare Darstellung und einheitliche Beschreibung und Evaluierung der wissenschaftlichen Beweise und ihrer Übereinstimmungen. Er folgt darin den Vorgaben des IPCC und orientiert sich hinsichtlich der deutschen Terminologie an der deutschsprachigen Übersetzung des IPCC Syntheseberichts 2007[3]. Der vom IPCC definierte Rahmen für den Umgang mit Unsicherheiten ist breit, da Material aus unterschiedlichen Disziplinen zu bewerten und eine Vielfalt an Ansätzen zu behandeln sind. Daten, Indikatoren und Analysen in den Naturwissenschaften sind im Allgemeinen von anderer Art als diejenigen, die bei der Bewertung von Technologieentwicklung oder in den Sozialwissenschaften herangezogen werden. Band 1 konzentriert sich auf erstere, Band 3 auf letztere, und Band 2 deckt Aspekte von beidem ab.

Zur Beschreibung von Unsicherheiten wird im gesamten Bericht ein einheitliches Konzept verwendet, das drei unterschiedliche Ansätze benutzt, von denen jeder eine bestimmte Sprache anwendet: Die Auswahl unter und innerhalb dieser drei Ansätze hängt sowohl vom Wesen der verfügbaren Daten ab als auch von der fachkundigen Beurteilung der Richtigkeit und Vollständigkeit des aktuellen wissenschaftlichen Verständnisses durch die AutorInnen.

Bei einer **qualitativen** Abschätzung wird Unsicherheit dadurch beschrieben, dass eine relative Einschätzung vermittelt wird für die Menge und Qualität an Beweisen (d.h. Informationen aus Theorie, Beobachtungen oder Modellen, die angeben, ob eine Annahme oder Behauptung wahr oder gültig ist) und für das Ausmaß an Übereinstimmung unter den Fachleuten (d.h. den Grad an Übereinstimmung in der Literatur zu einem bestimmten Ergebnis). Dies führt zu einer zweidimensionale Bestimmung der Unsicherheit. (Tabelle 1). Dieser Ansatz wird mit einer Reihe von selbsterklärenden Begriffen wie hohe Übereinstimmung, starke Beweislage; hohe Übereinstimmung, mittlere Beweislage; mittlere Übereinstimmung, mittlere Beweislage, usw. angewendet. Beide Dimensionen gemeinsam werden in ein Maß des „Vertrauens" zusammengeführt (Tabelle 1, Skala ganz rechts).

Tabelle1: Zweidimensionale Bestimmung des Vertrauensbereiches - Verwendete Begriffe im AAR14

Übereinstimmung (zu einzelnen Aussagen)			
	Hohe Übereinstimmung Schwache Beweislage	Hohe Übereinstimmung Mittlere Beweislage	Hohe Übereinstimmung Starke Beweislage
	Mittlere Übereinstimmung Schwache Beweislage	Mittlere Übereinstimmung Mittlere Beweislage	Mittlere Übereinstimmung Starke Beweislage
	Niedrige Übereinstimmung Schwache Beweislage	Niedrige Übereinstimmung Mittlere Beweislage	Niedrige Übereinstimmung Starke Beweislage
	Beweislage (Anzahl und Qualität unabhängiger Quellen)		

Vertrauensbereich

[2] Dieser Abschnitt, wie auch die Kommunikation der Unsicherheit selbst, ist stark an die IPCC Guidance Notes angelehnt (Mastrandrea, M.D., C.B. Field, T.F. Stocker, O. Edenhofer, K.L. Ebi, D.J. Frame, H. Held, E. Kriegler, K.J. Mach, P.R. Matschoss, G.-K. Plattner, G.W. Yohe, and F.W. Zwiers, 2010: Guidance Note for Lead Authors of the IPCC Fifth Assessment Report on Consistent Treatment of Uncertainties. Intergovernmental Panel on Climate Change (IPCC). Available at <http://www.ipcc.ch>.)

[3] Klimaänderung 2007, Synthesebericht. Zwischenstaatlicher Ausschuss für Klimaänderungen, Intergovernmental Panel on Climate Change IPCC, WMO/UNEP, 2008, ISBN 92-9169-122-4

Die Vertrauensskala wird als quantitative Einschätzung von Unsicherheit mittels fachkundiger Beurteilung der Richtigkeit zugrundeliegender Daten, Modelle oder Analysen verstanden. Es wird die in Tabelle 2 beschriebene Skala angewandt, um die geschätzte Wahrscheinlichkeit für die Richtigkeit eines Ergebnisses auszudrücken.

Tabelle 2: Beschreibung der Richtigkeit - Verwendete Begriffe im AAR14

Terminologie	Vertrauensbereich (Grad des Vertrauens bezüglich der Richtigkeit)
sehr hohes Vertrauen	in mindestens 9 von 10 Fällen korrekt
hohes Vertrauen	in etwa 8 von 10 Fällen korrekt
mittleres Vertrauen	in etwa 5 von 10 Fällen korrekt
geringes Vertrauen	in etwa 2 von 10 Fällen korrekt
sehr geringes Vertrauen	in weniger als 1 von 10 Fällen korrekt

Ist hingegen eine vollumfänglich quantitative Bewertung möglich (d. h. liegen so viele Daten bzw. Modellergebnisse vor, dass auch die Wahrscheinlichkeit des Eintreffens einer bestimmten Aussage quantitativ angegeben werden kann), so werden die in Tabelle 3 angegebenen Wahrscheinlichkeitsbereiche verwendet, um die geschätzte Eintrittswahrscheinlichkeit auszudrücken. Die Wahrscheinlichkeit bezieht sich auf die Bewertung der Wahrscheinlichkeit eines gut definierten Ergebnisses, das eingetreten ist oder zukünftig eintreten wird. Sie kann aus quantitativen Analysen oder Expertenmeinungen abgeleitet werden.

Tabelle 3: Wahrscheinlichkeiten – Verwendete Begriffe im AAR14

Terminologie	Wahrscheinlichkeit des Eintretens des Ereignisses bzw. der Auswirkung
praktisch sicher	> 99 % Wahrscheinlichkeit
sehr wahrscheinlich	> 90 % Wahrscheinlichkeit
wahrscheinlich	> 66 % Wahrscheinlichkeit
wahrscheinlicher als nicht	> 50 % Wahrscheinlichkeit
etwa so wahrscheinlich wie nicht	33 %–66 % Wahrscheinlichkeit
unwahrscheinlich	< 33 % Wahrscheinlichkeit
sehr unwahrscheinlich	< 10 % Wahrscheinlichkeit
außergewöhnlich unwahrscheinlich	< 1 % Wahrscheinlichkeit

In Zusammenfassungen und Kernaussagen kann die Evaluierung und Beschreibung der Unsicherheiten auch vereinfachend zusammengefasst werden:

- Für Forschungsergebnisse (bzw. Kernaussagen) mit hoher Übereinstimmung zu einer einzelnen Aussage UND starker Beweislage die Anzahl und Qualität unabhängiger Quellen betreffend wird in der Regel der Vertrauensbereich („sehr hohes Vertrauen“, Tabelle 2) angegeben.
- Für Ergebnisse mit hoher Übereinstimmung ODER starker Beweislage, wenn also nicht beides vorhanden ist, wird entweder der Vertrauensbereich oder eine Kombination der Bewertungen, also z. B. „starke Beweislage, mittlere Übereinstimmung“, gemäß Tabelle 1 angewendet.
- Für Forschungsergebnisse (bzw. Kernaussagen), für die ausreichend Daten und Modellergebnisse vorliegen, sodass eine quantitative Wahrscheinlichkeit für das Zutreffen der Aussage angegeben werden kann, erfolgen Wahrscheinlichkeitsaussagen wie „sehr unwahrscheinlich“, „sehr wahrscheinlich“ oder „praktisch sicher“.

Trotz dieser recht ausführlichen Vorgaben zur Beschreibung von Unsicherheiten, bleibt in der praktischen Handhabung Spielraum. Die Bewertungen in AAR14 sind daher – wie auch im IPCC Bericht – vermutlich nicht vollständig, aber doch weitgehend konsistent.

Wir freuen uns, das vorliegende Werk der Öffentlichkeit übergeben zu können. Diese umfassende Zusammenstellung von Forschungsergebnissen zum Klimawandel in Österreich, seinen Auswirkungen und relevanten Minderungs- und Anpassungsmaßnahmen möge für Entscheidungstragende in der Politik und Verwaltung, in Kommunen und in der Wirtschaft zu einer wertvollen Hilfe werden. Darüber hinaus hoffen wir damit einen Beitrag zum besseren Verständnis der Herausforderung Klimawandel zu leisten und so der österreichischen Klimapolitik neuen Aufschwung zu geben.

Das Organisationskomitee:

Helga Kromp-Kolb | Nebojsa Nakicenovic | Karl Steininger

Österreichischer Sachstandsbericht Klimawandel 2014

Zusammenfassung für Entscheidungstragende

Österreichischer Sachstandsbericht Klimawandel 2014

Zusammenfassung für Entscheidungstragende

Koordinierende LeitautorInnen der Zusammenfassung für Entscheidungstragende
Helga Kromp-Kolb
Nebojsa Nakicenovic
Karl Steininger

LeitautorInnen der Zusammenfassung für Entscheidungstragende
Bodo Ahrens, Ingeborg Auer, Andreas Baumgarten, Birgit Bednar-Friedl, Josef Eitzinger, Ulrich Foelsche, Herbert Formayer, Clemens Geitner, Thomas Glade, Andreas Gobiet, Georg Grabherr, Reinhard Haas, Helmut Haberl, Leopold Haimberger, Regina Hitzenberger, Martin König, Angela Köppl, Manfred Lexer, Wolfgang Loibl, Romain Molitor, Hanns Moshammer, Hans-Peter Nachtnebel, Franz Prettenthaler, Wolfgang Rabitsch, Klaus Radunsky, Jürgen Schneider, Hans Schnitzer, Wolfgang Schöner, Niels Schulz, Petra Seibert, Rupert Seidl, Sigrid Stagl, Robert Steiger, Johann Stötter, Wolfgang Streicher, Wilfried Winiwarter

Zitierweise
APCC (2014): Zusammenfassung für Entscheidungstragende (ZfE). In: Österreichischer Sachstandsbericht Klimawandel 2014 (AAR14). Austrian Panel on Climate Change (APCC), Verlag der Österreichischen Akademie der Wissenschaften, Wien, Österreich.

Inhalt

Einführung

Die zum Thema Klimawandel forschenden österreichischen Wissenschafterinnen und Wissenschafter haben in einem dreijährigen Prozess nach dem Muster der „IPCC-Assessment Reports" einen Sachstandsbericht zum Klimawandel in Österreich erstellt. Mehr als 240 Wissenschafterinnen und Wissenschafter stellen in diesem umfangreichen Werk gemeinsam dar, was über den Klimawandel in Österreich, seine Folgen, Minderungs- und Anpassungsmaßnahmen sowie zu zugehörigen politischen, wirtschaftlichen und gesellschaftlichen Fragen bekannt ist. Das Austrian Climate Research Program (ACRP) des Klima- und Energiefonds hat die Arbeit durch die Finanzierung koordinativer Tätigkeiten und Sachleistungen ermöglicht. Die umfangreiche inhaltliche Arbeit wurde von den Forscherinnen und Forschern unentgeltlich geleistet.

In der vorliegenden Zusammenfassung für Entscheidungstragende sind die wesentlichsten Aussagen wiedergegeben. Zunächst werden der globale Kontext, die Vergangenheit und Zukunft des Klimas in Österreich sowie eine Zusammenschau der wichtigsten Auswirkungen und Maßnahmen dargestellt. Der anschließende Teil geht dann etwas ausführlicher auf einzelne Sektoren ein. Genauere Ausführungen finden sich – in steigendem Detaillierungsgrad – im Synthesebericht und im vollständigen Werk (Austrian Assessment Report, 2014), die beide im Buchhandel und über das Internet erhältlich sind.

Unsicherheiten werden in Anlehnung an deren Berücksichtigung durch das IPCC mittels dreier verschiedener Ansätze zum Ausdruck gebracht, abhängig vom Wesen der verfügbaren Daten sowie der Art der Beurteilung der Richtigkeit und Vollständigkeit des aktuellen wissenschaftlichen Verständnisses durch die Autoren und Autorinnen. Bei einer **qualitativen** Abschätzung wird Unsicherheit auf einer zweidimensionale Skala dadurch beschrieben, dass eine relative Einschätzung gegeben wird, einerseits für die Menge und Qualität an Beweisen (d.h. Informationen aus Theorie, Beobachtungen oder Modelle, die angeben, ob eine Annahme oder Behauptung wahr oder gültig ist) und andererseits für das Ausmaß an Übereinstimmung in der Literatur. Dieser Ansatz wird mit den selbsterklärenden Begriffen hohe, mittlere, schwache Übereinstimmung sowie starke, mittlere und schwache Beweislage angewendet. Die gemeinsame Beurteilung in diesen beiden Dimensionen wird durch Vertrauensangaben auf einer fünf-stufigen Skala von „sehr hohes Vertrauen" bis „sehr geringes Vertrauen" beschrieben. Mittels fachkundiger Beurteilung der Richtigkeit der zugrundeliegenden Daten, Modelle oder Analysen werden Unsicherheiten welche auch **quantitativ** fassbar sind durch Wahrscheinlichkeitsangaben in acht Stufen von „praktisch sicher" bis „außergewöhnlich unwahrscheinlich" zur Bewertung eines gut definierten Ergebnisses, welches entweder bereits eingetreten ist oder zukünftig eintreten wird, angegeben. Sie können aus quantitativen Analysen oder Expertenmeinungen abgeleitet werden. Genauere Angaben dazu finden sich in der Einleitung des AAR14. Gilt eine demgemäß vorgenommene Beurteilung für einen ganzen Absatz befindet sie sich am Ende desselben, sonst steht sie bei der jeweiligen Aussage.

Die Forschung zum Klimawandel in Österreich hat in den letzten Jahren wesentlichen Auftrieb bekommen, getragen insbesondere vom Klima- und Energiefonds im Rahmen des ACRP, vom FWF und von EU Forschungsprogrammen sowie von Forschungsinstitutionen im Rahmen der Eigenfinanzierung. Dennoch sind noch zahlreiche weitere Fragen offen. Ähnlich wie auf internationaler Ebene wäre eine periodische Aktualisierungen des Sachstandsberichtes wünschenswert, damit sich Öffentlichkeit, Politik, Verwaltung, Wirtschaft und Forschung bei ihren langfristig wirksamen Entscheidungen bestmöglich auf den aktuellen Stand des Wissens stützen können.

Der globale Kontext

Mit Fortschreiten der Industrialisierung sind weltweit deutliche Veränderungen des Klimas zu beobachten. Die Temperatur ist beispielsweise im Zeitraum seit 1880 im globalen Mittel um fast 1 °C gestiegen. In Österreich betrug die Erwärmung nahezu 2 °C, die Hälfte davon ist seit 1980 eingetreten. Diese Veränderungen wurden überwiegend durch die anthropogenen Emissionen von Treibhausgasen (THG) sowie andere menschliche Aktivitäten, welche die Strahlungsbilanz der Erde beeinflussen, verursacht. Der Beitrag durch die natürliche Variabilität des Klimas beträgt mit hoher Wahrscheinlichkeit weniger als die Hälfte. Der vergleichsweise geringe globale Temperaturanstieg seit 1998 ist wahrscheinlich auf natürliche Klimavariabilität zurückzuführen.

Ohne umfangreiche zusätzliche Maßnahmen zur Emissionsvermeidung ist bis zum Jahr 2100 im globalen Mittel ein Temperaturanstieg von 3–5 °C im Vergleich mit dem ersten Jahrzehnt des 20. Jahrhunderts zu erwarten (siehe Abbildung 1). Dabei spielen selbstverstärkende Prozesse, beispielsweise die Eis-Albedo-Rückkopplung oder die zusätzliche Freisetzung von THG durch das Auftauen von Permafrostböden in den arktischen Regionen, eine wichtige Rolle (vgl. Band 1, Kapitel 1; Band 3, Kapitel 1).[1]

[1] Der Volltext des AAR14 ist in drei Bände gegliedert, und innerhalb dieser wiederum in Kapitel. Bei Informationen und Verweisen auf Inhalte des AAR14, in dem die detaillierteren Informationen zu

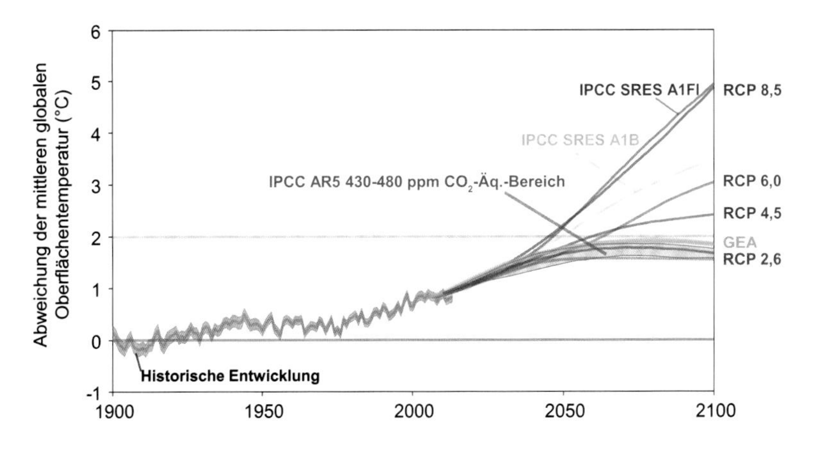

Abbildung 1 Abweichung der mittleren globalen Oberflächentemperatur (°C) vom Durchschnitt der ersten Dekade des 20. Jahrhunderts, historische Entwicklung sowie vier Gruppen von Zukunfts-Szenarien: zwei IPCC SRES Szenarien ohne Emissionsminderung (A1B und A1F1) die bei etwa 5 °C bzw. knapp über 3 °C Temperaturanstieg im Jahr 2100 liegen, vier neue Pfade mit Emissionsminderungsszenarien welche für IPCC AR5 entwickelt wurden (RCP8,5; 6,0; 4,5 und 2,6), 42 GEA-Emissionsminderungsszenarien und der Bereich all jener IPCC AR5 Szenarien welche die Temperatur bis 2100 bei maximal plus 2 °C stabilisieren; Datenquellen: IPCC SRES (Nakicenovic et al., 2000), IPCC WG I (2014) und GEA (2012)

Die Klimaänderung und ihre Folgen sind regional sehr unterschiedlich. Zum Beispiel wird im Mittelmeerraum ein markanter Rückgang der Niederschläge und somit auch der Wasserverfügbarkeit erwartet (vgl. Band 1, Kapitel 4). Der bei dem höchsten betrachteten Emissionsszenario wahrscheinliche Anstieg des mittleren Meeresspiegels in der Größenordnung 0,5–1 m bis Ende des Jahrhunderts gegenüber dem derzeitigen Niveau wird in zahlreichen dicht besiedelten Küstenregionen erhebliche Probleme bereiten (vgl. Band 1, Kapitel 1).

Da die Folgen eines ungebremsten anthropogenen Klimawandels so gravierend für die Menschheit wären, wurden bereits völkerrechtlich verbindliche Vereinbarungen zur Emissionsreduktion getroffen. Zusätzlich haben sich zahlreiche Staaten und Staatengruppen einschließlich der Vereinten Nationen („Sustainable Development Goals"), der Europäischen Union, der G-20, sowie Städte, andere Gebietskörperschaften und Unternehmen weitergehende Ziele gesetzt. In der Vereinbarung von Kopenhagen (UNFCCC Copenhagen Accord) und in den EU-Beschlüssen wird eine Begrenzung des globalen Temperaturanstiegs auf 2 °C im Vergleich zur vorindustriellen Zeit als notwendig erachtet, um gefährliche Auswirkungen des Klimawandels einzuschränken. Die von der Staatengemeinschaft auf freiwilliger Basis getroffenen Zusagen zur Emissionsminderung sind bisher jedoch bei weitem nicht ausreichend, um das 2 °C Ziel einzuhalten. Langfristig ist dazu eine nahezu vollständige Vermeidung von THG-Emissionen notwendig. Das bedeutet, die Energieversorgung und die Industrieprozesse umzustellen, die Entwaldung zu unterlassen sowie Landnutzung und auch Lebensstile zu verändern (vgl. Band 3, Kapitel 1; Band 3, Kapitel 6).

Die Wahrscheinlichkeit einer Erreichung des 2 °C-Zieles ist höher, wenn es gelingt bis 2020 eine Trendwende zu erreichen und im Jahr 2050 die globalen THG-Emissionen um 30–70 % unter dem Wert von 2010 liegen (vgl. Band 3, Kapitel 1; Band 3, Kapitel 6). Da die Industriestaaten für den größten Teil der historischen Emissionen verantwortlich sind, davon profitiert haben und auch wirtschaftlich leistungsfähiger sind, legt Artikel 4 der UNFCCC-Klimarahmenkonvention nahe, dass diese einen überproportionalen Anteil der globalen Reduktionsbeiträge erbringen sollen. Die EU sieht in ihrem „Fahrplan für den Übergang zu einer wettbewerbsfähigen CO_2-armen Wirtschaft bis 2050" eine Reduktion ihrer THG-Emissionen um 80–95 % gegenüber dem Niveau von 1990 vor. Obwohl für diesen Zeitraum noch keine Reduktionsverpflichtungen der einzelnen Mitgliedstaaten festgelegt wurden, ist auch für Österreich von einer Verpflichtung zur Reduktion in dieser Größenordnung auszugehen (vgl. Band 3, Kapitel 1, Band 3, Kapitel 3).

Klimawandel in Österreich: Vergangenheit und Zukunft

In Österreich ist die Temperatur in der Periode seit 1880 um nahezu 2 °C gestiegen, verglichen mit einer globalen Erhöhung um 0,85 °C. Der erhöhte Anstieg ist speziell auch für die Zeit ab 1980 beobachtbar, in der dem globalen Anstieg von etwa 0,5 °C eine Temperaturzunahme von etwa 1 °C in Österreich gegenübersteht (praktisch sicher, (vgl. Band 1, Kapitel 3).

Ein weiterer Temperaturanstieg in Österreich ist zu erwarten (sehr wahrscheinlich). In der ersten Hälfte des 21. Jahrhunderts beträgt dieser etwa 1,4 °C (gegenüber dem derzeitigen Niveau) und ist wegen der Trägheit des Klimasystems sowie der Langlebigkeit von THG in der Atmosphäre vom jeweiligen Emissionsszenario nur wenig abhängig. Die Temperaturentwicklung danach wird sehr stark bestimmt durch die in den kommenden Jahren vom Menschen verur-

den hier im vorliegenden Dokument zusammengefassten Aussagen zu finden sind, wird dementsprechend die Nummer des Bandes und des jeweiligen Kapitels angegeben.

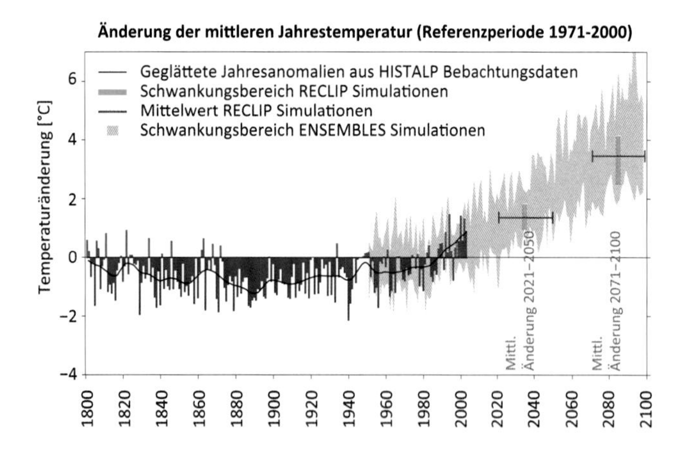

Abbildung 2 Mittlere Oberflächentemperatur (°C) in Österreich von 1800 bis 2100, angegeben als Abweichung vom Temperaturmittel der Periode 1971 bis 2000. Messungen bis zum Jahre 2010 sind in Farbe dargestellt, Modellberechnungen für ein IPCC-Szenario im höheren Emissionsbereich (IPCC SRES A1B Szenario) in Grau. Wiedergegeben sind Jahresmittelwerte (Säulen) und der über 20 Jahre geglättete Verlauf (Linie). Man erkennt die Temperaturabnahme bis knapp vor 1900 und den starken Temperaturanstieg (ca. 1 °C) seit den 1980er Jahren. Bis Ende des Jahrhunderts ist bei diesem Szenario ein Temperaturanstieg um 3,5 °C zu erwarten (RECLIP-Simulationen). Quelle: ZAMG

sachten THG-Emissionen und ist dementsprechend sowohl szenarienabhängig als auch wesentlich beeinflussbar (sehr wahrscheinlich, vgl. Band 1, Kapitel 4).

Die Niederschlagsentwicklung in den letzten 150 Jahren zeigt deutliche regionale Unterschiede: In Westösterreich wurde eine Zunahme der jährlichen Niederschlagsmenge um etwa 10–15 % registriert, im Südosten hingegen eine Abnahme in ähnlicher Größenordnung. (vgl. Band 1, Kapitel 3)

Im 21. Jahrhundert ist eine Zunahme der Niederschläge im Winterhalbjahr und eine Abnahme im Sommerhalbjahr zu erwarten (wahrscheinlich). Im Jahresdurchschnitt zeichnet sich kein deutlicher Trend ab. Großräumig liegt Österreich im Übergangsbereich zwischen zwei Zonen mit entgegengesetzten Trends – Zunahme in Nordeuropa, Abnahme im Mittelmeerraum (wahrscheinlich, vgl. Band 1, Kapitel 4)

In den letzten 130 Jahren hat die jährliche Sonnenscheindauer an den Bergstationen der Alpen um rund 20 % oder mehr als 300 Stunden zugenommen. Der Anstieg im Sommerhalbjahr war stärker als im Winterhalbjahr (praktisch sicher, vgl. Band 1, Kapitel 3). Zwischen 1950 und 1980 kam es durch eine Zunahme der Bewölkung und erhöhte Luftverschmutzung besonders in den Tallagen zu einer deutlichen Abnahme der Sonnenscheindauer im Sommer (vgl. Band 1, Kapitel 3).

Die Dauer der Schneebedeckung hat sich in den letzten Jahrzehnten vor allem in mittelhohen Lagen (um 1 000 m Seehöhe) verkürzt (sehr wahrscheinlich, vgl. Band 2, Kapitel 2). Da sowohl die Schneefallgrenze und damit der Schneedeckenzuwachs, als auch die Schneeschmelze temperaturabhängig sind, ist durch den weiteren Temperaturanstieg eine Abnahme der Schneedeckenhöhe in mittelhohen Lagen zu erwarten (sehr wahrscheinlich, vgl. Band 2, Kapitel 2).

Alle vermessenen Gletscher Österreichs haben im Zeitraum seit 1980 deutlich an Fläche und Volumen verloren. So hat z. B. in den südlichen Ötztaler Alpen, dem größten zusammenhängenden Gletschergebiet Österreichs, die Gletscherfläche von 144,2 km² im Jahre 1969 auf 126,6 km² im Jahre 1997 und 116,1 km² im Jahre 2006 abgenommen (praktisch sicher, vgl. Band 2, Kapitel 2). Die österreichischen Gletscher reagieren in der Rückzugsphase seit 1980 besonders sensitiv auf die Sommertemperatur, daher muss man von einem weiteren Rückgang der Gletscherfläche ausgehen (sehr wahrscheinlich, vgl. Band 2, Kapitel 2). Es ist mit einem weiteren Anstieg der Permafrostgrenze zu rechnen (sehr wahrscheinlich, vgl. Band 2, Kapitel 4).

Temperaturextreme haben sich markant verändert, so sind z. B. kalte Nächte seltener, heiße Tage aber häufiger geworden. Im 21. Jahrhundert wird sich diese Entwicklung verstärkt fortsetzen und damit wird auch die Häufigkeit von Hitzewellen zunehmen (sehr wahrscheinlich, vgl. Band 1, Kapitel 3; Band 1, Kapitel 4). Bei extremen Niederschlägen sind bis jetzt keine einheitlichen Trends nachweisbar (vgl. Band 1, Kapitel 3), Klimamodelle zeigen aber, dass starke und extreme Niederschläge wahrscheinlich von Herbst bis Frühling zunehmen werden (vgl. Band 1, Kapitel 4). Trotz einiger herausragender Sturmereignisse in den letzten Jahren kann eine langfristige Zunahme der Sturmtätigkeit nicht nachgewiesen werden. Auch für die Zukunft kann derzeit keine Veränderung der Sturmhäufigkeit abgeleitet werden (vgl. Band 1, Kapitel 3; Band 1, Kapitel 4).

Zusammenschau für Österreich: Auswirkungen sowie Maßnahmen

Die ökonomischen Auswirkungen extremer Wetterereignisse in Österreich sind bereits jetzt erheblich und haben in den letzten drei Jahrzehnten zugenommen (praktisch sicher, vgl. Band 2, Kapitel 6). Die in den letzten drei Jahrzehnten aufgetretenen Schadenskosten von Extremereignissen legen nahe, dass Veränderungen in der Frequenz und Intensität solcher Schadensereignisse signifikante Auswirkungen auf die Volkswirtschaft Österreichs hätten.

Die möglichen ökonomischen Auswirkungen des in Österreich erwarteten Klimawandels werden überwiegend

durch Extremereignisse und extreme Witterungsperioden bestimmt (mittleres Vertrauen, vgl. Band 2, Kapitel 6). Neben Extremereignissen führen auch graduelle Temperatur- und Niederschlagsänderungen zu ökonomischen Auswirkungen, z. B. in Form sich verändernder Ertragspotenziale in der Land- und Energiewirtschaft oder der Schneesicherheit von Schigebieten mit entsprechenden Auswirkungen auf den Wintertourismus.

In Gebirgsregionen nehmen Rutschungen, Muren, Steinschlag und andere gravitative Massenbewegungen deutlich zu (sehr wahrscheinlich, hohes Vertrauen). Dies ist auf veränderten Niederschlag, auftauenden Permafrost und Rückgang von Gletschern zurückzuführen, aber auch auf veränderte Landnutzung (sehr wahrscheinlich, hohes Vertrauen). Bergflanken werden etwa vulnerabler gegenüber Prozessen wie Steinschlag (sehr wahrscheinlich, hohes Vertrauen, vgl. Band 2, Kapitel 4) und Bergstürzen (wahrscheinlich, mittleres Vertrauen, vgl. Band 2, Kapitel 4). Bisher durch Permafrost fixierte Schuttmassen werden durch Muren mobilisiert (sehr wahrscheinlich, hohes Vertrauen, vgl. Band 2, Kapitel 4).

Die Waldbrandgefahr wird in Österreich zunehmen. Aufgrund der erwartenden Erwärmungstendenz und der steigenden Wahrscheinlichkeit längerer sommerlicher Trockenperioden wird die Waldbrandgefahr zunehmen (sehr wahrscheinlich, hohes Vertrauen, vgl. Band 2, Kapitel 4).

Geänderte Sedimentfrachten in Flusssystemen sind feststellbar. In Wildbächen und in großen Flusssystemen sind durch Änderungen in der Wasserführung und im Geschiebehaushalt (Mobilisierung, Transport und Ablagerung) große Veränderungen zu erwarten (sehr wahrscheinlich, hohes Vertrauen, vgl. Band 2, Kapitel 4). Entscheidend ist hierbei die Trennung zwischen Veränderungen durch den Klimawandel und durch menschlichen Einfluss.

Durch die derzeit absehbare sozio-ökonomische Entwicklung und den Klimawandel steigen die klimawandelbedingten zukünftigen Schadenspotenziale für Österreich (mittleres Vertrauen, vgl. Band 2, Kapitel 3; Band 2, Kapitel 6). Eine Vielzahl an Faktoren determiniert die künftigen Kosten des Klimawandels: Neben der möglichen Änderung in der Verteilung von Extremereignissen sowie graduellen Klimaänderungen sind es vor allem sozio-ökonomische und demografische Faktoren, die letztlich die Schadenskosten determinieren werden. Dazu gehören u.a. die Altersstruktur der Bevölkerung im urbanen Raum, die Werteexposition, der Infrastrukturausbau z. B. in durch Lawinen oder Muren gefährdeten Gebieten, sowie ganz allgemein die Landnutzung, die maßgeblich die Vulnerabilität gegenüber dem Klimawandel steuern.

Ohne verstärkte Anstrengungen zur Anpassung an den Klimawandel wird die Verletzlichkeit Österreichs gegenüber dem Klimawandel in den kommenden Jahrzehnten zunehmen (hohes Vertrauen, vgl. Band 2, Kapitel 6). Veränderungen im Zuge des Klimawandels beeinflussen in Österreich vor allem witterungsabhängige Sektoren und Bereiche wie Land-, Forst-, Wasser-, Energiewirtschaft, Tourismus, Gesundheit und Verkehr sowie die diesen jeweils vor-, bzw. nachgelagerten Sektoren (hohes Vertrauen, vgl. Band 2, Kapitel 3). Es ist davon auszugehen, dass Anpassungsmaßnahmen die negativen Auswirkungen des Klimawandels abmildern, aber nicht vollständig ausgleichen können (mittleres Vertrauen, vgl. Band 3, Kapitel 1).

Um den Folgen des Klimawandels gezielt begegnen zu können, hat Österreich 2012 eine nationale Anpassungsstrategie verabschiedet (vgl. Band 3, Kapitel 1). Die Wirksamkeit dieser Strategie wird vor allem daran gemessen werden, wie erfolgreich einzelne betroffene Sektoren bzw. Politikbereiche in der Entwicklung geeigneter Anpassungskonzepte und deren Umsetzung sein werden. Grundlagen für deren Evaluierung, wie z. B. eine regelmäßige Erhebung der Wirksamkeit von Anpassungsmaßnahmen nach dem Muster anderer Staaten, sind in Österreich erst in Entwicklung.

Die THG-Emissionen Österreichs betrugen im Jahr 2010 in Summe etwa 81 Mt CO_2-Äquivalente (CO_2-Äq.) oder 9,7 t CO_2-Äq. pro Kopf (sehr hohes Vertrauen, vgl. Band 1, Kapitel 2). Diese Zahlen berücksichtigen den emissionsmindernden Beitrag von Landnutzungsänderungen über die Kohlenstoffaufnahme von Ökosystemen. Die österreichischen pro-Kopf-Emissionen sind etwas höher als der EU-Schnitt von 8,8 t CO_2-Äq. pro Kopf und Jahr und deutlich höher als jene z. B. von China (5,6 t CO_2-Äq. pro Kopf und Jahr), jedoch viel niedriger als jene der USA (18,4 t CO_2-Äq. pro Kopf und Jahr) (vgl. Band 1, Kapitel 2).

Die nationalen THG-Emissionen sind seit 1990 gestiegen, obwohl sich Österreich unter dem Kyoto-Protokoll zu einer Minderung um 13 % für den Zeitraum 2008 bis 2012 gegenüber 1990 verpflichtet hat (sicher, vgl. Band 3, Kapitel 1; Band 3, Kapitel 6). Österreich ist im Kyoto Protokoll Verpflichtungen eingegangen, seine Emissionen deutlich zu reduzieren. Nach Korrektur um jenen Teil der Kohlenstoffsenken, der laut den Vereinbarungen geltend gemacht werden konnte, lagen die Emissionen der Verpflichtungsperiode 2008 bis 2012 um 18,8 % über dem Reduktionsziel von 68,8 Mt CO_2-Äq. pro Jahr (vgl. Band 3, Kapitel 1). Das österreichische Ziel war im Vergleich zu anderen Industriestaaten relativ hochgesetzt. Die formale Erfüllung dieses Minderungsziels für 2008 bis 2012 wurde durch Zukauf von Emissionsrechten im Ausland

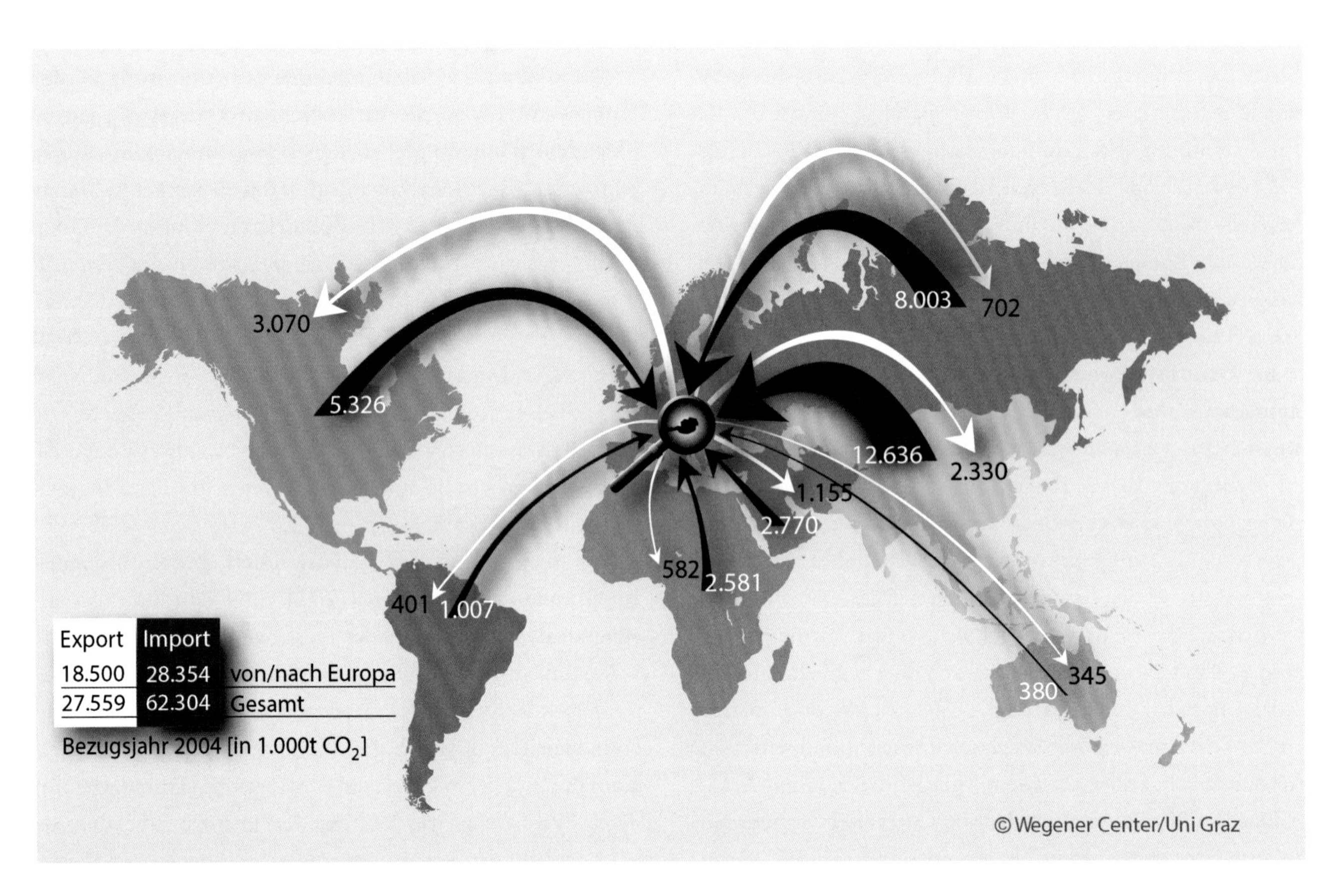

Abbildung 3 CO_2-Ströme im Güterhandel von/nach Österreich nach Weltregionen. Die in den Importgütern implizit enthaltenen Emissionen sind mit roten Pfeilen dargestellt, die in den Exportgütern enthaltenen, Österreich zugerechneten Emissionen mit weißen Pfeilen. In der Bilanz fallen Süd- und Ostasien, besonders China und Russland als Regionen auf, aus denen Österreich emissionsintensive Konsum- und Investitionsgüter importiert. Quelle: Munoz und Steininger (2010)

im Ausmaß von insgesamt ca. 80 Mt CO2-Äq. um grob 500 Mio. € erreicht (sehr hohes Vertrauen, vgl. Band 3, Kapitel 1).

Bezieht man auch die durch österreichischen Konsum im Ausland verursachten CO_2-Emissionen mit ein, so liegen die Emissionswerte für Österreich um etwa die Hälfte höher (hohes Vertrauen, vgl. Band 3, Kapitel 5). Österreich ist Mitverursacher der Emissionen anderer Staaten. Bezieht man diese Emissionen einerseits mit ein und bereinigt andererseits um die den österreichischen Exporten zurechenbaren Emissionen, so erhält man die „Konsum-basierten" Emissionen Österreichs. Diese liegen deutlich über den im vorigen Absatz genannten und in der UNO-Statistik für Österreich ausgewiesenen Emissionen und zwar mit steigender Tendenz (1997 um 38 % höher, 2004 um 44 % darüber). Aus den Warenströmen lässt sich ableiten, dass österreichische Importe vor allem Emissionen in Süd- und Ostasien, besonders in China und Russland verursachen (siehe Abbildung 3).

In Österreich sind Bemühungen zur Verbesserung der Energieeffizienz und zur Förderung erneuerbarer Energieträger zu erkennen, zur Zielerreichung bezüglich erneuerbarer Energie und Energieeffizienz sind sie jedoch nicht genügend mit Maßnahmen hinterlegt**.** So wurde etwa in der 2010 veröffentlichten Energiestrategie vorgeschlagen, dass der Endenergieverbrauch 2020 das Niveau von 2005 in der Höhe von 1 100 PJ nicht übertreffen soll; dies ist jedoch noch nicht auf Maßnahmenebene implementiert. Im Ökostromgesetz werden Ziele der Stromerzeugung aus erneuerbaren Quellen von zusätzlich 10,5 TWh (37,8 PJ) pro Jahr bis 2020 festgeschrieben. Die Energiewirtschaft und die Industrie sind weitgehend im Rahmen des *„EU-Emissionshandels"* reguliert, über dessen weitere Ausgestaltung gegenwärtig verhandelt wird. Insbesondere auch im Verkehrssektor fehlen derzeit noch wirksame Maßnahmen.

Österreich hat sich bisher für den Klima- und Energiebereich lediglich kurzfristige Minderungsziele, nämlich für den Zeitraum bis 2020 gesetzt (vgl. Band 3, Kapitel 1; Band 3, Kapitel 6)**.** Das entspricht den verbindlichen EU-Vorgaben, doch haben andere Länder, der Problematik angemessen, auch längerfristige THG-Minderungsziele festgelegt.

Deutschland hat sich z. B. bis 2050 eine Minderung von 85 % zum Ziel gesetzt. Großbritannien beabsichtigt eine Reduktion um 80 % bis 2050. (vgl. Band 3, Kapitel 6)

Die bisher gesetzten Maßnahmen decken den von Österreich erwarteten Beitrag zur Erreichung des globalen 2 °C Ziel nicht ab (hohes Vertrauen, vgl. Band 3, Kapitel 1; Band 3, Kapitel 6). Die für Österreich definierten Maßnahmen orientieren sich an den Zielwerten für das Jahr 2020; die Ausbauziele für erneuerbare Energieträger sind für den österreichischen Beitrag zum 2 °C Ziel nicht ausreichend ambitioniert und werden wahrscheinlich weit vor 2020 erreicht, während es unwahrscheinlich ist, dass im Industrie- und Verkehrssektor eine tatsächliche Trendwende der Emissionen erreicht wird. beziehungsweise die bereits erfolgte Trendwende in den Emissionen aus Raumwärme ausreichend stark ausfallen wird (vgl. Band 3, Kapitel 3; Band 3, Kapitel 4). Die erwarteten Einsparungen von THG-Emissionen beim Ersatz fossiler Treibstoffe durch Biokraftstoffe werden zunehmend in Frage gestellt (vgl. Band 3, Kapitel 2).

Institutionelle, Wirtschafts-, Sozial- und Wissensbarrieren bremsen Fortschritte bezüglich Klimaschutz und Anpassung. Ansätze zur Beseitigung oder Überwindung dieser Barrieren umfassen eine Reform der Verwaltungsstrukturen in Hinblick auf die zu bewältigenden Aufgaben sowie eine Bepreisung von Produkten und Dienstleistungen entsprechend ihrer Klimawirkung. Wesentlich ist hierbei auch die Streichung klimaschädlicher Förderungen und Subventionen, etwa für die Exploration von neuen fossilen Reserven, der Pendlerpauschale – welche die Nutzung des PKWs begünstigt, oder auch der Wohnbauförderung für Einfamilienhäuser im städtischen Nahbereich. Auch eine starke Einbindung der Zivilgesellschaft und der Wissenschaft in Entscheidungsfindungsprozesse kann Maßnahmen beschleunigen. Handlungsrelevante Wissenslücken sollten geschlossen werden, weil sie auch bremsen, sie zählen aber nicht zu den dominanten Faktoren. (hohes Vertrauen, vgl. Band 3, Kapitel 1; Band 3, Kapitel 6).

Emissionsminderungen um bis zu 90 % bis 2050 können in Österreich, Szenarienberechnungen zufolge, durch zusätzliche Maßnahmen erzielt werden (hohes Vertrauen, vgl. Band 3, Kapitel 3; Band 3, Kapitel 6)**.** Diese Szenarien stammen aus Studien, die auf die Energiebereitstellung und -nachfrage fokussieren. Derzeit fehlt jedoch ein klares Bekenntnis der Entscheidungstragenden zu Emissionsminderungen in diesem Ausmaß. Österreich hat insbesondere großen Nachholbedarf in der Reduktion der Energieintensität, die sich in den EU-27 seit 1990 um 29 % verbessert hat, in Österreich aber praktisch unverändert geblieben ist.

Bei Halbierung des energetischen Endverbrauchs in Österreich können die von der EU für 2050 vorgegebenen Ziele für Österreich einigen Szenarien zufolge erreicht werden. Es wird erwartet, dass der dann verbleibende Energiebedarf durch erneuerbare Energieträger abgedeckt werden kann. Das wirtschaftlich nutzbare Potenzial an Erneuerbaren innerhalb Österreichs wird mit etwa 600 PJ quantifiziert. Dies steht einem Endenergieverbrauch von aktuell jährlich rund 1 100 PJ gegenüber (vgl. Band 3, Kapitel 3). Effizienzpotentiale bestehen v.a. in den Bereichen Gebäude, Verkehr und Produktion (hohes Vertrauen, vgl. Band 3, Kapitel 3)

Um rasch und ernsthaft eine Transformation zu einem klimaneutralen Wirtschaftssystem anzustreben, wird ein sektorübergreifend eng koordiniertes Vorgehen mit neuartigen institutionellen Kooperationen in einer integrativen Klimapolitik notwendig sein. Die einzelnen Klimaschutzmaßnahmen in den verschiedenen Wirtschafts- und Aktivitätsbereichen sind nicht ausreichend. Dabei sind auch Transformationen anderer Art zu berücksichtigen, wie etwa jene des Energiesystems, weil dezentrale Produktion, Speicherung und Steuerung für fluktuierende Energiequellen und internationaler Handel an Bedeutung gewinnen (mittleres Vertrauen, vgl. Band 3, Kapitel 3). Gleichzeitig treten zahlreiche kleine Anlagenbetreiber mit teilweise neuen Geschäftsmodellen auf den Markt.

Eine integrativ-konstruktive Klimapolitik trägt zur Bewältigung anderer aktueller Herausforderungen bei. So würden Wirtschaftsstrukturen etwa resistenter gegenüber Einflüssen von außen (Finanzkrisen, Energieabhängigkeit). Das bedeutet die Intensivierung von lokalen Wirtschaftskreisläufen, die Verringerung von internationalen Abhängigkeiten und eine viel höhere Produktivität aller Ressourcen, allen voran der energetischen. (vgl. Band 3, Kapitel 1)

Die Erreichung der Ziele für 2050 erscheint nur bei einem Paradigmenwandel in vorherrschenden Konsum- und Verhaltensmustern sowie den traditionell kurzfristig orientierten Politikmaßnahmen und Entscheidungsprozessen wahrscheinlich (hohes Vertrauen, vgl. Band 3, Kapitel 6). Nachhaltige Entwicklungspfade, die sowohl eine drastische Abkehr von historischen Trends als auch von individuellen, nur sektoral ausgerichteten Strategien und Geschäftsmodellen bedeuten, können zur erforderlichen THG-Minderung beitragen (wahrscheinlich, vgl. Band 3, Kapitel 6). Neue integrative Ansätze im Sinne einer nachhaltigen Entwicklung erfordern nicht zwingend neuartige technologische Lösungen, sondern vor allem eine bewusste Umorientierung von etablierten, klimaschädlichen Gewohnheiten in Lebensstil und im Verhalten der wirtschaftlichen Akteure. Weltweit gibt es Initiativen für

Transformationen in Richtung nachhaltiger Entwicklungspfade, etwa die Energiewende in Deutschland, die Initiative „Sustainable Energy for All" der UNO, zahlreiche „Transition Towns" oder die „Slow Food"-Bewegung und die vegetarische Ernährungsweise. Erst die Zukunft wird zeigen, welche Initiativen erfolgreich sein werden (vgl. Band 3, Kapitel 6).

Nachfrageseitigen Maßnahmen wie Veränderungen in der Ernährungsweise, Regulierungen und Verringerung von Lebensmittelverlusten kommt eine Schlüsselrolle im Klimaschutz zu. Umstellung der Ernährung auf eine regional und saisonal orientierte, überwiegend auf pflanzlichen Produkten beruhend, mit deutlich verringertem Konsum tierischer Produkte einhergehend, kann einen maßgeblichen Beitrag zur THG-Reduktion leisten (sehr wahrscheinlich, hohes Vertrauen). Auch die Verringerung von Verlusten im gesamten Lebenszyklus (Produktion und Konsum) von Lebensmitteln kann einen wichtigen Beitrag zur Reduktion von THG-Emissionen leisten (sehr wahrscheinlich, mittleres Vertrauen).

Die der Zielerreichung förderliche Veränderungen umfassen auch die Transformation wirtschaftlicher Organisationsformen und Ausrichtungen (hohes Vertrauen, vgl. Band 3, Kapitel 6)**.** Der Gebäudebestand hat einen hohen Erneuerungsbedarf; Neubau oder Renovierung können durch neue Finanzierungsmechanismen intensiviert werden. Das fragmentierte Verkehrssystem kann in Richtung eines integrierten Mobilitätssystems entwickelt werden. Im Bereich der Produktion geht es um neue Produkte, Prozesse und Werkstoffe, die zudem sicherstellen können, dass Österreich den Anschluss an den globalen Wettbewerb nicht verliert. Das Energiesystem kann in einer integrierten Perspektive mit dem Ausgangspunkt der Energiedienstleistungen ausgerichtet werden.

Durch geeignete politische Rahmenbedingungen kann die Transformation befördert werden (hohes Vertrauen, vgl. Band 3, Kapitel 1, Band 3, Kapitel 6)**.** Auch in Österreich besteht Bereitschaft zum Wandel. PionierInnen – Individuen, Firmen, Kommunen, Regionen – setzen ihre Vorstellungen bereits um, etwa im Bereich der Energiedienstleistungen oder der klimafreundlichen Mobilität und Nahversorgung. Derartige Initiativen können durch politische Maßnahmen, die ein unterstützendes Umfeld schaffen, gestärkt werden.

Neue Geschäfts- und Finanzierungsmodelle sind wesentliche Elemente der Transformation. Finanzierungsinstrumente (jenseits der bisher primär eingesetzten Förderungen) und neue Geschäftsmodelle betreffen vor allem den Umbau der energieverkaufenden Unternehmungen zu Spezialisten für Energiedienstleistungen. Die Energieeffizienz kann deutlich erhöht und rentabel gemacht werden, gesetzliche Verpflichtungen können die Gebäudesanierung vorantreiben, durch angepasste rechtliche Bestimmung können Gemeinschaftsinvestitionen in Erneuerbare- oder Effizienzmaßnahmen ermöglicht werden. Informationspolitik und Raumplanung können die Nutzung öffentlicher Verkehrsmittel und emissionsfreien Verkehr erleichtern, wie sich beispielsweise in der Schweiz zeigt (vgl. Band 3, Kapitel 6). Langfristige Finanzierungsmodelle (bei Gebäuden z. B. über 30 bis 40 Jahre), die insbesondere durch Pensionsfonds und Versicherungen dotiert werden, können neue Infrastruktur ermöglichen. Die erforderliche Transformation hat globale Dimensionen, daher sind auch solidarische Leistungen im Ausland, wie die in der Klimarahmenkonvention vorgesehenen Fonds, zu diskutieren.

Größere Investitionen in Infrastruktur mit langer Lebensdauer begrenzen – wenn sie THG-Emissionen und Klimaanpassung außer Acht lassen – die Freiheitsgrade bei der Transformation zur Nachhaltigkeit. Wenn alle Projekte einen „climate-proofing" unterzogen werden, welches Klimaschutz und Klimaangepasstheit integrativ betrachtet, lassen sich sogenannte Lock-in-Effekte vermeiden, die langfristig emissionsintensive Pfadabhängigkeiten schaffen (hohes Vertrauen, vgl. Band 3, Kapitel 6). Der Bau von Kohlekraftwerken ist als ein Beispiel zu nennen. National zählen unter anderem die überproportionale Gewichtung des Straßenausbaus, die Errichtung von Gebäuden, welche nicht den heutigen mit vertretbarem Aufwand erreichbaren ökologischen Standards entsprechen und verkehrsinduzierende und mit hohem Flächenbedarf verbundene Raumordnungen sind andere.

Ein zentrales Transformationsfeld sind die Städte und verdichteten Siedlungsräume (hohes Vertrauen, vgl. Band 3, Kapitel 6). Die Synergiepotentiale in Städten, die in vielen Fällen auch zum Schutz des Klimas genutzt werden können, rücken zunehmend ins Blickfeld. Dazu gehören u.a. effizientere Kühlung und Heizung von Gebäuden, kürzere Wege und effizienter einsetzbare öffentliche Verkehrsmittel, leichterer Zugang zu Ausbildung und damit beschleunigte soziale Transformation.

Klimarelevante Transformation geht oft direkt mit gesundheitsrelevanten Verbesserungen und Erhöhung der Lebensqualität einher (hohes Vertrauen, vgl. Band 3, Kapitel 4; Band 3, Kapitel 6). Für den Wechsel vom Auto zum Fahrrad beispielsweise wurden eine positiv-präventive Wirkung auf das Herz-Kreislaufsystem und weitere signifikant positive Gesundheitseffekte nachgewiesen, welche die Lebenszeit statistisch signifikant ansteigen lassen, neben den positiven Umweltwirkungen für die Gesamtgesellschaft. Zusätzliche gesundheitsfördernde Wirkungen wurden ebenso für nachhaltige Ernährung (z. B. wenig Fleisch) nachgewiesen.

Der Klimawandel wird den Migrations-Druck erhöhen, auch auf Österreich. Migration hat vielfältige Gründe. Im globalen Süden wird sich der Klimawandel besonders stark auswirken und erhöhte Migration, vor allem innerhalb des globalen Südens erzeugen. Bis zum Jahr 2020 rechnet das IPCC allein in Afrika und Asien mit 74–250 Mio. betroffenen Menschen. Durch die besondere Betroffenheit des Afrikanischen Kontinents werden sich Flüchtlingsströme aus Afrika nach Europa voraussichtlich verstärken (vgl. Band 3, Kapitel 4).

Der Klimawandel ist nur eine von vielen globalen Herausforderungen, aber eine ganz zentrale (sehr hohes Vertrauen, vgl. Band 2, Kapitel 6; Band 3, Kapitel 1; Band 3, Kapitel 5). Eine nachhaltige Zukunft setzt sich beispielsweise auch mit Fragen der Bekämpfung von Armut, der Gesundheit, der gesellschaftlichen Humanressourcen, der Verfügbarkeit von Wasser und Nahrung, der intakten Böden, der Luftqualität, des Verlustes von Biodiversität sowie der Versauerung und Überfischung der Ozeane auseinander (sehr hohes Vertrauen, vgl. Band 3, Kapitel 6). Diese Fragestellungen sind nicht voneinander unabhängig: der Klimawandel wirkt häufig verschärfend auf die anderen Probleme. So trifft er die schwächsten Bevölkerungsgruppen oft am härtesten. Die Staatengemeinschaft hat einen UN-Prozess zur Formulierung der Ziele nachhaltiger Entwicklung nach 2015 angestoßen (Sustainable Development Goals). Der Klimawandel steht im Zentrum dieser Ziele und zahlreicher weltweiter Spannungsfelder. Klimaschutzmaßnahmen können somit zahlreiche Zusatznutzen zur Erreichung weiterer globaler Zielsetzungen generieren (hohes Vertrauen, vgl. Band 3, Kapitel 6).

Auswirkungen auf Bereiche und Sektoren sowie Maßnahmen der Minderung und Anpassung

Boden und Landwirtschaft

Der Klimawandel führt zu Humusverlust und THG-Emissionen aus dem Boden. Temperaturanstieg, Temperaturextreme und Trockenphasen, stärker ausgeprägte Gefrier- und Auftauprozesse im Winter sowie starkes und langes Austrocknen des Bodens gefolgt von Starkniederschlägen verstärken bestimmte Prozesse im Boden. Dies kann zu einer Beeinträchtigung von Bodenfunktionen, wie Bodenfruchtbarkeit, Wasser- und Nährstoffspeicherkapazität, Humusabbau, Bodenerosion u.a. führen. Erhöhte THG-Emissionen aus dem Boden sind die Folge (sehr wahrscheinlich, vgl. Band 2, Kapitel 5).

Menschliche Eingriffe vergrößern den Flächenanteil von Böden mit geringerer Widerstandsfähigkeit gegenüber dem Klimawandel. Bodenversiegelung sowie Folgen unangepasster Bodennutzung und -bearbeitung wie etwa Verdichtung, Erosion und Humusverlust schränken die Bodenfunktionen weiter ein und verringern die Fähigkeit des Bodens, Auswirkungen des Klimawandels abzupuffern (sehr wahrscheinlich, vgl. Band 2, Kapitel 5).

Die Auswirkungen des Klimawandels auf die Landwirtschaft sind regional unterschiedlich. In kühleren, niederschlagsreicheren Gebieten – beispielsweise im nördlichen Alpenvorland – steigert wärmeres Klima überwiegend das durchschnittliche Ertragspotenzial von Nutzpflanzen. In niederschlagsärmeren Gebieten nördlich der Donau sowie im Osten und Südosten Österreichs werden zunehmende Trockenheit und Hitze das durchschnittliche Ertragspotenzial, vor allem unbewässerter Sommerkulturen, langfristig verringern und die Ausfallsrisiken erhöhen. Das klimatische Anbaupotenzial wärmeliebender Nutzpflanzen, wie z. B. Körnermais oder Weintrauben, weitet sich deutlich aus (sehr wahrscheinlich, vgl. Band 2, Kapitel 3).

Wärmeliebende Schädlinge breiten sich in Österreich aus. Das Schadpotenzial in der Landwirtschaft durch – zum Teil neu auftretende – wärmeliebende Insekten nimmt zu. Durch den Klimawandel verändert sich auch das Auftreten von Krankheiten und Unkräutern (sehr wahrscheinlich, vgl. Band 2, Kapitel 3).

Auch Nutztiere leiden unter dem Klimawandel. Zunehmende Hitzeperioden können bei Nutztieren die Leistung verringern und das Krankheitsrisiko erhöhen (sehr wahrscheinlich, vgl. Band 2, Kapitel 3).

Anpassungsmaßnahmen in der Landwirtschaft können unterschiedlich rasch umgesetzt werden. Innerhalb weniger Jahre umsetzbar sind unter anderem verbesserter Verdunstungsschutz im Ackerbau (z. B. effiziente Mulchdecken, reduzierte Bodenbearbeitung, Windschutz), effizientere Bewässerungsmethoden, Anbau trocken- oder hitzeresistenter Arten bzw. Sorten, Hitzeschutz in der Tierhaltung, Veränderung der Anbau- und Bearbeitungszeitpunkte sowie der Fruchtfolge, Frost-, Hagelschutz und Risikoabsicherung (sehr wahrscheinlich, vgl. Band 3, Kapitel 2).

Mittelfristig umsetzbare Anpassungsmaßnahmen umfassen unter anderem Boden- und Erosionsschutz, Humusaufbau, bodenschonende Bewirtschaftungsformen, Wasserrückhaltestrategien, Verbesserung von Bewässerungsinfrastruktur und -technik, Warn-, Monitoring- und Vorhersagesysteme für wetterbedingte Risiken, Züchtung stressresistenter Sorten, Risikoverteilung durch Diversifizierung, Steigerung der Lagerkapazitäten sowie Tierzucht und Anpassungen im Stallbau und in der Haltungstechnik (sehr wahrscheinlich, vgl. Band 3, Kapitel 2).

Die durch den Klimawandel bedingte Veränderung der klimatischen Anbaueignung wärmeliebender Nutzpflanzen

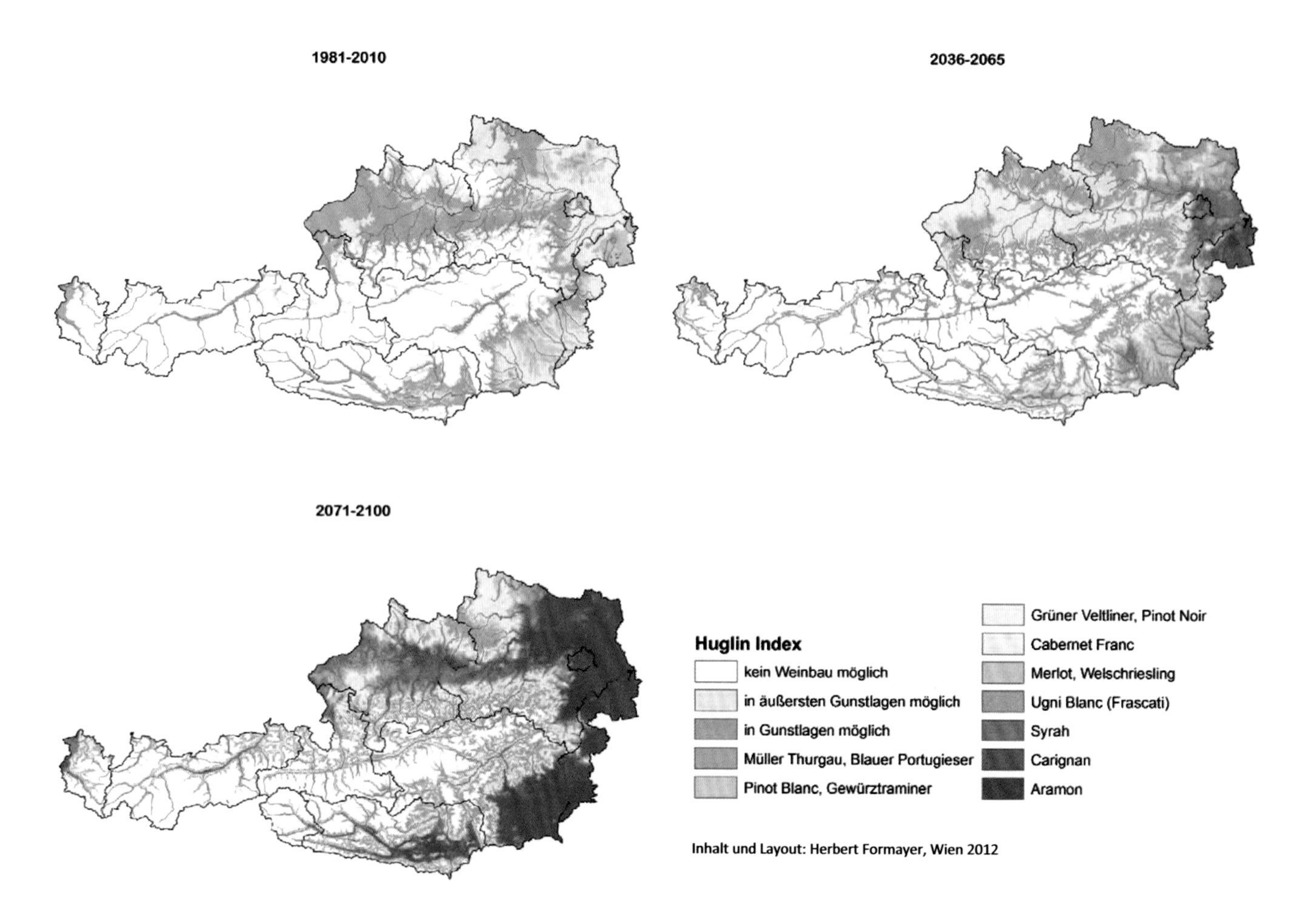

Abbildung 4 Entwicklung der klimatischen Anbaueignung verschiedener Weinsorten unter Berücksichtigung der optimalen Wärmesummen und der Niederschläge in Österreich im vergangenen Klima (beobachtet, oben) und einem Klimaszenario für Mitte und Ende des 21. Jahrhunderts (modelliert). Die Farbtöne von blau über gelb bis violett bedeuten zunehmende Wärmesummen mit ausschließlich darauf beruhenden Sortenzuordnungen. Man sieht deutlich die zunehmende Eignung für Rotweine, gegen Ende des Jahrhunderts schon extrem hitzeliebende Sorten (vgl. Band 2, Kapitel 3). Quelle: Eitzinger und Formayer (2012)

ist in Abbildung 4 am Beispiel Wein dargestellt. Viele andere wärmeliebende Nutzpflanzen wie Körnermais, Sonnenblumen oder Sojabohnen zeigen ähnliche Ausweitungen der klimatischen Anbaueignung. (vgl. Band 2, Kapitel 3)

Die Landwirtschaft kann in vielfältiger Weise THG-Emissionen verringern und Kohlenstoffsenken verstärken. Bei gleichbleibender Produktionsmenge liegen die größten Reduktionspotenziale in den Bereichen Wiederkäuerfütterung, Düngungspraktiken, Reduktion der Stickstoffverluste und Erhöhung der Stickstoffeffizienz (sehr wahrscheinlich, vgl. Band 3, Kapitel 2). Nachhaltige Strategien zur THG-Reduktion in der Landwirtschaft erfordern ressourcenschonende und -effiziente Bewirtschaftungskonzepte unter Einbeziehung von ökologischem Landbau, Präzisionslandwirtschaft und Pflanzenzucht unter Erhaltung der genetischen Vielfalt (wahrscheinlich, vgl. Band 3, Kapitel 2).

Forstwirtschaft

Wärmeres und trockeneres Klima wird die Biomasseproduktivität der österreichischen Wälder stark beeinflussen. Die Produktivität nimmt in Berglagen und in Regionen mit ausreichendem Niederschlag aufgrund der Klimaerwärmung zu. In östlichen und nordöstlichen Tieflagen und in inneralpinen Beckenlagen nimmt sie hingegen aufgrund zunehmender Trockenperioden ab. (hohe Übereinstimmung, starke Beweislage, vgl. Band 2, Kapitel 3; Band 3, Kapitel 2)

Die Störungen in Waldökosystemen nehmen unter allen diskutierten Klimaszenarien an Intensität und Häufigkeit zu. Insbesondere gilt dies für das Auftreten wärmeliebender Insekten wie z.B. Borkenkäfern. Zusätzlich ist mit neuartigen Schäden durch importierte oder aus südlicheren Regionen einwandernde Schadorganismen zu rechnen. Abiotische Störungsfaktoren wie etwa Stürme, Spät- und Frühfröste und Nassschnee-Ereignisse oder Waldbrände könnten ebenfalls

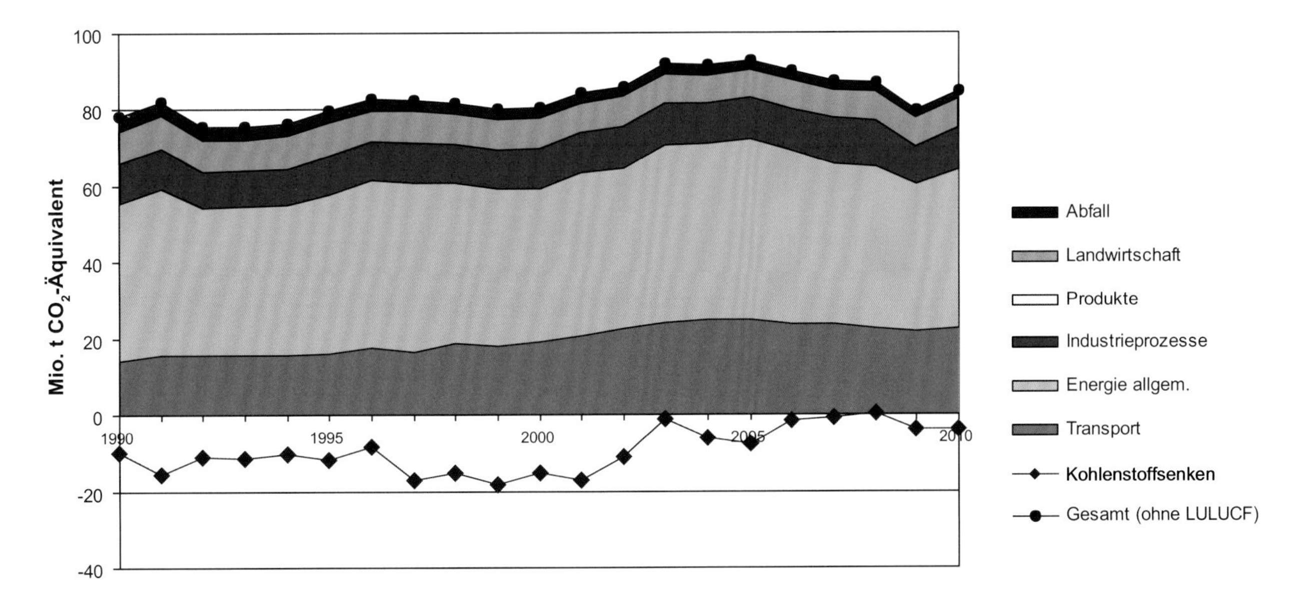

Abbildung 5 Offiziell berichtete THG-Emissionen Österreichs (nach IPCC Quellsektoren mit gesondert ausgewiesen Emissionen des Transports). Die weitgehend unter der Nulllinie liegende Kurve gibt die „Kohlenstoffsenken" wieder. In den letzten Jahren war diese Senke deutlich geringer bzw. in manchen Jahren gar nicht mehr vorhanden. Dies war vor allem eine Folge höherer Holzeinschläge; auch Veränderungen in der Erfassungsmethode trugen zu diesem Ergebnis bei. Quelle: Anderl et al. (2012)

höhere Schäden als bisher verursachen (hohe Unsicherheit). Diese Störungen können zudem Auslöser für Massenvermehrungen und Epidemien von bedeutenden forstlichen Schadorganismen wie z. B. dem Borkenkäfer sein. Störungen führen zu geringeren Erlösen in der Holzproduktion. Auch die Schutzfunktion der Wälder vor beispielsweise Steinschlag, Muren und Lawinen sowie die Kohlenstoffspeicherung leiden (hohe Übereinstimmung, starke Beweislage, vgl. Band 2, Kapitel 3; Band 3, Kapitel 2).

Der österreichische Wald war jahrzehntelang eine bedeutende Nettosenke für CO_2. Seit etwa 2003 ging infolge einer höheren Holzernte, Störungen und anderer Faktoren die Netto-CO_2-Aufnahme des Waldes zurück und kam in manchen Jahren ganz zum Erliegen. Dies liegt unter anderem an höheren Holzernten und natürlichen Störungen. Eine umfassende THG-Bilanz unterschiedlicher Varianten von Waldbewirtschaftung und Verwendung von Forstprodukten berücksichtigt, neben den THG-Effekten eines verstärkten Holzeinschlages auch die Kohlenstoffspeicherung in langlebigen Holzprodukten sowie die THG-Effekte einer Einsparung anderer emissionsintensiver Produkte, die durch Holz ersetzt werden können (z. B. Fossilenergie, Stahl, Beton). Eine abschließende Beurteilung dieser systemischen Effekte würde genauere und umfassendere Analysen erfordern als sie derzeit vorliegen (vgl. Band 3, Kapitel 2).

Die Widerstandskraft von Wäldern gegenüber Risikofaktoren sowie die Anpassungsfähigkeit können erhöht werden. Beispiele für Anpassungsmaßnahmen sind kleinflächigere Bewirtschaftungsformen, standorttaugliche Mischbestände und die Sicherstellung der natürlichen Waldverjüngung im Schutzwald durch angepasstes Wildmanagement. Problematisch sind vor allem Fichtenbestände auf Laubmischwaldstandorten in Tieflagen sowie Fichtenreinbestände in den Bergwäldern mit Schutzfunktion. Die Anpassungsmaßnahmen in der Forstwirtschaft sind mit beträchtlichen Vorlaufzeiten verbunden (hohe Übereinstimmung, starke Beweislage, vgl. Band 3, Kapitel 2).

Biodiversität

Besonders vom Klimawandel betroffen sind Ökosysteme mit langer Entwicklungsdauer sowie Lebensräume der Alpen oberhalb der Waldgrenze (hohe Übereinstimmung, starke Beweislage, vgl. Band 2, Kapitel 3). Moore und altholzreiche Wälder können sich nur langsam an den Klimawandel anpassen und sind deswegen besonders gefährdet. Über die Wechselwirkungen mit anderen Faktoren des Globalen Wandels, wie Landnutzungsänderungen oder die Einbringung invasiver Arten, ist wenig bekannt. Auch die Anpassungskapazitäten der Arten und Lebensräume sind nicht ausreichend erforscht (Band 2, Kapitel 3).

In alpinen Lagen können kälteangepasste Pflanzen in größere Höhen vordringen und dort einen Zuwachs der Artenvielfalt bewirken. In inselartigen Mikro-Nischen

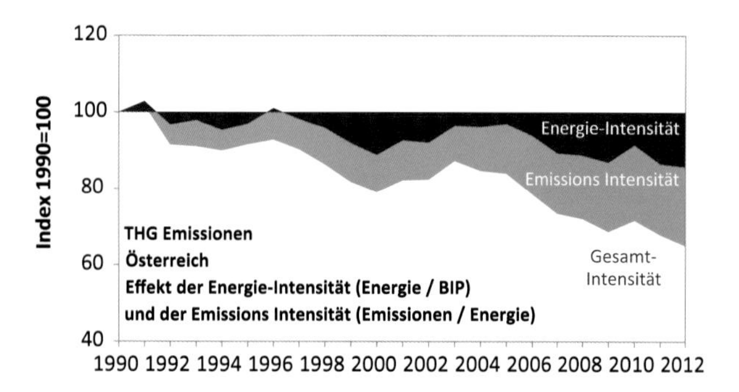

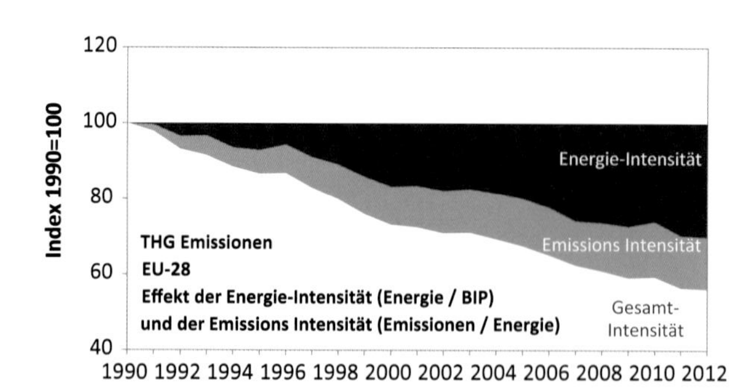

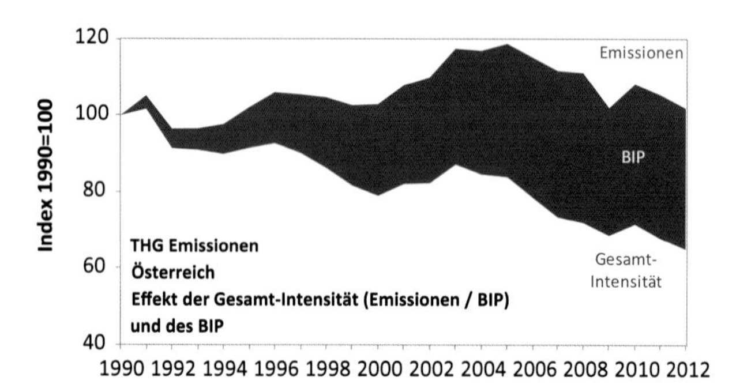

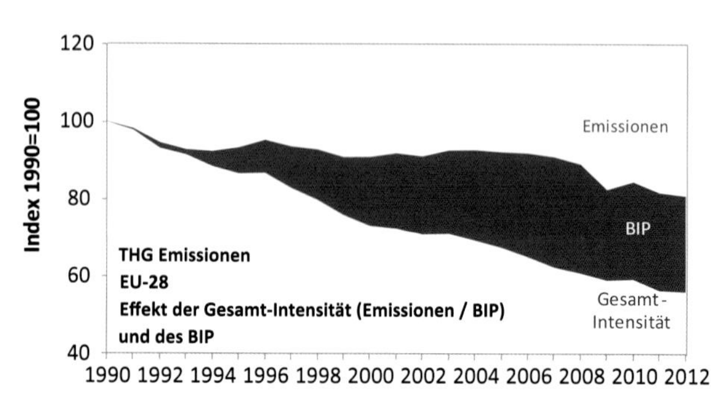

Abbildung 6 Entwicklung der THG-Intensität des BIPs sowie die darin enthaltene Entwicklung der Energieintensität (Energieverbrauch pro Euro BIP) und Emissionsintensität der Energie (THG-Emissionen pro PJ Energie) im Zeitverlauf für Österreich und die EU-28 (oberes Panel). Aus der Entwicklung der THG-Intensität in Verbindung mit jener des fast ausnahmslos steigenden BIP (unteres Panel) ergeben sich für Österreich insgesamt in diesem Zeitraum steigende THG-Emissionen (+5 %), für die EU-28 fallende (−18 %). Quelle: Schleicher (2014)

können kälteangepasste Arten trotz der Erwärmung überdauern (hohe Übereinstimmung, starke Beweislage). Zunehmende Fragmentierung von Populationen kann allerdings zu lokalem Aussterben führen. Aus dem Hochgebirge stammende Arten, die sich an niedrigeren Randlagen der Alpen angepasst haben, sind davon besonders betroffen (mittlere Übereinstimmung, moderate Beweislage, vgl. Band 2, Kapitel 3).

Auch Tierarten sind stark betroffen. In der Tierwelt sind Änderungen im Jahresablauf, wie die Verlängerung von Aktivitätsperioden, erhöhte Generationenfolge oder Vorverlegung der Ankunft von Zugvögeln sowie Arealverschiebungen nach Norden bzw. in höhere Lagen für einzelne Arten bereits dokumentiert. Der Klimawandel wird manche Tierarten, vor allem Generalisten, weiter begünstigen und andere, vor allem Spezialisten, gefährden (moderate Beweislage, vgl. Band 2, Kapitel 3). Die Erwärmung der Fließgewässer führt zu einer theoretischen Verschiebung der Fischhabitate um bis zu 30 km flussaufwärts. Für Bachforelle und Äsche werden z.B. geeignete Lebensräume geringer (hohe Übereinstimmung, starke Beweislage, vgl. Band 2, Kapitel 3).

Energie

Österreich hat großen Nachholbedarf in der Verbesserung der Energieintensität. Anders als der EU-Durchschnitt weist Österreich in den letzten beiden Dekaden kaum Fortschritte hinsichtlich der Energieintensität auf (Energieverbrauch pro Euro BIP, siehe Abbildung 6). Seit 1990 sank vergleichsweise die Energieintensität der EU-28 hingegen um 29 % (in den Niederlanden um 23 %, in Deutschland um 30 % und in Großbritannien um 39 %). In Deutschland und Großbritannien dürfte jedoch ein Teil dieser Verbesserungen auf der Verlagerung energieintensiver Produktion ins Ausland beruhen. In der Emissionsintensität (THG-Emissionen pro PJ Energie), deren Verbesserung in Österreich den starken Ausbau der Erneuerbaren seit 1990 reflektiert, zählt Österreich hingegen gemeinsam mit den Niederlanden zu den Ländern mit der stärksten Verbesserung. Diese beiden Indikatoren gemeinsam bestimmen die THG-Emissionsintensität des Bruttoinlandsproduktes (BIP), die sowohl in Österreich als auch in den EU-28 seit 1990 abgenommen hat. Die THG-Emissionen sind langsamer gestiegen als das BIP. Im Vergleich mit den EU-28 zeigt sich dabei somit deutlich, dass Österreich bei der Senkung der Energieintensität großen Nachholbedarf hat (vgl. Band 3, Kapitel 1).

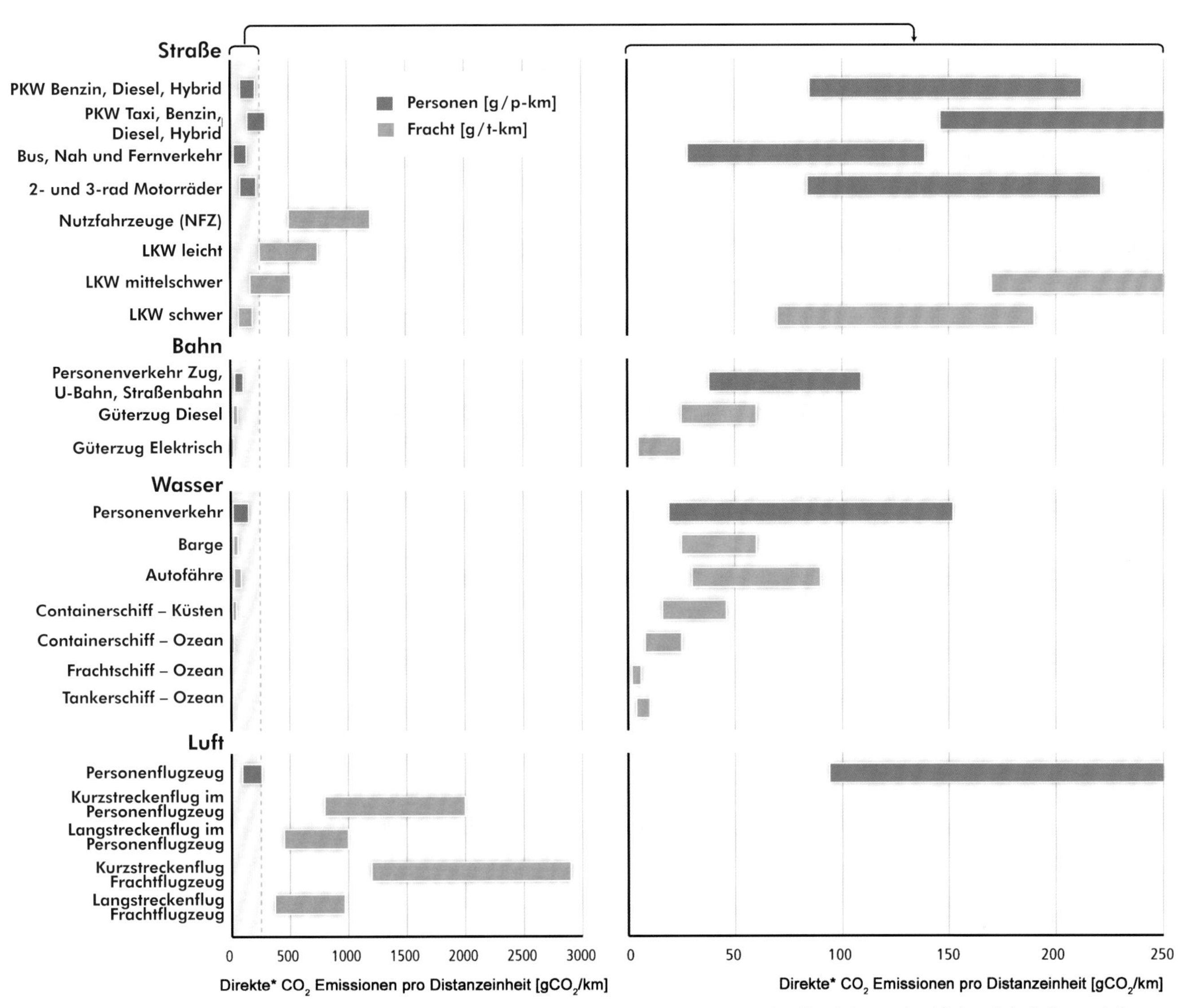

Abbildung 7 Typische direkte CO2-Emissionen pro Passagierkilometer und pro Tonnenkilometer für Fracht und für die Hauptverkehrsträger, wenn fossile Brennstoffe benutzt werden, und thermische Stromerzeugung für die Eisenbahnverkehr benutzt wird. Quelle: IPCC (2014)

Die Potenziale erneuerbarer Energien in Österreich werden derzeit nicht ausgeschöpft. Der Anteil erneuerbarer Energieträger am Bruttoendenergieverbrauch ist in Österreich zwischen 2005 und 2011 von 23,8 % auf 31 % gestiegen, bisher primär durch den Ausbau biogener Brennstoffe, wie z.B. Pellets und Biotreibstoffe. Zukünftig können Wind und Photovoltaik einen erheblichen Beitrag leisten. Die Zielvorgabe für 2020 von 34 % der Endenergie aus Erneuerbaren kann bei derzeitigen Steigerungsraten leicht erreicht werden. Für die mittelfristig erforderliche Umstellung auf ein THG-neutrales Energiesystem bis 2050 ist jedoch eine Abdeckung der gesamten Energienachfrage mit erneuerbaren Energieträgern notwendig. Wenn Problemverlagerungen vermieden werden sollen, ist es wichtig, vor einem allfälligen weiteren Ausbau der Wasserkraft und der verstärkten Nutzung von Biomasse in Hinkunft eine gesamthafte Betrachtung der THG-Bilanzen anzustellen sowie indirekte und systemische Effekte zu berücksichtigen. Andere Umweltziele verlieren im Bemühen um Klimaschutz nicht ihre Bedeutung. (vgl. Band 3, Kapitel 3 und Band 3, Kapitel 6)

Verkehr und Industrie

Von allen Sektoren sind in den letzten beiden Dekaden die THG-Emissionen im Verkehr mit +55 % am stärksten gestiegen (sehr hohes Vertrauen, vgl. Band 3, Kapitel 3). Effizienzsteigerungen bei den Fahrzeugen wurden durch schwerere und leistungsstärkere Fahrzeuge sowie höhere Fahrleistungen weitgehend kompensiert. Die Begrenzung des CO_2-Ausstoßes pro gefahrenem Kilometer für PKW und Lieferwagen zeigt jedoch erste Erfolge (vgl. Band 3, Kapitel 3). Angebotsänderungen im öffentlichen Verkehr und (spürbare) Preissignale haben nachweisliche Auswirkungen auf den Anteil des Individualverkehrs in Österreich.

Um eine deutliche Reduktion der THG-Emissionen des Personenverkehrs zu erzielen, ist ein umfassendes Maßnahmenpaket notwendig. Zentral sind dabei eine deutliche Reduktion des Einsatzes fossiler Energie, die Erhöhung der Energieeffizienz sowie eine Veränderung des NutzerInnenverhaltens. Eine Voraussetzung hierfür sind verbesserte Wirtschafts- und Siedlungsstrukturen, in denen die Wegstrecken minimiert sind. Dies kann zur Stärkung umweltfreundlicher Mobilitätsformen, wie Zufußgehen und Radfahren, genutzt werden. Öffentliche Verkehrsmittel wären auszubauen und zu verbessern, bei gleichzeitiger Minimierung ihrer CO_2-Emissionen. Technische Maßnahmen für den PKW-Verkehr beinhalten weitere, massive Effizienzsteigerungen bei den Fahrzeugen oder den Einsatz alternativer Antriebe (vgl. Band 3, Kapitel 3) – vorausgesetzt, die dafür notwendige Energie wird ebenfalls emissionsarm produziert.

Der Güterverkehr, gemessen in Tonnenkilometern, nahm in Österreich in den letzten Dekaden stärker zu als das BIP. Die weitere Entwicklung der Transportnachfrage ist durch einer Reihe wirtschaftlicher und gesellschaftlicher Rahmenbedingungen gestaltbar. Durch Optimierung der Logistik und Stärkung CO_2-effizienterer Verkehrsmittel können zudem Emissionen reduziert werden. Eine Reduktion der THG-Emissionen pro Tonnenkilometer kann durch alternative Antriebe und Treibstoffe, Effizienzsteigerungen sowie Verlagerung auf den Schienenverkehr erreicht werden (vgl. Band 3, Kapitel 3).

Die Industrie ist größter THG-Emittent in Österreich. Im Jahre 2010 betrug der Anteil des produzierenden Bereiches am gesamten österreichischen Energieendverbrauch sowie an den THG-Emissionen jeweils knapp 30 %. Emissionsreduktionen in einem Ausmaß von etwa 50 % und mehr können nicht sektorintern durch kontinuierliche nur graduelle Verbesserungen und Anwendung des jeweiligen Standes der Technik erreicht werden. Hier ist entweder die Entwicklung klimaschonender neuer Verfahren notwendig (radikal neue Technologien und Produkte bei drastischer Reduktion des Endenergieeinsatzes) oder allenfalls die Anwendung von Verfahren zur Speicherung der THG-Emissionen (Carbon Capture and Storage, wie etwa in den EU-Szenarien zum Energiefahrplan 2050 hinterlegt; sehr wahrscheinlich). (vgl. Band 3, Kapitel 5)

Tourismus

Der Wintertourismus wird durch den stetigen Temperaturanstieg weiter unter Druck kommen. Im Vergleich mit naturschneesichereren Destinationen drohen vielen österreichischen Schigebieten Nachteile durch steigende Beschneiungskosten (sehr wahrscheinlich, vgl. Band 3, Kapitel 4).

Zukünftige Anpassungsmöglichkeiten durch technische Beschneiung sind begrenzt. Es sind zwar derzeit 67 % der Pistenfläche mit Beschneiungsanlagen ausgerüstet, jedoch ist der Einsatz der Anlagen durch steigende Temperaturen und die Verfügbarkeit von Wasser eingeschränkt (wahrscheinlich, vgl. Band 3, Kapitel 4). Die Förderung des Ausbaus der Beschneiung durch die öffentliche Hand könnte daher zu Fehlanpassungen und kontraproduktiven Lock-in Effekten führen.

Durch zukünftig zu erwartende sehr hohe Temperaturen im Mittelmeerraum im Sommer (sehr wahrscheinlich) könnte der Tourismus in Österreich profitieren. Allerdings kann auch bei gleich guter Auslastung im Sommer die Wertschöpfung des Winters nicht erzielt werden (vgl. Band 3, Kapitel 4).

Einbußen im Tourismus im ländlichen Raum haben hohe regionalwirtschaftliche Folgekosten, da der Verlust an Arbeitsplätzen oft nicht durch andere Branchen aufgefangen werden kann. Dies kann im peripheren ländlichen Raum, der aufgrund des demographischen Wandels und der zunehmenden Urbanisierungswelle bereits jetzt vor großen Herausforderungen steht, zu weiterer Absiedlung führen (vgl. Band 3, Kapitel 1; Band 3, Kapitel 4).

Beim Städtetourismus sind im Hochsommer Rückgänge auf Grund von Hitzetagen und tropischen Nächten möglich (sehr wahrscheinlich). Verlagerungen der Touristenströme in andere Saisonen und Regionen sind möglich und derzeit schon beobachtbar (vgl. Band 3, Kapitel 4).

Erfolgreiche PionierInnen im nachhaltigen Tourismus zeigen Wege der THG-Emissionsreduktion in dieser Branche auf. In Österreich gibt es Vorzeigeprojekte auf allen Ebenen – von Einzelobjekten, bis hin zu Gemeinden und Regionen – sowie in verschiedenen Bereichen, wie Hotellerie,

Mobilität oder touristisches Angebot. Aufgrund der langfristigen Infrastrukturinvestitionen ist der Tourismus für Lock-in-Effekte besonders anfällig. (vgl. Band 3, Kapitel 4)

Infrastruktur

Energiebedarf und THG-Emissionen für Gebäudeheizung und -kühlung können durch gezielten Einsatz bereits verfügbarer Technologien wesentlich reduziert werden (hohe Übereinstimmung, vgl. Band 3, Kapitel 5). Ein Teil dieses Potenzials ist kostengünstig realisierbar. Um den Energiebedarf des Gebäudebestandes weiter zu vermindern, ist hochwertige thermische Sanierung des Gebäudebestands notwendig. Zur Energieversorgung sind zur Reduktion der THG-Emissionen überwiegend alternative Energieträger, beispielweise Solarthermie oder Photovoltaik zu verwenden. Wärmepumpen können nur im Rahmen eines integrierten Konzepts, welches CO_2-arme Stromerzeugung sicherstellt, einen Beitrag zum Klimaschutz leisten. Biomasse wird ebenfalls mittelfristig von Bedeutung sein. Fernwärme und -kälte werden langfristig aufgrund des geringeren Bedarfs an Bedeutung verlieren.

Einen wesentlichen Beitrag zur zukünftigen THG-Neutralität in Gebäuden können auch Baunormen leisten, die (nahezu-) Null- und Plus-Energiehäuser fördern. Diese sind EU-weit erst ab 2020 vorgesehen. Angesichts der zahlreichen innovativen Pilotprojekte könnte Österreich in diesem Bereich eine Vorreiterrolle übernehmen. Durch zielgerichtete Baunormen und Sanierungsmaßnahmen könnten auch künftige Kühllasten wesentlich reduziert werden. Spezifische Raumplanungs- und Bebauungsbestimmungen können – auch außerhalb der städtischen Siedlungsräume – verdichtete Bauformen mit höherer Energieeffizienz in größerem Ausmaß gewährleisten. (vgl. Band 3, Kapitel 5)

Vorausschauende Planung von Infrastruktur mit langer Nutzungsdauer kann Fehlinvestitionen vermeiden. Vor dem Hintergrund sich kontinuierlich in Richtung postfossiler Energieversorgung ändernder Rahmenbedingungen gilt es Infrastrukturprojekte für städtische Räume, für Verkehr und Energieversorgung auf ihre emissionsreduzierende Wirkung und auf ihre Resilienz gegenüber Klimaänderungen zu überprüfen. Raumstrukturen können derart gestaltet werden, dass Verkehrs- und Energieinfrastrukturen abgestimmt und effizient mit geringem Ressourcenverbrauch errichtet und genutzt werden. (vgl. Band 3, Kapitel 5)

Dezentrale Energieversorgung mit erneuerbarer Energie erfordert neue Infrastruktur. Neben neuen Möglichkeiten von Erneuerbaren in Stand-alone Lösungen (z. B. off-grid Photovoltaik) gibt es auch neue Optionen zur Netz-Einbindung. Lokale Versorgungsnetze für vor Ort erzeugtes Biogas sowie Netze zur Nutzung lokaler, meist industrieller, Abwärme erfordern angepasste Strukturen und Steuerung (vgl. Band 3, Kapitel 1; Band 3, Kapitel 3). „Smart Grids" und „Smart Meters" ermöglichen bei lokal erzeugtem, in Netze eingespeistem Strom, z. B. aus Co- und Polygeneration oder privaten Photovoltaik-Anlagen, effizientere Energienutzung und werden deswegen als Bestandteile eines künftigen Energiesystems diskutiert (vgl. Band 3, Kapitel 5). Jedoch gibt es Bedenken bezüglich der Gewährleistung der Netzsicherheit und des Daten- und Persönlichkeitsschutzes; diese sind noch nicht ausreichend geklärt beziehungsweise rechtlich geregelt.

Extremereignisse können Energie- und Verkehrsinfrastrukturen vermehrt beeinträchtigen. Problematisch sind längere und intensivere Hitzeperioden (sehr wahrscheinlich), möglicherweise intensivere Niederschläge und daraus resultierende Hangrutschungen und Überschwemmungen (wahrscheinlich), Sturm (möglich) und erhöhte Nass-Schneelasten (möglich). (vgl. Band 1, Kapitel 3; Band 1, Kapitel 4; Band 1, Kapitel 5; Band 2, Kapitel 4). Sie stellen Gefahrenpotentiale für Siedlungs-, Verkehrs-, Energie- und Kommunikationsinfrastrukturen dar. Soll ein Anstieg von Klimaschäden und -kosten vermieden werden, ist der Aus- und Neubau von Siedlungen und Infrastruktureinrichtungen in derzeit bereits von Naturgefahren betroffenen Bereichen zu vermeiden. Darüber hinaus ist bei der Ausweisung von Gefahrenzonen auf die zukünftige Entwicklung im Zuge des Klimawandels vorsorglich Bedacht zu nehmen. Bestehenden Einrichtungen können durch Anpassungsmaßnahmen, wie etwa die Schaffung vermehrter Retentionsflächen gegen Hochwasser, erhöhten Schutz erhalten.

Die vielfältigen Auswirkungen des Klimawandels auf die Wasserwirtschaft erfordern umfangreiche und integrative Anpassungsmaßnahmen. Sowohl Hoch- als auch Niederwasser in österreichischen Fließgewässern kann in vielen Bereichen, von der Schifffahrt über die Bereitstellung von Industrie- und Kühlwasser bis hin zur Trinkwasserversorgung, zu Problemen führen. In der Trinkwasserversorgung kann die Vernetzung kleinerer Versorgungseinheiten sowie die Schaffung von Redundanzen bei den Rohwasserquellen zur Anpassung beitragen (hohe Übereinstimmung, starke Beweislage, vgl. Band 3, Kapitel 2).

Anpassungsmaßnahmen an den Klimawandel können auch in anderen Bereichen positive Wirkungen entfalten. Durch den Schutz und die Ausweitung von Retentionsflächen, wie Auen, können Ziele des Hochwasser- und Biodiversitätsschutzes kombiniert werden (hohe Übereinstimmung, starke Beweislage). Die Erhöhung des Anteils organischer Substanz im Boden führt zu einer Steigerung der Speicherkapazität von Bodenwasser (hohe Übereinstimmung, starke Beweislage, vgl. Band 2, Kapitel 6) und trägt somit sowohl zum Hochwasserschutz als auch zur Kohlenstoffbindung und damit zum Klimaschutz bei (vgl. Band 3, Kapitel 2).

Gesundheit und Gesellschaft

Der Klimawandel kann direkt oder indirekt Probleme für die menschliche Gesundheit verursachen. Hitzewellen können insbesondere bei älteren Personen, aber auch bei Kleinkindern oder chronisch Kranken zu Herz-Kreislaufproblemen führen. Es gibt eine ortsabhängige Temperatur, bei welcher die Sterblichkeitsrate am geringsten ist; jenseits dieser nimmt die Mortalität pro 1 °C Temperaturanstieg um 1–6 % zu (sehr wahrscheinlich, hohes Vertrauen, vgl. Band 2, Kapitel 6; Band 3, Kapitel 4). Vor allem ältere Menschen und auch Kleinkinder weisen oberhalb dieser optimalen Temperatur einen deutlichen Anstieg des Sterberisikos auf. Verletzungen und Krankheiten, die in Zusammenhang mit Extremereignissen (z. B. Überschwemmungen und Muren) stehen und Allergien, ausgelöst durch bisher in Österreich nicht heimische Pflanzen, wie etwa die Ambrosie, zählen ebenfalls zu den Auswirkungen des Klimawandels auf die Gesundheit.

Eine große Herausforderung für das Gesundheitssystem sind die indirekten Auswirkungen des Klimawandels auf die menschliche Gesundheit. Hier spielen vor allem jene Krankheitserreger eine Rolle, die von blutsaugenden Insekten (und Zecken) übertragen werden. Denn nicht nur die Erreger selbst, sondern auch die Vektoren (Insekten und Zecken) sind in ihrer Aktivität und Verbreitung von klimatischen Bedingungen abhängig. Neu eingeschleppte Krankheitserreger (Viren, Bakterien und Parasiten, aber auch allergene Pflanzen und Pilze, wie z. B. das beifußblättrige Traubenkraut (*Ambrosia artemisiifolia*) sowie der Eichenprozessionsspinner (*Thaumetopoea processionea*) und neue Vektoren (z. B. „Tigermücke“, *Stegomyia albopicta*) können sich etablieren, bzw. bereits vorhandene Krankheitserreger können sich regional ausbreiten (oder auch verschwinden). Solche Einschleppungen sind praktisch nicht voraussagbar und die Möglichkeiten Gegenmaßnahmen zu ergreifen sind gering (möglich, mittleres Vertrauen, vgl. Band 2, Kapitel 6).

Gesundheitsrelevante Anpassung betrifft vielfach individuelle Verhaltensänderungen entweder eines Großteils der Bevölkerung oder von Angehörigen bestimmter Risikogruppen (wahrscheinlich, mittlere Übereinstimmung, vgl. Band 3, Kapitel 4). Viele Maßnahmen der Anpassung und der Minderung, die primär nicht auf eine bessere Gesundheit zielen, haben möglicherweise indirekt bedeutsame gesundheitsrelevante Nebenwirkungen, wie etwa der Umstieg vom Auto auf das Fahrrad (wahrscheinlich, mittlere Übereinstimmung, vgl. Band 3, Kapitel 4).

Der Gesundheitssektor ist Verursacher und Betroffener des Klimawandels. Im Bereich der Infrastruktur des Gesundheitssektors sind sowohl Minderungsmaßnahmen als auch Anpassungsmaßnahmen erforderlich. Wirksame Minderungsmaßnahmen können im Mobilitätsverhalten von MitarbeiterInnen und PatientInnen sowie in der Beschaffung von Ge- und Verbrauchsprodukten gesetzt werden (sehr wahrscheinlich, hohe Übereinstimmung, vgl. Band 3, Kapitel 4). Zur gezielten Anpassung an längerfristige Veränderungen fehlt es teilweise an Kenndaten aus der Medizin und der Klimaforschung, dennoch können schon jetzt Maßnahmen gesetzt werden – etwa in der Hitzevorsorge.

Sozial schwächere Gruppen sind im Allgemeinen den Folgen des Klimawandels stärker ausgesetzt. Meist ist es das Zusammentreffen verschiedener Faktoren (niedriges Einkommen, geringer Bildungsgrad, wenig Sozialkapital, prekäre Arbeits- und Wohnverhältnisse, Arbeitslosigkeit, eingeschränkte Handlungsspielräume), die weniger privilegierte Bevölkerungsgruppen eher verwundbar für Folgen des Klimawandels machen. Die unterschiedliche Betroffenheit sozialer Gruppen ergibt sich durch die unterschiedliche Anpassungsfähigkeit auf geänderte Klimaverhältnisse sowie unterschiedliche Betroffenheit durch klimapolitischen Maßnahmen, wie etwa höhere Relevanz von Steuern und Gebühren auf Energie (wahrscheinlich, hohes Vertrauen, vgl. Band 2, Kapitel 6).

Klimawandel, Anpassung und Klimaschutz führen zu vermehrter Konkurrenz um die Ressource Raum. Betroffen sind vor allem naturnahe und landwirtschaftliche Flächen: Flächen zur Gewinnung Erneuerbarer Energie, Retentionsflächen und Schutzdämme zur Minderung des Hochwasserrisikos gehen häufig zu Lasten landwirtschaftlicher Flächen. Zunehmende Bedrohung von Siedlungsgebieten durch Naturgefahren könnte mittelfristig vermehrt Umsiedlungen erforderlich machen (hohes Vertrauen, vgl. Band 2, Kapitel 2; Band 2, Kapitel 5). Um gefährdeten Arten die Anpassung an den Klimawandel durch Wanderung zu besser geeigneten Standorten zu erleichtern und zur bestmöglichen Erhaltung der Biodiversität sind Schutzgebiete erforderlich, die idealer Weise durch Korridore vernetzt sind (hohes Vertrauen, vgl. Band 3, Kapitel 2). Es gibt keine Raumstrategie für Österreich, die Leitplanken für relevante Entscheidungen liefert (vgl. Band 3, Kapitel 6).

Transformation

Obwohl in allen Sektoren bedeutendes Emissionsminderungspotential vorhanden ist, kann mit einzel-sektoralen, meist technologieorientierten Maßnahmen allein der von Österreich zu erwartende Beitrag zur Einhaltung des globalen 2 °C Zieles nicht erreicht werden. Das 2 °C Ziel einzuhalten erfordert auch in Österreich mehr als inkrementell verbesserte Produktionstechnologien, grünere Konsumgüter und eine Politik, die (marginale) Effizienzsteigerungen anstößt. Es ist eine Transformation der Interaktion zwischen Wirtschaft, Gesellschaft und Umwelt erforderlich, die von Verhaltensänderungen der Einzelnen getragen wird und solche ihrerseits auch befördert. Wird die Transformation nicht rasch eingeleitet und umgesetzt, steigt die Gefahr unerwünschter, irreversibler Veränderungen (vgl. Band 3, Kapitel 6).

Eine Transformation Österreichs in eine emissionsarme Gesellschaft erfordert teilweise radikale strukturelle und technische Umbaumaßnahmen, soziale und technologische Innovation und partizipative Planungsprozesse (mittlere Übereinstimmung, mittlere Beweislage, vgl. Band 3, Kapitel 6). Sie setzt Experimentierfreudigkeit und Erfahrungslernen voraus die Bereitschaft Risiken einzugehen und zu akzeptieren, dass einige Neuerungen scheitern werden. Erneuerungen von der Wurzel her, auch hinsichtlich der Güter und Dienstleistungen, die von der österreichischen Wirtschaft produziert werden und groß angelegte Investitionsprogramme werden notwendig sein. In der Beurteilung neuer Technologien und gesellschaftlicher Entwicklungen ist eine Orientierung entlang einer Vielzahl von Kriterien nötig (Multikriterienansatz) und eine integrativ sozio-ökologisch orientierte Entscheidungsfindung anstelle von kurzfristig und eng definierten Kosten-Nutzen Rechnungen. Für ein effektives Handeln sollte nationales Vorgehen international akkordiert werden, sowohl mit den umgebenden Staaten als auch mit der weltweiten Staatengemeinschaft und insbesondere in Partnerschaft mit Entwicklungsländern (vgl. Band 3, Kapitel 6).

In Österreich sind bereits Änderungen in den Wertvorstellungen vieler Menschen festzustellen, die einer sozial-ökologischen Transformation zuträglich sind. Einzelne PionierInnen des Wandels sind auch schon dabei diese Vorstellungen praktisch in klimafreundlichen Handlungs- und Geschäftsmodellen umzusetzen (z. B. Energiedienstleistungsgesellschaften im Immobilienbereich, klimafreundliche Mobilität, Nahversorgung) sowie Gemeinden und Regionen zu transformieren (hohe Übereinstimmung, starke Beweislage). Auch auf der politischen Ebene sind Ansätze zur klimafreundlichen Transformation auszumachen. Will Österreich seinen Beitrag zur Erreichung des globalen 2 °C-Zieles leisten und auf europäischer Ebene sowie international eine künftige, klimafreundliche Entwicklung mitgestalten, müssen solche Initiativen intensiviert und durch begleitende Politikmaßnahmen, die eine verlässliche Regulierungslandschaft schaffen, gestützt werden (hohe Übereinstimmung, mittlere Beweislage, vgl. Band 3, Kapitel 6).

Politische Initiativen in Hinblick auf Klimaschutz und Klimawandelanpassung sind – zur Erreichung der zuvor genannten Ziele – auf allen Ebenen in Österreich erforderlich: Bund, Länder, und Gemeinden. Die Kompetenzen sind in der föderalen Struktur Österreichs so verteilt, dass zudem nur ein abgestimmtes Vorgehen bestmögliche Effektivität sowie die Zielerreichung selbst gewährleisten kann (hohe Übereinstimmung, starke Beweislage). Für eine effektive Umsetzung der zur Zielerreichung erforderlichen substantiellen Transformation ist zudem die Aktivierung eines breiten Spektrums von Instrumenten angebracht (hohe Übereinstimmung, mittlere Beweislage).

Bildnachweis

Abbildung 1 Für AAR14 erstellt auf Basis von: IPCC, 2013: In: Climate Change 2013: The Physical Science Basis. Contribution of Working Group I to the Fifth Assessment Report of the Intergovernmental Panel on Climate Change [Stocker, T.F., D. Qin, G.-K. Plattner, M. Tignor,S. K. Allen, J. Boschung, A. Nauels, Y. Xia, V. Bex and P.M. Midgley (Eds.)]. Cambridge University Press, Cambridge, United Kingdom and New York, NY, USA.; IPCC, 2000: Special Report on Emissions Scenarios [Nebojsa Nakicenovic and Rob Swart (Eds.)]. Cambridge University Press, UK.; GEA, 2012: Global Energy Assessment - Toward a Sustainable Future, Cambridge University Press, Cambridge, UK and New York, NY, USA and the International Institute for Applied Systems Analysis, Laxenburg, Austria.

Abbildung 2 Für AAR14 erstellt auf Basis von: Auer, I., Böhm, R., Jurkovic, A., Lipa, W., Orlik, A., Potzmann, R., Schöner, W., Ungersböck, M., Matulla, C., Briffa, K., Jones, P., Efthymiadis, D., Brunetti, M., Nanni, T., Maugeri, M., Mercalli, L., Mestre, O., Moisselin, J.-M., Begert, M., Müller-Westermeier, G., Kveton, V., Bochnicek, O., Stastny, P., Lapin, M., Szalai, S., Szentimrey, T., Cegnar, T., Dolinar, M., Gajic-Capka, M., Zaninovic, K., Majstorovic, Z., Nieplova, E., 2007. HISTALP – historical instrumental climatological surface time series of the Greater Alpine Region. International Journal of Climatology 27, 17–46. doi:10.1002/joc.1377; ENSEMBLES project: Funded by the European Commission's 6th Framework Programme through contract GOCE-CT-2003-505539; reclip:century: Funded by the Austrian Climate Research Program (ACRP), Project number A760437

Abbildung 3 Muñoz, P., Steininger, K.W., 2010: Austria's CO_2 responsibility and the carbon content of its international trade. Ecological Economics 69, 2003–2019. doi: 10.1016/j.ecolecon.2010.05.017

Abbildung 4 Für AAR14 erstellt. Datenquelle: ZAMG

Abbildung 5 Anderl M., Freudenschuß A., Friedrich A., et al., 2012: Austria's national inventory report 2012. Submission under the United Nations Framework Convention on Climate Change and under the Kyoto Protocol. REP-0381, Wien. ISBN: 978-3-99004-184-0

Abbildung 6 Schleicher, St., 2014: Tracing the decline of EU GHG emissions. Impacts of structural changes of the energy system and economic activity. Policy Brief. Wegener Center for Climate and Global Change, Graz. Basierend auf Daten des statistischen Amtes der Europäischen Union (Eurostat)

Abbildung 7 Nach ADEME, 2007; US DoT, 2010; Der Boer et al., 2011; NTM, 2012; WBCSD, 2012, In Sims R., R. Schaeffer, F. Creutzig, X. Cruz-Núñez, M. D'Agosto, D. Dimitriu, M.J. Figueroa Meza, L. Fulton, S. Kobayashi, O. Lah, A. McKinnon, P. Newman, M. Ouyang, J.J. Schauer, D. Sperling, and G. Tiwari, 2014: Transport. In: Climate Change 2014: Mitigation of Climate Change. Contribution of Working Group III to the Fifth Assessment Report of the Intergovernmental Panel on Climate Change [Edenhofer, O., R. Pichs-Madruga, Y. Sokona, E. Farahani, S. Kadner, K. Seyboth, A. Adler, I. Baum, S. Brunner, P. Eickemeier, B. Kriemann, J. Savolainen, S. Schlömer, C. von Stechow, T. Zwickel and J.C. Minx (Eds.)]. Cambridge University Press, Cambridge, United Kingdom and New York, NY, USA

Austrian Assessment Report Climate Change 2014

Summary for Policymakers

Austrian Assessment Report Climate Change 2014

Summary for Policymakers

Coordinating Lead Authors of the Summary for Policymakers
Helga Kromp-Kolb
Nebojsa Nakicenovic
Karl Steininger

Lead Authors of the Summary for Policymakers
Bodo Ahrens, Ingeborg Auer, Andreas Baumgarten, Birgit Bednar-Friedl, Josef Eitzinger, Ulrich Foelsche, Herbert Formayer, Clemens Geitner, Thomas Glade, Andreas Gobiet, Georg Grabherr, Reinhard Haas, Helmut Haberl, Leopold Haimberger, Regina Hitzenberger, Martin König, Angela Köppl, Manfred Lexer, Wolfgang Loibl, Romain Molitor, Hanns Moshammer, Hans-Peter Nachtnebel, Franz Prettenthaler, Wolfgang Rabitsch, Klaus Radunsky, Jürgen Schneider, Hans Schnitzer, Wolfgang Schöner, Niels Schulz, Petra Seibert, Rupert Seidl, Sigrid Stagl, Robert Steiger, Johann Stötter, Wolfgang Streicher, Wilfried Winiwarter

Translation
Bano Mehdi

Citation
APCC (2014): Summary for Policymakers (SPM), revised edition. In: Austrian Assessment Report Climate Change 2014 (AAR14), Austrian Panel on Climate Change (APCC), Austrian Academy of Sciences Press, Vienna, Austria.

Table of content

Introduction

Over the course of a three-year process, Austrian scientists researching in the field of climate change have produced an assessment report on climate change in Austria following the model of the IPCC Assessment Reports. In this extensive work, more than 200 scientists depict the state of knowledge on climate change in Austria and the impacts, mitigation and adaptation strategies, as well as the associated known political, economic and social issues. The Austrian Climate Research Program (ACRP) of the *Klima- und Energiefonds* (Climate and Energy Fund) has enabled this work by financing the coordinating activities and material costs. The extensive and substantial body of work has been carried out gratuitously by the researchers.

This summary for policy makers provides the most significant general statements. First, the climate in Austria in the global context is presented; next the past and future climate is depicted, followed by a summary for Austria on the main consequences and measures. The subsequent section then provides more detail on individual sectors. More extensive explanations can be found – in increasing detail – in the synthesis report and in the full report (Austrian Assessment Report, 2014), both of which are available in bookstores and on the Internet.

The uncertainties are described using the IPCC procedure where three different approaches are provided to express the uncertainties depending on the nature of the available data and on the nature of the assessment of the accuracy and completeness of the current scientific understanding by the authors. For a qualitative evaluation, the uncertainty is described using a two-dimensional scale where a relative assessment is given on the one hand for the quantity and the quality of evidence (i. e. information from theory, observations or models indicating whether an assumption or assertion holds true or is valid), and on the other hand to the degree of agreement in the literature. This approach uses a series of self-explanatory terms such as: high / medium / low evidence, and strong / medium / low agreement. The joint assessment of both of these dimensions is described by a confidence level using five qualifiers from „very high confidence" to „high", „medium", „low" and „very low confidence". By means of expert assessment of the correctness of the underlying data, models or analyses, a **quantitative** evaluation of the uncertainty is provided to assess the likelihood of the uncertainty pertaining to the outcome of the results using eight degrees of probability from „virtually certain" to „more unlikely than likely". The probability refers to the assessment of the likelihood of a well-defined result which has occurred or will occur in the future. These can be derived from quantitative analyses or from expert opinion. For more detailed information please refer to the Introduction chapter in AAR14. If the description of uncertainty pertains to a whole paragraph, it will be found at the end of it, otherwise the uncertainty assessment is given after the respective statement.

The research on climate change in Austria has received significant support in recent years, driven in particular by the *Klima- und Energiefonds* (Climate and Energy Fund) through the ACRP, the Austrian Science Fund (FWF) and the EU research programs. Also own funding of research institutions has become a major source of funding. However, many questions still remain open. Similar to the process at the international level, a periodic updating of the Austrian Assessment Report would be desirable to enable the public, politicians, administration, company managers and researchers to make the best and most effective decisions pertaining to the long-term horizon based on the most up-to-date knowledge.

The Global Context

With the progress of industrialization, significant changes to the climate can be observed worldwide. For example, in the period since 1880 the global average surface temperature has increased by almost 1 °C. In Austria, this warming was close to 2 °C, half of which has occurred since 1980. These changes are mainly caused by the anthropogenic emissions of greenhouse gases (GHG) and other human activities that affect the radiation balance of the earth. The contribution of natural climate variability to global warming most likely represents less than half of the change. That the increase in global average temperature since 1998 has remained comparatively small is likely attributed to natural climate variability.

Without extensive additional measures to reduce emissions one can expect a global average surface temperature rise of 3–5 °C by 2100 compared to the first decade of the 20th century (see Figure 1). For this increase, self-reinforcing processes (feedback loops), such as the ice-albedo feedback or additional release of greenhouse gases due to the thawing of permafrost in the Arctic regions will play an important role (see Volume 1, Chapter 1; Volume 3, Chapter 1)[1].

[1] The full text of the Austrian Assessment Report AAR14 is divided into three volumes, which are further divided into chapters. Information and reference to the relevant section of the AAR14 is provided with the number of the volume (Band) and the respective chapter (Kapitel) where more detailed information can be found pertaining to the summary statements.

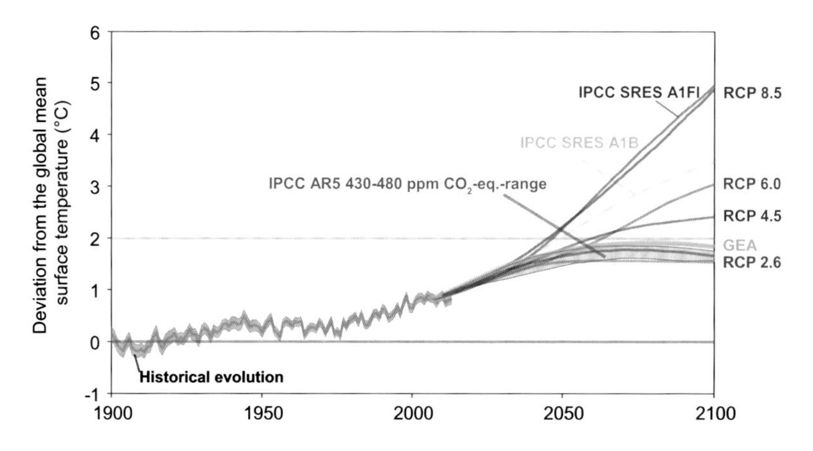

Figure 1 Global mean surface temperature anomalies (°C) relative to the average temperature of the first decade of the 20th century, historical development, and four groups of trends for the future: two IPCC SRES scenarios without emission reductions (A1B and A1F1), which show temperature increases to about 5 °C or just over 3 °C to the year 2100, and four new emission scenarios, which were developed for the IPCC AR5 (RCP8, 5, 6.0, 4.5 and 2.6), 42 GEA emission reduction scenarios and the range of IPCC AR5 scenarios which show the temperature to stabilize in 2100 at a maximum of +2 °C. Data sources: IPCC SRES (Nakicenovic et al. 2000), IPCC WG I (2014) and GEA (2012)

Climate change and the associated impacts show large regional differences. For example, the Mediterranean region can expect a prominent decrease in precipitation as well as associated water availability (see Volume 1, Chapter 4). While, considering the highest emission scenario of a rise in mean sea level of the order 0.5–1 m by the end of the century compared to the current level, poses considerable problems in many densely populated coastal regions (see Volume 1 Chapter 1).

Since the consequences of unbridled anthropogenic climate change would be accordingly serious for humanity, internationally binding agreements on emissions reductions are already in place. In addition, many countries and groups including the United Nations („Sustainable Development Goals"), the European Union, the G-20 as well as cities, local authorities and businesses have set further-reaching goals. In the Copenhagen Accord (UNFCCC Copenhagen Accord) and in the EU Resolution, a goal to limit the global temperature increase to 2 °C compared to pre-industrial times is considered as necessary to limit dangerous climate change impacts. However, the steps taken by the international community on a voluntary basis for emission reduction commitments are not yet sufficient to meet the 2 °C target. In the long-term, an almost complete avoidance of greenhouse gas emissions is required, which means converting the energy supply and the industrial processes, to cease deforestation, and also to change land use and lifestyles (see Volume 3, Chapter 1; Volume 3, Chapter 6).

The likelihood of achieving the 2 °C target is higher if it is possible to achieve a turnaround by 2020 and the global greenhouse gas emissions by 2050 are 30–70 % below the 2010 levels. (see Volume 3, Chapter 1; Volume 3, Chapter 6). Since industrialized countries are responsible for most of the historical emissions – and have benefited from them and hence are also economically more powerful – Article 4 of the UNFCCC suggests that they should contribute to a disproportionate share of total global emission reduction. In the EU „Roadmap for moving to a competitive low-CO_2 economy by 2050" a reduction in greenhouse gas emissions by 80–95 % compared to the 1990 level is foreseen. Despite of the fact that no emission reduction obligations were defined for this period for individual Member States, Austria can expect a reduction commitment of similar magnitude.

Climate Change in Austria: Past and Future

In Austria, the temperature in the period since 1880 rose by nearly 2 °C, compared with a global increase of 0.85 °C. The increased rise is particularly observable for the period after 1980, in which the global increase of about 0.5 °C is in contrast to an increase of approximately 1 °C in Austria (virtually certain, see Volume 1, Chapter 3).

A further temperature increase in Austria is expected (very likely). In the first half of the 21st century, it equals approximately 1.4 °C compared to current temperature, and is not greatly affected by the different emission scenarios due to the inertia in the climate system as well as the longevity of greenhouse gases in the atmosphere. The temperature development thereafter, however, is strongly dependent on anthropogenic greenhouse gas emissions in the years ahead now, and can therefore be steered (very likely, see Volume 1, Chapter 4).

The development of precipitation in the last 150 years shows significant regional differences: In western Austria, an increase in annual precipitation of about 10–15 % was recorded, in the southeast, however, there was a decrease in a similar order of magnitude (see Volume 1, Chapter 3).

In the 21st century, an increase of precipitation in the winter months and a decrease in the summer months is to be expected (likely). The annual average shows no clear trend signal, since Austria lies in the larger transition region between two zones with opposing trends – ranging from an increase in

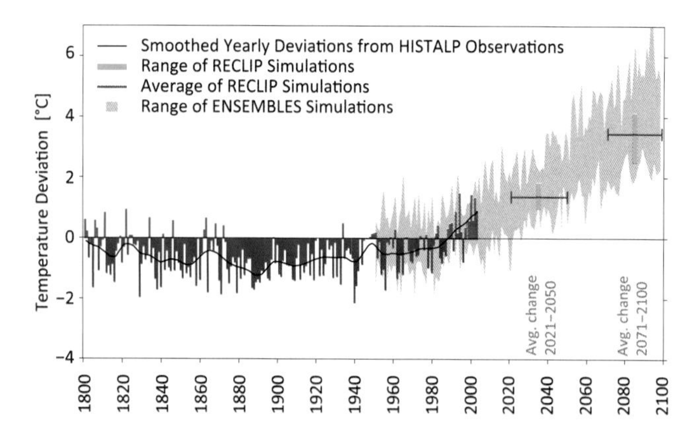

Figure 2 Mean surface air temperature (°C) in Austria from 1800 to 2100, expressed as a deviation from the mean temperature for the period 1971 to 2000. Measurements to the year 2010 are illustrated in color, model calculations for one of the IPCC emissions scenarios with higher GHG emissions (IPCC SRES A1B scenario) in gray. Reproduced are annual means (columns) and the 20-year smoothed curve (line). You can see the temperature drop just before 1900 and the sharp rise in temperature (about 1 °C) since the 1980s. In this scenario, by the end of the century, a rise in temperature of 3.5 °C can be expected (RECLIP simulations). Source: ZAMG

North Europe to a decrease in the Mediterranean (likely, see Volume 1, Chapter 4).

In the last 130 years, the annual sunshine duration has increased for all the stations in the Alps by approximately 20 % or more than 300 hours. The increase in the summer half of the year was stronger than in the winter half of the year (virtually certain, see Volume 1, Chapter 3). Between 1950 and 1980 there was an increase in cloud cover and increased air pollution, especially in the valleys, and therefore a significant decrease in the duration of sunshine hours in the summer (see Volume 1, Chapter 3).

The duration of snow cover has been reduced in recent decades, especially in mid-altitude elevations (approximately 1 000 m above sea level) (very likely, see Volume 2, Chapter 2). Since both the snow line, and thus also the snowpack, as well as the snowmelt are temperature dependent, it is expected that a further increase in temperature will be associated with a decrease in snow cover at mid-altitude elevations (very likely, see Volume 2, Chapter 2).

All observed glaciers in Austria have clearly shown a reduction in surface area and in volume in the period since 1980. For example, in the southern Ötztal Alps, the largest contiguous glacier region of Austria, the glacier area of 144.2 km^2 in the year 1969 has decreased to 126.6 km^2 in 1997 and to 116.1 km^2 in 2006 (virtually certain, see Volume 2, Chapter 2). The Austrian glaciers are particularly sensitive in the retraction phase to summer temperatures since 1980, therefore a further decline of the glacier surface area is expected (very likely). A further increase in the permafrost elevation is expected (very likely, see Volume 2, Chapter 4).

Temperature extremes have changed markedly, so that for example, cold nights are rarer, but hot days have become more common. In the 21st century, this development will intensify and continue, and thus the frequency of heat waves will also increase (very likely, see Volume 1, Chapter 3; Volume 1, Chapter 4,). For extreme precipitation, no uniform trends are detectable as yet (see Volume 1, Chapter 3). However, climate models show that heavy and extreme precipitation events are likely to increase from autumn to spring (see Volume 1, Chapter 4). Despite some exceptional storm events in recent years, a long-term increase in storm activity cannot be detected. Also for the future, no change in storm frequency can be derived (see Volume 1, Chapter 3; Volume 1, Chapter 4).

Summary for Austria: Impacts and Policy Measures

The economic impact of extreme weather events in Austria are already substantial and have been increasing in the last three decades (virtually certain, see Volume 2, Chapter 6). The emergence of damage costs during the last three decades suggests that changes in the frequency and intensity of such damaging events would have significant impacts on the economy of Austria.

The potential economic impacts of the expected climate change in Austria are mainly determined by extreme events and extreme weather periods (medium confidence, see Volume 2, Chapter 6). In addition to extreme events, gradual temperature and precipitation changes also have economic ramifications, such as shifts in potential yields in agriculture, in the energy sector, or in snow-reliability in ski areas with corresponding impacts on winter tourism.

In mountainous regions, significant increases in landslides, mudflows, rockfalls and other gravitational mass movements will occur (very likely, high confidence). This is due to changes in rainfall, thawing permafrost and retreating glaciers, but also to changes in land use (very likely, high confidence). Mountain flanks will be vulnerable to events such as rockfall (very likely, high confidence, see Volume 2, Chapter 4) and landslides (likely, medium confidence, see Volume 2, Chapter 4), and debris masses that were previously fixed by permafrost will be mobilized by debris flows (most likely high confidence, see Volume 2, Chapter 4).

The risk of forest fires will increase in Austria. The risk of forest fires will increase due to the expected warming trend and the increasing likelihood of prolonged summer droughts (very likely, high confidence, see Volume 2, Chapter 4).

Changes to sediment loads in river systems are noticeable. Due to changes in the hydrological and in the sediment regimes (mobilization, transport and deposition) major changes can be expected in mountain torrents and in large river systems (very likely, high confidence, see Volume 2, Chapter 4). The decisive factor here is to distinguish between changes due to climate change and due to human impact.

Due to the currently foreseeable socio-economic development and climate change, the loss potential due to climate change in Austria will increase for the future (medium confidence, see Volume 2, Chapter 3; Volume 2, Chapter 6). A variety of factors determine the future costs of climate change: In addition to the possible change in the distribution of extreme events and gradual climate change, it is mainly socio-economic and demographic factors that will ultimately determine the damage costs. These include, amongst others, the age structure of the population in urban areas, the value of exposed assets, the development of infrastructure for example in avalanche or landslide endangered areas, as well as overall land use, which largely control the vulnerability to climate change.

Without increased efforts to adapt to climate change, Austria's vulnerability to climate change will increase in the decades ahead (high confidence, see Volume 2, Chapter 6). In Austria climate change particularly influences the weather-dependent sectors and areas such as agriculture and forestry, tourism, hydrology, energy, health and transport and the sectors that are linked to these (high confidence, see Volume 2, Chapter 3). It is to be expected that adaptation measures can somewhat mitigate the negative impacts of climate change, but they cannot fully offset them (medium confidence, see Volume 3, Chapter 1).

In 2012 Austria adopted a national adaptation strategy specifically in order to cope with the consequences of climate change (see Volume 3, Chapter 1). The effectiveness of this strategy will be measured principally by how successful individual sectors, or rather policy areas, will be in the development of appropriate adaptation strategies and their implementation. The criteria for their evaluation, such as a regular survey of the effectiveness of adaptation measures, as other nations have already implemented, are not yet developed in Austria.

In 2010 the greenhouse gas emissions in Austria amounted to a total of approximately 81 Mt CO_2-equivalents (CO_2-eq.) or 9.7 t CO_2-eq. per capita (very high confidence, see Volume 1, Chapter 2)**.** These figures take into account the emission contribution of land-use changes through the carbon uptake of ecosystems. The Austrian per capita emissions are slightly higher than the EU average of 8.8 t CO_2-eq. per capita per year and significantly higher than those for example of China (5.6 t CO_2-eq. per capita per year), but much lower than those of the U.S. (18.4 t CO_2-eq. per person per year) (see Volume 1, Chapter 2). Austria has made commitments in the Kyoto Protocol to reduce its emissions. After correcting for the part of the carbon sinks that can be claimed according to the agreement, the emissions for the commitment period 2008 to 2012 were 18.8 % higher than the reduction target of 68.8 M CO_2-eq. per year (see Volume 3, Chapter 1).

By also accounting for the Austrian consumption-related CO_2-emissions abroad, the emission values for Austria are almost 50 % higher (high confidence Volume 3, Chapter 5). Austria is a contributor of emissions in other nations. Incorporating these emissions on the one hand, and adjusting for the Austrian export-attributable emissions on the other hand, one arrives at the „consumption-based" emissions of Austria. These are significantly higher than the emissions reported in the previous paragraph, and in the UN statistics reported for Austria, and this tendency is increasing (in 1997 they were 38 % and in 2004 they were 44 % higher than those reported). From the commodity flows it can be inferred that Austrian imports are responsible for emissions particularly from south Asia and from east Asia, specifically China, and from Russia (see Figure 3).

The national greenhouse gas emissions have increased since 1990, although under the Kyoto Protocol Austria has committed to a reduction of 13 % over the period 2008 to 2012 compared to 1990 (virtually certain, see Volume 3, Chapter 1; Volume 3, Chapter 6). The Austrian goal was set relatively high compared to other industrialized countries. Formally compliance with this reduction target for 2008 to 2012 was achieved through the purchase of emission rights abroad amounting to a total of about 80 Mt CO_2-eq. for roughly € 500 million (very high confidence, see Volume 3, Chapter 1).

In Austria, efforts are underway to improve energy efficiency and to promote renewable energy sources; however, the objectives pertaining to renewables and energy efficiency are not sufficiently backed by tangible measures to make them achievable. Thus, in 2010 an energy strategy was released which proposes that the final energy consumption in 2020 should not exceed the level of 2005; an amount of 1 100 PJ. However, this has not yet been implemented with adequate measures. Austria's Green Electricity Act (*Ökostromgesetz*) stipulates that an additional power generation of 10.5 TWh (37.8 PJ) per year up to 2020 should be from renewable sources. The energy

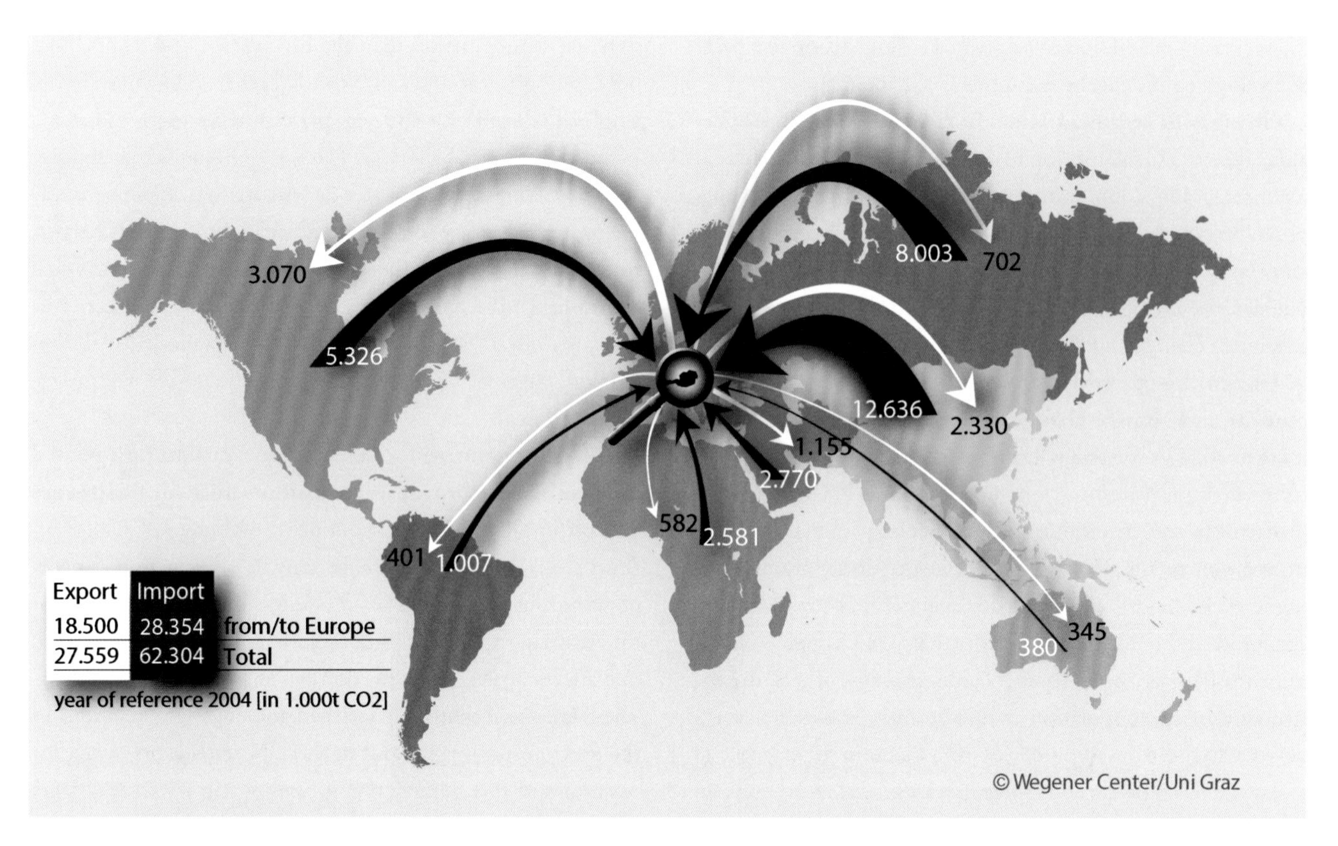

Figure 3 CO_2 streams from the trade of goods to/from Austria according to major world regions. The emissions implicitly contained in the imported goods are shown with red arrows, the emissions contained in the exported goods, attributed to Austria, are shown with white arrows. Overall, south Asia and east Asia, particularly China, and Russia, are evident as regions from which Austria imports emission-intensive consumer- and capital- goods. Source: Munoz and Steininger (2010)

sector and the industry are largely regulated under the „EU ETS", the further development of which is currently negotiated. In particular, the transport sector currently lacks effective measures.

Austria has set only short-term reduction targets for its climate and energy program, namely for the period up to 2020 (see Volume 3, Chapter 1; Volume 3, Chapter 6). This corresponds to the binding EU targets, but to adequately tackle the problem other countries have set longer-term GHG reduction targets. For example, Germany has set a reduction target of 85 % to 2050. The UK intends to achieve a reduction of 80 % by 2050 (see Volume 3, Chapter 1).

The measures taken so far are insufficient to meet the expected contribution of Austria to achieve the global 2 °C target (high confidence, see Volume 3, Chapter 1; Volume 3, Chapter 6). The actions specified by Austria are based on the objectives for the year 2020; the goals for developing renewable energy sources in Austria are not sufficiently ambitious and are likely to be achieved well before 2020. It is unlikely that an actual change in emission trends will be achieved in the industrial and transport sectors, while the turnaround that has already taken place for space heating is likely to be insufficient (see Volume 3, Chapter 3; Volume 3, Chapter 5). The expected greenhouse gas emissions savings due to the replacement of fossil fuels with biofuels are increasingly being called into question (see Volume 3, Chapter 2).

Institutional, economic, social and knowledge barriers slow progress with respect to mitigation and adaptation. Measures to eliminate or overcome these barriers include a reforming of administrative structures with respect to relevant tasks at hand, such as the pricing of products and services according to their climate impact. A key factor in this regard includes an abolition of environmentally harmful financing and subsidies; for example, for the exploration of new fossil reserves, or the commuter support which favors the use of the cars, or housing subsidies for single-family homes in the urban vicinity. Also, having a strong involvement of civil society and of science in the decision-making processes can accelerate necessary measures. Relevant knowledge gaps should be addressed because they also delay further action, however they do not belong to the most important factors (high confidence, see Volume 3, Chapter 1; Volume 3, Chapter 6).

According to scenario simulations, emission reductions of up to 90 % can be achieved in Austria by 2050 through additional implementation measures (high confidence, see Volume 3, Chapter 3; Volume 3, Chapter 6). These scenarios are obtained from studies that focus on the energy supply and demand. However, currently there is a lack of clear commitment on the part of the decision-makers to emission reductions of such a magnitude. In addition, so far there is no clear perception pertaining to the financial or other economic and social framework conditions on how the listed objectives could be achieved. In addition to technological innovations, far-reaching economic and socio-cultural changes are required (e. g. in production, consumption and lifestyle).

According to the scenarios, the target set by the EU can be achieved by halving the energy consumption in Austria by 2050. It is expected that the remaining energy demand can be covered by renewable energy sources. The economically available potential of renewable resources within Austria is quantified at approximately 600 PJ. As a comparison, the current final energy consumption is 1 100 PJ per year (see Volume 3, Chapter 3). The potential to improve energy efficiency exists, particularly in the sectors of buildings, transportation and production (high confidence, see Volume 3, Chapter 3; Volume 3, Chapter 5).

Striving for a swift and serious transformation to a carbon-neutral economic system requires a cross-sectoral closely coordinated approach with new types of institutional cooperation in an inclusive climate policy. The individual climate mitigation strategies in the various economic sectors and related areas are not sufficient. Other types of transformations should also be taken into account, such as those of the energy system, because decentralized production, storage and control system for fluctuating energy sources and international trade are gaining in importance (medium confidence, see Volume 3, Chapter 3). Concurrently, numerous small plant operators with partially new business models are entering the market.

An integrative and constructive climate policy contributes to managing other current challenges. One example is economic structures become more resistant with respect to outside influences (financial crisis, energy dependence). This means the intensification of local business cycles, the reduction of international dependencies and a much higher productivity of all resources, especially of energy (see Volume 3, Chapter 1).

The achievement of the 2050 targets only appears likely with a paradigm shift in the prevailing consumption and behavior patterns and in the traditional short-term oriented policies and decision-making processes (high confidence, see Volume 3, Chapter 6). Sustainable development approaches which contribute both to a drastic departure from historical trends as well as individual sector-oriented strategies and business models can contribute to the required GHG reductions (probably, see Volume 3, Chapter 6). New integrative approaches in terms of sustainable development require not necessarily novel technological solutions, but most importantly a conscious reorientation of established, harmful lifestyle habits and in the behavior of economic stakeholders. Worldwide, there are initiatives for transformations in the direction of sustainable development paths, such as the energy turnaround in Germany (*Energiewende*), the UN initiative „Sustainable Energy for All“, a number of „Transition Towns“ or the „Slow Food“ movement and the vegetarian diet. Only the future will show which initiatives will be successful (see Volume 3, Chapter 6).

Demand-side measures such as changes in diet, regulations and reduction of food losses will play a key role in climate protection. Shifting to a diet based on dominant regional and seasonal plant-based products, with a significant reduction in the consumption of animal products can make a significant contribution to greenhouse gas reduction (most likely, high confidence). The reduction of losses in the entire food life cycle (production and consumption) can make a significant contribution to greenhouse gas reduction. (very likely, medium confidence).

The necessary changes required to attain the targets include the transformation of economic organizational forms and orientations (high confidence, see Volume 3, Chapter 6). The housing sector has a high need for renewal; the renovation of buildings can be strengthened through new financing mechanisms. The fragmented transport system can be further developed into an integrated mobility system. In terms of production, new products, processes and materials can be developed that also ensure Austria is not left behind in the global competition. The energy system can be aligned along the perspective of energy services in an integrated manner.

In a suitable political framework, the transformation can be promoted (high confidence, see Volume 3, Chapter 1; Volume 3, Chapter 6). In Austria, there is a willingness to change. Pioneers (individuals, businesses, municipalities, regions) are implementing their ideas already, for example in the field of energy services, or climate-friendly mobility and local supply. Such initiatives can be strengthened through policies that create a supportive environment.

New business and financing models are essential elements of the transformation. Financing instruments (beyond the subsidies primarily used so far) and new business models relate mainly to the conversion of the energy selling enterprises to specialists for energy services. The energy efficiency can be significantly increased and made profitable, legal obligations can drive building restoration, collective investments in renewables or efficiency measures can be made possible by adapting legal provisions. Communication policy and regional planning can facilitate the use of public transport and emission-free transport, such as is the case for example in Switzerland (see Volume 3, Chapter 6). Long-term financing models (for buildings for example for 30 to 40 years), which are especially endowed by pension funds and insurance companies can facilitate new infrastructure. The required transformation has global dimensions, therefore efforts abroad, showing solidarity, should be discussed, including provisions for the Framework Convention Climate Fund.

Major investments in infrastructure with long lifespans limit the degrees of freedom in the transformation to sustainability if greenhouse gas emissions and adaptation to climate change are not considered. If all projects had a „climate-proofing“ subject to consider integrated climate change mitigation and appropriate adaptation strategies, this would avoid so-called „lock-in effects“ that create long-term emission-intensive path dependencies (high confidence, see Volume 3, Chapter 6). The construction of coal power plants is an example. At the national level this includes the disproportionate weight given to road expansion, the construction of buildings, which do not meet current ecological standards – that could be met at justifiable costs – and regional planning with high land consumption inducing excessive traffic.

A key area of transformation is related to cities and densely settled areas (high confidence, see Volume 3, Chapter 6). The potential synergies in urban areas that can be used in many cases to protect the climate are attracting greater attention. These include, for example, efficient cooling and heating of buildings, shorter routes and more efficient implementation of public transport, easier access to training or education and thus accelerated social transformation.

Climate-relevant transformation is often directly related to health improvements and accompanied by an increase in the quality of life (high confidence, see Volume 3, Chapter 4; Volume 3, Chapter 6). For the change from car to bike, for example, a positive-preventive impact on cardiovascular diseases has been proven, as have been further health-improving effects, that significantly increase life expectancy, in addition to positive environmental impacts. Health supporting effects have also been proven for a sustainable diet (e. g. reduced meat consumption).

Climate change will increase the migration pressure, also towards Austria. Migration has many underlying causes. In the southern hemisphere, climate change will have particularly strong impacts and will be a reason for increased migration mainly within the Global South. The IPCC estimates that by 2020 in Africa and Asia alone 74 million to 250 million people will be affected. Due to the African continent being particularly impacted, refugees from Africa to Europe are expected to increase (Volume 3, Chapter 4).

Climate change is only one of many global challenges, but a very central one (very high confidence, see Volume 2, Chapter 6; Volume 3, Chapter 1; Volume 3, Chapter 5). A sustainable future also deals with for example issues of combating poverty, a focus on health, social human resources, the availability of water and food, having intact soils, the quality of the air, loss of biodiversity, as with ocean acidification and overfishing (very high confidence, see Volume 3, Chapter 6). These questions are not independent of each other: climate change often exacerbates the other problems. And therefore it often affects the most vulnerable populations the most severely. The community of states has triggered a UN process to formulate sustainable development goals after 2015 (Sustainable Development Goals). Climate change is at the heart of these targets and many global potential conflict areas. Climate mitigation measures can thus generate a number of additional benefits to achieve further global objectives (high confidence, see Volume 3, Chapter 6).

Impacts on Sectors and Measures of Mitigation and Adaptation

Soils and Agriculture

Climate change leads to the loss of humus and to greenhouse gas emissions from the soil. Temperature rise, temperature extremes and dry periods, more pronounced freezing and thawing in winter as well as strong and long drying out of the soil followed by heavy precipitation enhance certain processes in the soil that can lead to an impairment of soil functions, such as soil fertility, water and nutrient storage capacity, humus depletion causing soil erosion, and others. This results in increased greenhouse gas emissions from soil (very likely, see Volume 2, Chapter 5).

Human intervention increases the area of soils with a lower resilience to climate change. Soil sealing and the consequences of unsuitable land use and management such as compaction, erosion and loss of humus further restrict soil functions and reduce the soil's ability to buffer the effects of climate change (very likely, see Volume 2, Chapter 5).

The impacts of climate change on agriculture vary by region. In cooler, wetter areas – for example, in the northern foothills of the Alps – a warmer climate mainly increases the average potential yield of crops. In precipitation poorer areas north of the Danube and in eastern and south-eastern Austria, increasing drought and heat-stress reduce the long term average yield potential, especially of non-irrigated crops, and increase the risk of failure. The production potential of warmth-loving crops, such as corn or grapes, will expand significantly (very likely, see Volume 2, Chapter 3).

Heat tolerant pests will propagate in Austria. The damage potential of agriculture through – in part newly emerging – heat tolerant insects will increase. Climate change will also alter the occurrence of diseases and weeds (very likely, see Volume 2, Chapter 3).

Livestock will also suffer from climate change. Increasing heat waves can reduce the performance and increase the risk of disease in farm animals (very likely, see Volume 2, Chapter 3).

Adaptation measures in the agricultural sector can be implemented at varying rates. Within a few years measures such as improved evapotranspiration control on crop land (e.g. efficient mulch cover, reduced tillage, wind protection), more efficient irrigation methods, cultivation of drought- or heat-resistant species or varieties, heat protection in animal husbandry, a change in cultivation and processing periods as well as crop rotation, frost protection, hail protection and risk insurance are feasible (very likely, see Volume 3, Chapter 2).

In the medium term, feasible adaptation measures include soil and erosion protection, humus build up in the soil, soil conservation practices, water retention strategies, improvement of irrigation infrastructure and equipment, warning, monitoring and forecasting systems for weather-related risks, breeding stress-resistant varieties, risk distribution through diversification, increase in storage capacity as well as animal breeding and adjustments to stable equipment and to farming technology (very likely, see Volume 3, Chapter 2).

The shifts caused by a future climate in the suitability for the cultivation of warmth-loving crops (such as grain corn, sunflower, soybean) is shown in Figure 4 for the example of grapes for wine production. Many other heat tolerant crops such as corn, sunflower or soybean show similar expansions in areas suitable for their cultivation in future climate as is shown here for the case of wine (see Volume 2, Chapter 3).

Agriculture can reduce greenhouse gas emissions in a variety of ways and enhance carbon sinks. If remaining at current production volume levels, the greatest potentials lie in the areas of ruminant nutrition, fertilization practices, reduction of nitrogen losses and increasing the nitrogen efficiency (very likely, see Volume 3, Chapter 2). Sustainable strategies for reducing greenhouse gas emissions in agriculture require resource-saving and efficient management practices involving organic farming, precision farming and plant breeding whilst conserving genetic diversity (probably, see Volume 3, Chapter 2).

Forestry

A warmer and drier climate will strongly impact the biomass productivity of Austrian forests. Due to global warming, the biomass productivity increases in mountainous areas and in regions that receive sufficient precipitation. However, in eastern and northeastern lowlands and in inner-alpine basins, the productivity declines, due to more dry periods (high agreement, robust evidence, see Volume 2, Chapter 3; Volume 3, Chapter 2).

In all of the examined climate scenarios, the disturbances to forest ecosystems are increasing in intensity and in frequency. This is particularly true for the occurrence of heat-tolerant insects such as the bark beetle. In addition, new types of damage can be expected from harmful organisms that have been imported or that have migrated from southern regions. Abiotic disturbances such as storms, late and early frosts, wet snow events or wildfires could also cause greater damages than before (high uncertainty). These disturbances can also trigger outbreaks and epidemics of major forest pests, such as the bark beetle. Disturbances lead to lower revenues for wood production. The protective function of the forests against events such as rockfalls, landslides, avalanches as well as carbon storage decrease (high agreement, robust evidence, see Volume 2, Chapter 2; Volume 3, Chapter 2).

For decades Austria's forests have been a significant net sink for CO_2. Since approximately 2003, the net CO_2 uptake of the forest has declined and in some years has come to a complete standstill; this is due to higher timber harvests, natural disturbances and other factors. In addition to the GHG impacts of increased felling, a comprehensive greenhouse gas balance of different types of forest management and use of forest products requires considering the carbon storage in long-lived wood products as well as the GHG savings of other emission-intensive products that can be replaced by wood (e.g. fossil fuel, steel, concrete) as well. A final assessment of the systemic effects would require more accurate and comprehensive analyzes than those that currently exist (see Volume 3, Chapter 2).

The resilience of forests to risk factors as well as the adaptability of forests can be increased. Examples of ad-

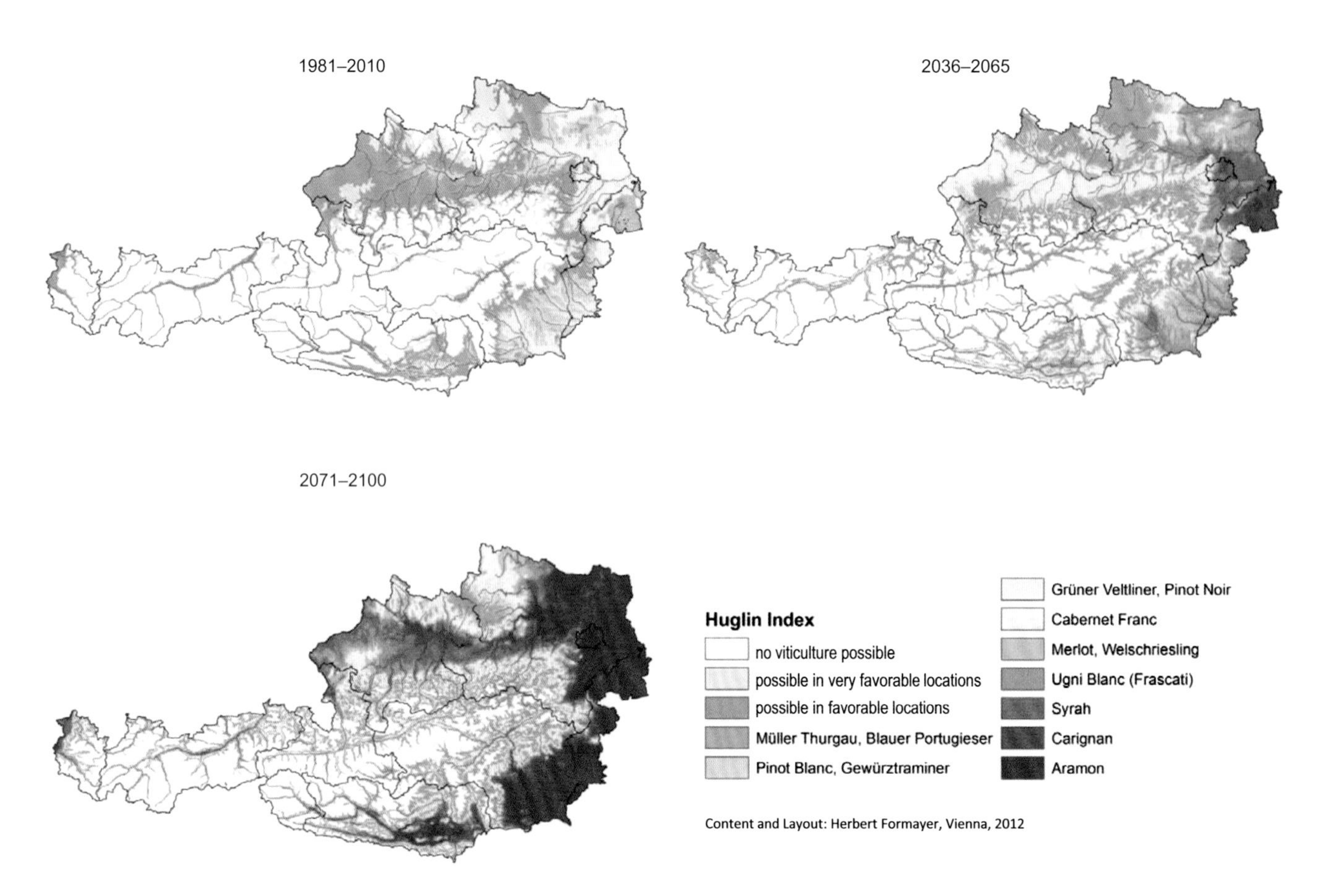

Figure 4 Evolution of the climatic suitability for the cultivation of different varieties, taking into account the optimum heat levels and rainfall in Austria in the past climate (observed) and a climate scenario until the end of the 21st century (modelled). The color shades from blue to yellow to purple indicate increasing heat amounts exclusively based on the corresponding variety classification. One can clearly see the increasing suitability for red wines, towards the end of the century as there are extremely heat-loving varieties. Source: Eitzinger and Formayer (2012)

aptation measures are smaller scale management structures, mixed stands adapted to sites, and ensuring the natural forest regeneration in protected forests through adapted game species management. The most sensitive areas are the spruce stands in mixed deciduous forest sites located in lowlands, and spruce monocultures in mountain forests serving a protective function. The adaptation measures in the forest sector are associated with considerable lead times (high agreement, robust evidence, see Volume 3, Chapter 2).

Biodiversity

Ecosystems that require a long time to develop, as well as alpine habitats located above the treeline are particularly impacted by climate change (high agreement, robust evidence, see Volume 2, Chapter 3). Bogs and mature forests require a long time to adapt to climate change and are therefore particularly vulnerable. Little is known about the interaction with other elements of global change, such as land use change or the introduction of invasive species. The adaptive capacity of species and habitats has also not been sufficiently researched.

In alpine regions, cold-adapted plants can advance to greater heights and increase the biodiversity in these regions. Cold-adapted species can survive in isolated microniches in spite of the warming (high agreement, robust evidence). However, increasing fragmentation of populations can lead to local extinctions. High mountains native species that have adapted to lower peripheral regions of the Alps are particularly affected (medium agreement, medium evidence, see Volume 2, Chapter 3).

Animals are also severely affected. In the animal kingdom, changes in the annual cycles are already documented, such as the extension of activity periods, increased successions of generations, earlier arrival of migratory birds, as well as shifts in distribution ranges northward or to higher elevations of individual species. Climate change will further advantageous for some animal species, especially generalists, and fur-

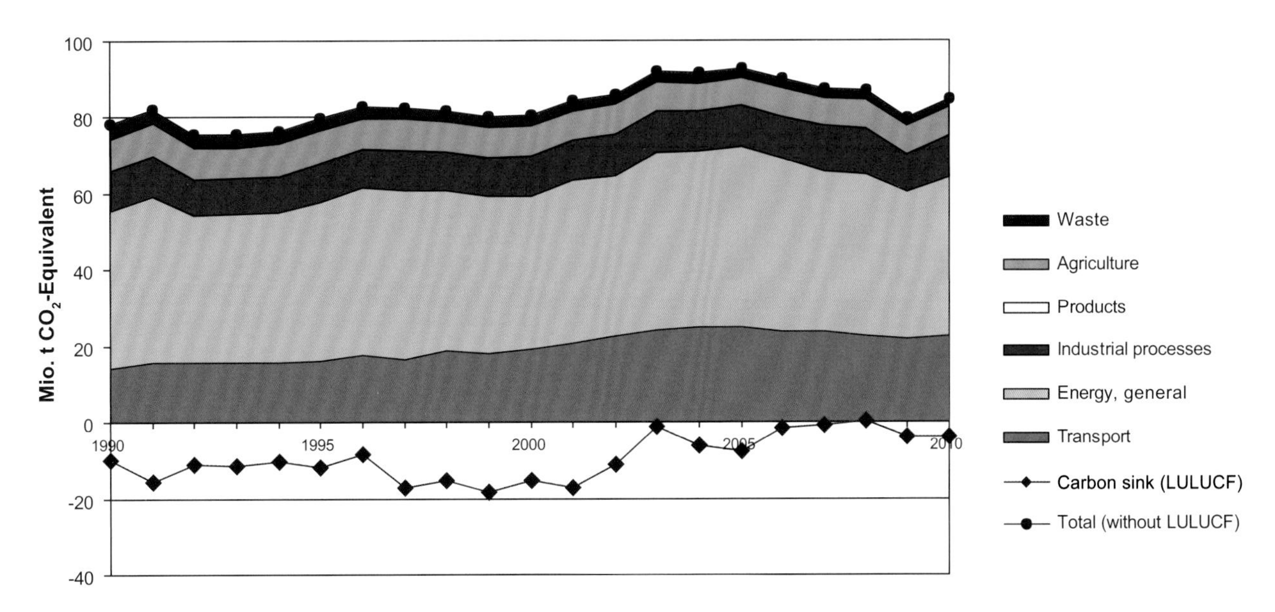

Figure 5 Officially reported greenhouse gas emissions in Austria (according to the IPCC source sectors with especially defined emissions for the Transport sector). The brown line that is mainly below the zero line represents carbon sinks. The sector „Land use and land use change" (LULUCF) represents a sink for carbon and is therefore depicted below the zero line. In recent years, this sink was significantly smaller and no longer present in some years. This was mainly a result of higher felling; and changes to the survey methods contributed to this as well. Source: Anderl et al. (2012)

ther endanger others, especially specialists (medium evidence, see Volume 2, Chapter 3). The warming of rivers and streams leads to a theoretical shift in the fish habitat by up to 30 km. For brown trout and grayling for example, the number of suitable habitats will decline (high agreement, robust evidence, see Volume 2, Chapter 3).

Energy

Austria has a great need to catch up on improvements in energy intensity. In the last two decades, unlike the EU average, Austria has made little progress in terms of improvements to energy intensity (energy consumption per GDP in Euro, see Figure 6). Since 1990, the energy intensity of the EU-28 decreased by 29 % (in the Netherlands by 23 %, Germany by 30 % and in the UK by 39 %). In Germany and the UK, however some of these improvements are due to the relocation of energy-intensive production abroad. In terms of emission intensity (GHG emissions per PJ energy) the improvements in Austria since 1990 are a reflection of the strong development of renewables; here, Austria along with The Netherlands, counts among the countries with the strongest improvements. These two indicators together determine the greenhouse gas emission intensity of the gross domestic product (GDP), which in Austria as well as in the EU-28 has also declined since 1990. Greenhouse gas emissions have increased more slowly than GDP. However, in comparison with the EU-28 it becomes evident that Austria must make major strides to catch up in reducing energy intensity (see Volume 3, Chapter 1).

The potential renewable energy sources in Austria are currently not fully exploited. In Austria, the share of renewable energy sources in the gross final energy consumption has increased from 23.8 % to 31 % between 2005 and 2011, primarily due to the development of biogenic fuels, such as pellets and biofuels. In the future, wind and photovoltaics can make a significant contribution. The target for 2020, for a 34 % share in end energy use of renewable energies can be easily achieved with the current growth rates. However, for the required medium-term conversion to a greenhouse gas neutral energy system by 2050, a coverage of the entire energy demand with renewable energy sources is necessary. To avoid a mere shifting of the problem, before any further future expansion of hydroelectric power or increased use of biomass takes place, it is important to examine the total greenhouse gas balances as well as to take into account indirect and systemic effects. Other environmental objectives do not lose their importance in an effort to protect the climate (see Volume 3, Chapter 3; Volume 3, Chapter 6).

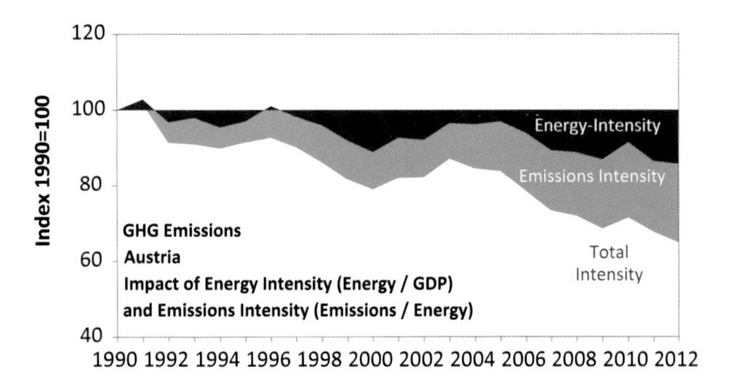

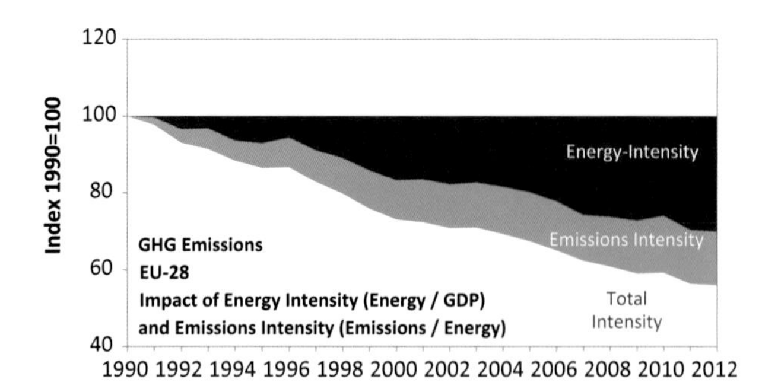

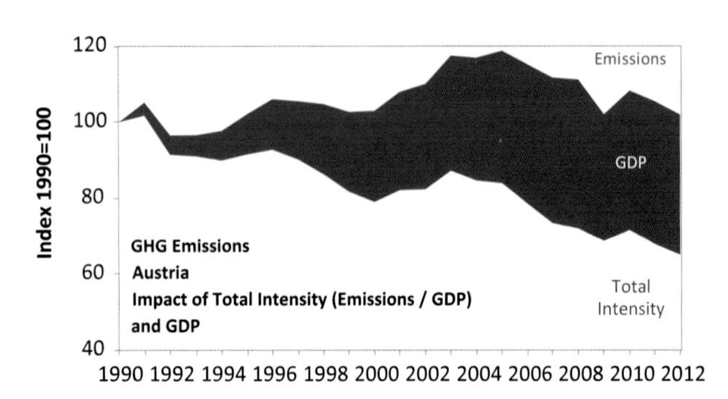

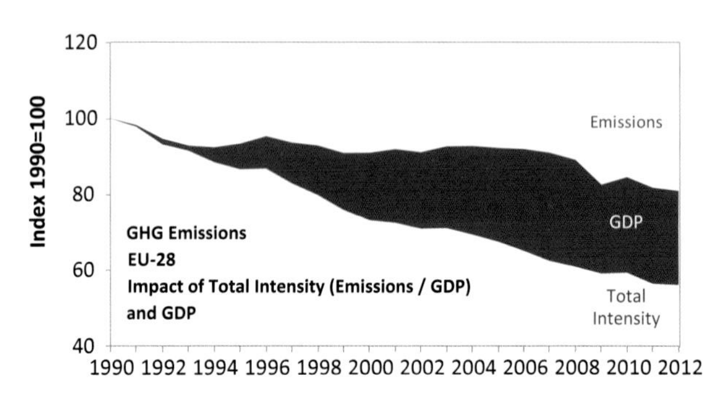

Figure 6 Development of GHG intensity of GDP and the subdevelopments of energy intensity (energy consumption per GDP in Euro) and emission intensity of energy (greenhouse gas emissions per PJ of energy) over time for Austria and for the EU-28 (upper panel). The development of greenhouse gas emission intensity in conjunction with rising GDP (lower panel) leads to rising greenhouse gas emissions for Austria (+5%), and declining emissions for the EU-28 (−18%) during this period; Source: Schleicher (2014)

Transport and Industry

Of all sectors, the greenhouse gas emissions increased the most in the last two decades in the transport sector by +55 % (very high confidence, see Volume 3, Chapter 3). Efficiency gains made in vehicles were largely offset by heavier and more powerful vehicles as well as higher transport performance. However, the limitations of CO_2 emissions per kilometer driven for passenger cars and vans are beginning to bear fruit (see Volume 3, Chapter 3). Public transportat supply changes and (tangible) price signals have had demonstrable effects on the share of private vehicle transport in Austria.

To achieve a significant reduction in greenhouse gas emissions from passenger transport, a comprehensive package of measures is necessary. Keys to achieving this are marked reductions in the use of fossil-fuel energy sources, increasing energy efficiency and changing user behaviour. A prerequisite is improved economic- and settlement- structures in which the distances to travel are minimized. This may strengthen the environmentally friendly forms of mobility used, such as walking and cycling. Public transportation systems are to be expanded and improved, and their CO_2 emissions are to be minimized. Technical measures for car transport include further, massive improvements in efficiency for vehicles or the use of alternative power sources (Volume 3, Chapter 3) – provided that the necessary energy is also produced with low emissions.

Freight transportation in Austria, measured in tonne-kilometers, increased faster in the last decades than the gross domestic product. The further development of transport demand can be shaped by a number of economic and social conditions. Emissions can be reduced by optimizing the logistics and strengthening the CO_2 efficiency of transport. A reduction in greenhouse gas emissions per tonne-kilometer can be achieved by alternative power and fuels, efficiency improvements and a shift to rail transportation (see Volume 3, Chapter 3).

The industry sector is the largest emitter of greenhouse gases in Austria. In 2010, the share of the manufacturing sector's contribution to the total Austrian energy-consumption as well as to greenhouse gas emissions was almost 30 %, in both cases. Emission reductions in the extent of about 50 % or more cannot be achieved within the sector through continuous, gradual improvements and application of the relevant state of the art of technology. Rather, the development of climate-friendly new procedures is necessary (radical new technologies and products with a drastic reduction of energy consumption), or the necessary implementation of procedures for the storage of the greenhouse gas emissions (carbon capture and storage,

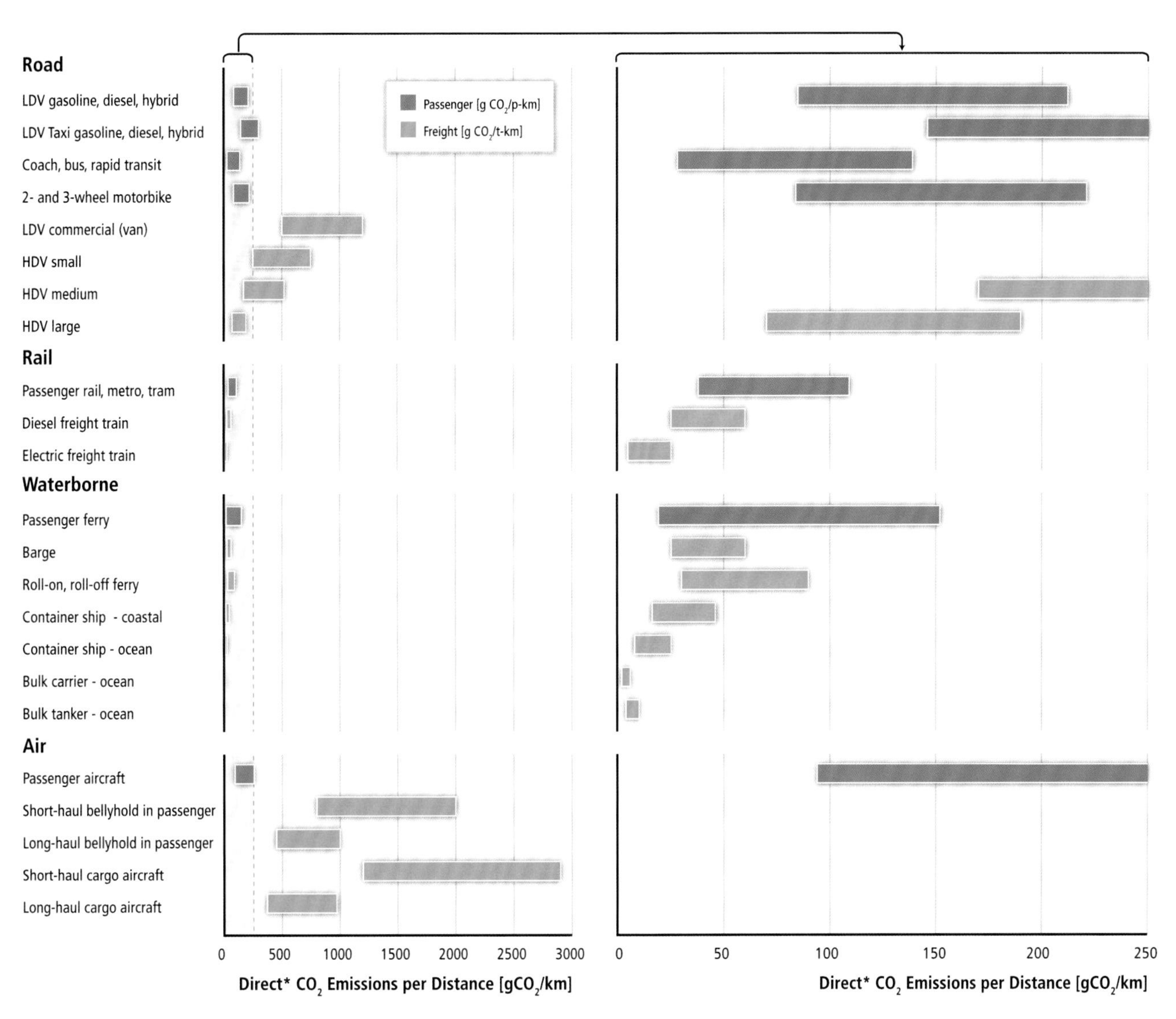

Figure 7 A comparison of characteristic CO_2 emissions per passenger-kilometer and ton-kilometer for different transport modes that use fossil energy and thermal electricity generation in case of electric railways. Source: IPCC (2014)

for example as in the EU scenarios for Energy Roadmap 2050) (very likely, see Volume 3, Chapter 5).

Tourism

Winter tourism will come under pressure due to the steady rise in temperature. Compared to destinations where natural snow remains plentiful, many Austrian ski areas are threatened by the increasing costs of snowmaking (very likely, see Volume 3, Chapter 4).

Future adaptation possibilities with artificial snowmaking are limited. Although currently 67 % of the slope surfaces are equipped with snowmaking machines, the use of these is limited by the rising temperatures and the (limited) availability of water (likely, see Volume 3, Chapter 4). The promotion of the development of artificial snow by the public sector could therefore lead to maladaptation and counterproductive lock-in effects.

Tourism could benefit in Austria due to the future very high temperatures expected in summer, in the Mediterra-

nean (very likely). However, even with equally good turnout and capacity utilization in the summer, the value added lost in winter cannot be regained with an equal gain in visitor numbers in summer (see Volume 3, Chapter 4).

Losses in tourism in rural areas have high regional economic follow-up costs, since the loss of jobs often cannot be compensated by other industries. In peripheral rural areas, which already face major challenges due to the demographic change and the increasing wave of urbanization, this can lead to further resettlement (see Volume 3, Chapter 1; Volume 3, Chapter 4).

Urban tourism may experience set-backs in midsummer due to hot days and tropical nights (very likely). Displacements of the stream of tourists in different seasons and regions are possible and currently already observable (see Volume 3, Chapter 4).

Successful pioneers in sustainable tourism are showing ways to reduce greenhouse gases in this sector. In Austria there are flagship projects at all levels – individuals, municipalities and regions – and in different areas, such as hotels, mobility, and lucrative offers for tourists. Due to the long-term investment in infrastructure for tourism, lock-in effects are particularly vulnerable (see Volume 3, Chapter 4).

Infrastructure

Energy use for heating and cooling buildings and their GHG emissions can be significantly reduced (high agreement, see Volume 3, Chapter 5). A part of this potential can be realized in a cost-effective manner. To further reduce the energy demand of existing buildings, high-quality thermal renovation is necessary. For energy supply, mainly alternative energy sources, such as solar thermal or photovoltaic are to be used for the reduction of greenhouse gas emissions. Heat pumps can only be used in the context of an integrated approach which ensures low CO_2 power generation, thereby contributing to climate protection. Biomass will also be important in the medium term. District heating and cooling will become less important in the long term due to reduced demand. A significant contribution to future greenhouse gas neutrality in buildings can also be provided by building construction standards, which the (almost) zero-energy and plus-energy houses promote. These are foreseen to occur across the EU after 2020. Given the large number of innovative pilot projects, Austria could assume a leadership role in this area also before. Targeted construction standards and renovation measures could significantly reduce the future cooling loads. Specific zonal planning and building regulations can ensure denser designs with higher energy efficiency, especially also beyond the inner urban settlement areas (see Volume 3, Chapter 5).

Forward planning of infrastructure with a long service life under changing conditions can avoid poor investments. Against the background of continuously changing post-fossil energy supply conditions, infrastructure projects in urban locations, in transport and energy supplies should be reviewed to ensure their emission-reducing impacts as well as their resilience to climate change. The structure of urban developments can be designed so that transport and energy infrastructures are coordinated and built (and used) efficiently with low resource consumptions (see Volume 3, Chapter 5).

A decentralized energy supply system with renewable energy requires new infrastructure. In addition to novel renewables with stand-alone solutions (e.g. off-grid photovoltaics) there are also new options for integrating these onto the network. Local distribution networks for locally produced biogas as well as networks for exploiting local, mostly industrial, waste heat (see Volume 3, Chapter 1; Volume 3, Chapter 3) require special structures and control. „Smart Grids“ and „Smart Meters“ enable locally produced energy (which is fed into the grid, e.g. from co- and poly-generation or private photovoltaic systems) to contribute to improved energy efficiency and are therefore discussed as elements of a future energy system (see Volume 3, Chapter 5). However, there are concerns of ensuring network security as well as data protection and privacy protection; these issues are not yet sufficiently defined or regulated by law.

Extreme events can increasingly impair energy and transport infrastructures. Longer duration and more intense heat waves are problematic (very likely), more intense rainfall and resulting landslides and floods (probably), storms (possible) and increased wet-snow loads (possible, see Volume 1, Chapter 3; Volume 1, Chapter 4; Volume 1, Chapter 5; Volume 2, Chapter 4) pose potential risks for infrastructure related to settlement, transportation, energy and communications. If an increase in climate damages and costs are to be avoided, the construction and expansion of urban areas and infrastructure in areas (regions) that are already affected by natural hazards should be avoided. Moreover, when designating hazard zones, the future development in the context of climate change should be taken as a precautionary measure. Existing facilities can provide increased protection through a range of adaptation measures, such as the creation of increased retention areas against flooding.

The diverse impacts of climate change on water resources require extensive and integrative adaptation measures.

Both high- and low-water events in Austrian rivers can negatively impact several sectors, from the shipping industry, the provision of industrial and cooling water, to the drinking water supply. The drinking water supply can contribute to adaptation measures through the networking of smaller supply units as well as the creation of a reserve capacity for source water (high agreement, robust evidence, see Volume 3, Chapter 2).

Adaptation measures to climate change can have positive ramifications in other areas. The objectives of flood protection and biodiversity conservation can be combined through the protection and expansion of retention areas, such as floodplains (high agreement, much evidence). The increase in the proportion of soil organic matter leads to an increase in the soil water storage capacity (high agreement, robust evidence, see Volume 2, Chapter 6) and thus contributes to both flood protection and carbon sequestration, and therefore to climate protection (see Volume 3, Chapter 2).

Health and Society

Climate change may cause directly- or indirectly- related problems for human health. Heat waves can lead to cardiovascular problems, especially in older people, but also in infants or the chronically ill. There exists a regional-dependent temperature at which the death rate is determined to be the lowest; beyond this temperature the mortality increases by 1–6 % for every 1 °C increase in temperature (very likely, high confidence, see Volume 2, Chapter 6; Volume 3, Chapter 4). In particular, older people and young children have shown a significant increase in the risk of death above this optimum temperature. Injuries and illnesses that are associated with extreme events (e. g. floods and landslides) and allergies triggered by plants that were previously only indigenous to Austria, such as ragweed, also add to the impacts of climate change on health.

The indirect impacts of climate change on human health remains a major challenge for the health system. In particular, pathogens that are transferred by blood-sucking insects (and ticks) play an important role, as not only the agents themselves, but also the vectors' (insects and ticks) activity and distribution are dependent on climatic conditions. Newly introduced pathogens (viruses, bacteria and parasites, but also allergenic plants and fungi such as, e. g. ragweed (*Ambrosia artemisiifolia*) and the oak processionary moth (*Thaumetopoea processionea*)) and new vectors (e. g., „tiger mosquito", *Stegomyia albopicta*) can establish themselves, or existing pathogens can spread regionally (or even disappear). Such imported cases are virtually unpredictable and the opportunities to take counter-measures are low (likely, medium confidence, see Volume 2, Chapter 6).

Health-related adaptations affect a myriad of changes to individual behavior of either a majority of the population or by members of certain risk groups (likely, medium agreement, see Volume 3, Chapter 4). Several measures of adaptation and mitigation that are not primarily aimed at improving human health may have significant indirect health-related benefits, such as switching from a car to a bike (likely, medium agreement, see Volume 3, Chapter 4).

The health sector is both an agent and a victim of climate change. The infrastructure related to the health sector requires both mitigation and adaptation measures. Effective mitigation measures could include encouraging the mobility of employees and patients as well as in the procurement of used and recycled products (very likely, high agreement, see Volume 3, Chapter 4). For specific adaptation to longer-term changes there is a lack of medical and climate research, however some measures can be taken now – such as in preparing for heat waves.

Vulnerable groups generally are more highly exposed to the impacts of climate change. Usually the confluence of several factors (low income, low education level, low social capital, precarious working and living conditions, unemployment, limited possibilities to take action) make the less privileged population groups more vulnerable to climate change impacts. The various social groups are affected differently by a changing climate, thus the options to adapt are also dissimilar and are also influenced by differing climate policy measures (such as higher taxes and fees on energy) (likely, high agreement, see Volume 2, Chapter 6)

Climate change adaptation and mitigation lead to increased competition for resource space. This mainly affects natural and agricultural land uses. Areas for implementing renewable energy sources, or retention areas and levees to reduce flood risks are often privileged at the expense of agricultural land. Increasing threats of natural hazards to residential areas may lead to more resettlements in the long term (high confidence, see Volume 2, Chapter 2; Volume 2, Chapter 5). In order to facilitate the adaptation of endangered species to climate change by allowing them to migrate to more suitable locations and in order to better preserve biodiversity, conservation areas must be drawn up and networked with corridors (high confidence, see Volume 3, Chapter 2). There is no regional planning strategy for Austria that can provide necessary guidelines for relevant decisions (see Volume 3, Chapter 6).

Transformation

Although in all sectors significant emission reduction potentials exist, the expected Austrian contribution towards achieving the global 2 °C target cannot be achieved with sector-based, mostly technology-oriented, measures. Meeting the 2 °C target requires more than incrementally improved production technologies, greener consumer goods and a policy that (marginal) increases efficiency to be implemented in Austria. A transformation is required concerning the interaction of the economy, society and the environment, which is supported by behavioral changes of individuals, however these changes also have to originate from the individuals. If the risk of unwanted, irreversible change should not increase, the transformation needs to be introduced and implemented rapidly (see Volume 3, Chapter 6).

A transformation of Austria into a low-carbon society requires partially radical structural and technical renovations, social and technological innovation and participatory planning processes (medium agreement, medium evidence, see Volume 3, Chapter 6). This implies experimentation and experiential learning, the willingness to take risks and to accept that some innovations will fail. Renewal from the root will be necessary, also with regards to the goods and services that are produced by the Austrian economy, and large-scale investment programs. In the assessment of new technologies and social developments an orientation along a variety of criteria is required (multi-criteria approach) as well, an integrative socio-ecologically oriented decision-making is needed instead of short-term, narrowly defined cost-benefit calculations. To be of best effectiveness, national action should be agreed upon internationally, both with the surrounding nations as well as with the global community, and particularly in partnership with developing countries (see Volume 3, Chapter 6).

In Austria, a socio-ecological transformation conducive to changes in people's belief-systems can be noticed. Individual pioneers of change are already implementing these ideas with climate-friendly action and business models (e. g. energy service companies in real estate, climate-friendly mobility, or local supply) and transforming municipalities and regions (high agreement, robust evidence). At the political level, climate-friendly transformation approaches can also be identified. If Austria wants to contribute to the achievement of the global 2 °C target and help shape a future climate-friendly development at a European level and internationally, such initiatives need to be reinforced and supported by accompanying policy measures that create a reliable regulatory landscape (high agreement, medium evidence, see Volume 3, Chapter 6).

Policy initiatives in climate mitigation and adaptation are necessary at all levels in Austria if the above objectives are to be achieved: at the federal level, at that of provinces and that of local communities. Within the federal Austrian structure the competences are split, such that only a common and mutually adjusted approach across those levels can ensure highest effectiveness and achievement of objectives (high agreement; strong evidence). For an effective implementation of the – for an achievement necessarily – substantial transformation a package drawing from the broad spectrum of instruments appears to be the only appropriate one (high agreement, medium evidence).

Figure Credits

Figure 1 Issued for the AAR14 adapted from: IPCC, 2013: In: Climate Change 2013: The Physical Science Basis. Contribution of Working Group I to the Fifth Assessment Report of the Intergovernmental Panel on Climate Change [Stocker, T.F., D. Qin, G.-K. Plattner, M. Tignor,S. K. Allen, J. Boschung, A. Nauels, Y. Xia, V. Bex and P.M. Midgley (Eds.)]. Cambridge University Press, Cambridge, United Kingdom and New York, NY, USA.; IPCC, 2000: Special Report on Emissions Scenarios [Nebojsa Nakicenovic and Rob Swart (Eds.)]. Cambridge University Press, UK.; GEA, 2012: Global Energy Assessment - Toward a Sustainable Future, Cambridge University Press, Cambridge, UK and New York, NY, USA and the International Institute for Applied Systems Analysis, Laxenburg, Austria.

Figure 2 Issued for the AAR14 adapted from: Auer, I., Böhm, R., Jurkovic, A., Lipa, W., Orlik, A., Potzmann, R., Schöner, W., Ungersböck, M., Matulla, C., Briffa, K., Jones, P., Efthymiadis, D., Brunetti, M., Nanni, T., Maugeri, M., Mercalli, L., Mestre, O., Moisselin, J.-M., Begert, M., Müller-Westermeier, G., Kveton, V., Bochnicek, O., Stastny, P., Lapin, M., Szalai, S., Szentimrey, T., Cegnar, T., Dolinar, M., Gajic-Capka, M., Zaninovic, K., Majstorovic, Z., Nieplova, E., 2007. HISTALP – historical instrumental climatological surface time series of the Greater Alpine Region. International Journal of Climatology 27, 17–46. doi:10.1002/joc.1377; ENSEMBLES project: Funded by the European Commission's 6th Framework Programme through contract GOCE-CT-2003-505539; reclip:century: Funded by the Austrian Climate Research Program (ACRP), Project number A760437

Figure 3 Muñoz, P., Steininger, K.W., 2010: Austria's CO_2 responsibility and the carbon content of its international trade. Ecological Economics 69, 2003–2019. doi:10.1016/j.ecolecon.2010.05.017

Figure 4 Issued for the AAR14. Source: ZAMG

Figure 5 Anderl M., Freudenschuß A., Friedrich A., et al., 2012: Austria's national inventory report 2012. Submission under the United Nations Framework Convention on Climate Change and under the Kyoto Protocol. REP-0381, Wien. ISBN: 978-3-99004-184-0

Figure 6 Schleicher, St., 2014: Tracing the decline of EU GHG emissions. Impacts of structural changes of the energy system and economic activity. Policy Brief. Wegener Center for Climate and Global Change, Graz. Basierend auf Daten des statistischen Amtes der Europäischen Union (Eurostat)

Figure 7 ADEME, 2007; US DoT, 2010; Der Boer et al., 2011; NTM, 2012; WBCSD, 2012, In Sims R., R. Schaeffer, F. Creutzig, X. Cruz-Núñez, M. D'Agosto, D. Dimitriu, M.J. Figueroa Meza, L. Fulton, S. Kobayashi, O. Lah, A. McKinnon, P. Newman, M. Ouyang, J.J. Schauer, D. Sperling, and G. Tiwari, 2014: Transport. In: Climate Change 2014: Mitigation of Climate Change. Contribution of Working Group III to the Fifth Assessment Report of the Intergovernmental Panel on Climate Change [Edenhofer, O., R. Pichs-Madruga, Y. Sokona, E. Farahani, S. Kadner, K. Seyboth, A. Adler, I. Baum, S. Brunner, P. Eickemeier, B. Kriemann, J. Savolainen, S. Schlömer, C. von Stechow, T. Zwickel and J.C. Minx (Eds.)]. Cambridge University Press, Cambridge, United Kingdom and New York, NY, USA

Österreichischer Sachstandsbericht Klimawandel 2014

Synthese

Österreichischer Sachstandsbericht Klimawandel 2014

Synthese

Koordinierende LeitautorInnen der Synthese
Helga Kromp-Kolb
Nebojsa Nakicenovic
Rupert Seidl
Karl Steininger

LeitautorInnen der Synthese
Bodo Ahrens, Ingeborg Auer, Andreas Baumgarten, Birgit Bednar-Friedl, Josef Eitzinger, Ulrich Foelsche, Herbert Formayer, Clemens Geitner, Thomas Glade, Andreas Gobiet, Georg Grabherr, Reinhard Haas, Helmut Haberl, Leopold Haimberger, Regina Hitzenberger, Martin König, Angela Köppl, Manfred Lexer, Wolfgang Loibl, Romain Molitor, Hanns Moshammer, Hans-Peter Nachtnebel, Franz Prettenthaler, Wolfgang Rabitsch, Klaus Radunsky, Jürgen Schneider, Hans Schnitzer, Wolfgang Schöner, Niels Schulz, Petra Seibert, Sigrid Stagl, Robert Steiger, Johann Stötter, Wolfgang Streicher, Wilfried Winiwarter.

Zitierweise:
Kromp-Kolb, H., N. Nakicenovic, R. Seidl, K. Steininger, B. Ahrens, I. Auer, A. Baumgarten, B. Bednar-Friedl, J. Eitzinger, U. Foelsche, H. Formayer, C. Geitner, T. Glade, A. Gobiet, G. Grabherr, R. Haas, H. Haberl, L. Haimberger, R. Hitzenberger, M. König, A. Köppl, M. Lexer, W. Loibl, R. Molitor, H. Moshammer, H-P. Nachtnebel, F. Prettenthaler, W. Rabitsch, K. Radunsky, L. Schneider, H. Schnitzer, W. Schöner, N. Schulz, P. Seibert, S. Stagl, R. Steiger, H. Stötter, W. Streicher, W. Winiwarter (2014): Synthese. In: Österreichischer Sachstandsbericht Klimawandel 2014 (AAR14). Austrian Panel on Climate Change (APCC), Verlag der Österreichischen Akademie der Wissenschaften, Wien, Österreich.

Inhalt

S.0 Einleitung
S.0 Introduction

S.0.1 Motivation
S.0.1 Motivation

Der Österreichische Sachstandsbericht Klimawandel 2014 – AAR14 – (Austrian Assessment Report, 2014) versteht sich als nationale Ergänzung zum periodisch erstellten globalen Sachstandsbericht des Intergovernmental Panel on Climate Change (IPCC). Während die IPCC-Berichte sich mit der globalen und regionalen Ebene beschäftigen, befasst sich der AAR14 mit der Situation in Österreich. Die zum Thema Klimawandel forschenden österreichischen Wissenschafterinnen und Wissenschafter haben in einem dreijährigen Prozess, der sich an jenem der IPCC-Assessment Reports orientierte, den vorliegenden Sachstandsbericht zum Klimawandel in Österreich erstellt. Mehr als 200 Wissenschafterinnen und Wissenschafter stellen gemeinsam dar, was über den Klimawandel in Österreich, seine Folgen, Minderungs- und Anpassungsmaßnahmen sowie zugehörige politische, wirtschaftliche und gesellschaftliche Fragen bekannt ist. Der AAR14 zeichnet ein kohärentes und konsistentes Bild der bisherig beobachteten Klimaveränderungen, ihrer Auswirkungen auf Umwelt und Gesellschaft, möglicher Zukunftsentwicklungen sowie Handlungsoptionen im Bereich Anpassung und Minderung in Österreich, unter Berücksichtigung der naturräumlichen, gesellschaftlichen und wirtschaftlichen Eigenheiten des Landes. Damit wird benötigtes Wissen zu den regionalen Ausprägungen des globalen Klimawandels verfügbar gemacht. Der Bericht weist aber auch auf Verständnis- und Wissenslücken hin. Wie die IPCC-Berichte beruht der AAR14 auf bereits publizierten Beiträgen und will entscheidungsrelevante Information liefern, ohne Entscheidungsempfehlungen abzugeben.

Das Austrian Climate Research Program (ACRP) des Klima- und Energiefonds (KLIEN) hat die Arbeit durch Finanzierung koordinativer Tätigkeiten und Sachleistungen ermöglicht, die umfangreiche inhaltliche Arbeit wurde jedoch von den Forscherinnen und Forschern unentgeltlich geleistet.

In der vorliegenden Synthese sind in drei Abschnitten die wesentlichen Aussagen wiedergegeben, die jeweils auf der Basis von Beiträgen der Koordinierenden LeitautorInnen der einzelnen Kapitel des AAR14 zusammengestellt bzw. verfasst wurden. Die Abschnitte entsprechen den drei Bänden des vollständigen Werkes:

- **Band 1** Klimawandel in Österreich: Einflussfaktoren und Ausprägungen (Redaktion: Helga Kromp-Kolb)

Dieser Band beschreibt die naturwissenschaftlichen Grundlagen des Klimawandels und vor allem seiner vergangenen und zukünftigen Ausprägungen in Österreich.

- **Band 2** Auswirkungen auf Umwelt und Gesellschaft (Redaktion: Rupert Seidl)

Dieser Band befasst sich mit den Auswirkungen des Klimawandels auf die Hydro-, Bio-, Pedo-, und Reliefspäre, sowie auf Mensch, Wirtschaft und Gesellschaft (Anthroposphäre).

- **Band 3** Klimawandel in Österreich: Vermeidung und Anpassung (Redaktion: Nebojsa Nakicenovic und Karl Steininger)

Dieser Band stellt Maßnahmenoptionen vor, sowohl zur Minderung von THG-Emissionen als auch zur Anpassung an den Klimawandel. Mögliche Transformationspfade hin zu einer klimafreundlicheren Gesellschaft und Wirtschaft werden aufgezeigt.

Hinweise im Text der Synthese auf einzelne Kapitel erfolgen durch Angabe des Bandes und des Kapitels (Bspw. Band 1, Kapitel 3). Dort finden sich auch die Hinweise auf die Originalliteratur.

S.0.2 Umgang mit Unsicherheiten; Sicherheits- und Vorsorgeprinzip
S.0.2 Handling Uncertainties; Safety and Precautionary Principle

Jede Erkenntnis, auch wissenschaftliche, ist mit Unsicherheiten behaftet. In der öffentlichen Diskussion um den Klimawandel wurde und wird Unsicherheit oft als Begründung für das Aufschieben von Entscheidungen und Handeln herangezogen. Aus Sicht der Wissenschaft gilt es mit Unsicherheit adäquat umzugehen. Der vorliegende Bericht zeigt, dass – trotz der Unsicherheiten – auf Basis des vorhandenen Wissens adäquate Entscheidungen getroffen werden können.

Die Unsicherheit hinsichtlich der wissenschaftlichen Zuverlässigkeit der Theorie des anthropogen bedingten Klimawandels (kurz: Klimawandeltheorie) wird von Medien und populärwissenschaftlichen Büchern und Filmen genährt, die ein breites Spektrum an alternativen Interpretationen anbieten. Erkenntnistheoretisch betrachtet ist ein strenger Beweis der Klimawandeltheorie grundsätzlich nicht möglich (Band 1, Kapitel 5), außerdem ist die Zukunft prinzipiell nicht vorhersehbar. Die Theorie des vom Menschen verursachten Klimawandels ist jedoch durch Modellexperimente und empirische Studien gut belegt und darüber hinaus seit über 40 Jahren wissenschaftlicher Überprüfung unterworfen. Sie ist damit allen anderen bisher vorgebrachten Theorien und Hypothesen zum Klimawandel deutlich überlegen und solange keine den Kern der Theorie infragestellenden neuen Erkenntnisse oder Belege sichtbar werden, ist es angebracht, diese Theorie gesellschaftlichen, politischen und wirtschaftlichen Entscheidungen zugrunde zu legen.

Innerhalb der Klimawandeltheorie sind die Aussagen unterschiedlich gut abgesichert. So sind etwa die meisten Aussagen über zukünftige Temperaturänderungen robuster als über zukünftige Niederschlagsänderungen. Unsicherheiten können aus vielen Gründen entstehen, wie z. B. aus Datenmangel, mangelndem Verständnis für die Prozesse oder Fehlen einer allgemein anerkannten Erklärung für Beobachtungen oder Modellergebnisse.

Das IPCC hat ein System entwickelt, Unsicherheiten mittels dreier verschiedener Ansätze zum Ausdruck zu bringen. Die Auswahl unter- und innerhalb dieser Ansätze hängt sowohl vom Wesen der verfügbaren Daten ab als auch von der fachkundigen Beurteilung der Richtigkeit und Vollständigkeit des aktuellen wissenschaftlichen Verständnisses durch die AutorInnen. Bei einer **qualitativen** Abschätzung wird Unsicherheit auf einer zweidimensionale Skala dadurch beschrieben, dass eine relative Einschätzung gegeben wird: einerseits für die Menge und Qualität an Beweisen (d. h. Informationen aus Theorie, Beobachtungen oder Modellen, die angeben, ob eine Annahme oder Behauptung wahr oder gültig ist) und andererseits für das Ausmaß an Übereinstimmung in der Literatur. Dieser Ansatz wird mit den selbsterklärenden Begriffen starke, mittlere und schwache Beweislage hohe, mittlere, schwache Übereinstimmung sowie angewendet. Die gemeinsame Beurteilung in beiden diesen Dimensionen wird durch Vertrauensangaben auf einer fünf-stufigen Skala von „sehr hohes Vertrauen" bis „sehr geringes Vertrauen" beschrieben. Mittels fachkundiger Beurteilung der Richtigkeit zugrundeliegender Daten, Modelle oder Analysen **quantitativ** besser fassbare Unsicherheiten werden angegeben durch Wahrscheinlichkeitsangaben in acht Stufen von „praktisch sicher" bis „außergewöhnlich unwahrscheinlich" bei Bewertungen eines gut definierten Ergebnisses, das eingetreten ist oder zukünftig eintreten wird. Sie können aus quantitativen Analysen oder Expertenmeinungen abgeleitet werden. Genauere Angaben dazu finden sich in der Einleitung des AAR14. Gilt eine demgemäß vorgenommene Beurteilung für einen ganzen Absatz befindet sie sich am Ende desselben, sonst steht sie bei der jeweiligen Aussage.

Da der Bericht nicht nur vergangene Veränderungen dargestellt, sondern auch mögliche zukünftige Entwicklungen, ist auch der Unsicherheit Rechnung zu tragen, die daraus entsteht, dass menschliches Handeln die Zukunft beeinflusst. Dies wird in der Klima- und Klimafolgenforschung typischer Weise durch die Betrachtung verschiedener Szenarien bewerkstelligt: Es werden mehrere mögliche Zukunftsentwicklungen dargestellt, ohne eine eigentliche Prognose zu erstellen.

Bei der Szenarienauswahl beschränkt man sich nicht auf die wahrscheinlichsten Entwicklungen, denn die Klimafrage ist keine rein akademische, sondern auch eine ethische Frage. Nicht alle wahrscheinlichen oder möglichen Konsequenzen des Klimawandels sind aus ethischer Sicht gleichermaßen wichtig (Band 1, Kapitel 5). Insbesondere sind aus ethischer Sicht jene Konsequenzen zu betrachten, die das Risiko der Verletzung grundlegender Rechte von Menschen bergen, wie etwa das Recht auf Überleben, Gesundheit oder Autonomie. Weitgehend unumstritten ist, dass auch zukünftig lebende Menschen Anspruchsrechte haben, die heute lebende Menschen respektieren müssen. Seit dem „Brundtland-Bericht" (1987) findet sich dies als „nachhaltige Entwicklung" auf internationaler Ebene immer wieder als Handlungsprinzip und ist daher als internationaler ethischer Grundkonsens aufzufassen. Eine Klimapolitik, die viele Menschen vermeidbar dem Risiko der Verletzung ihrer grundlegenden Rechte aussetzt, ist demnach ethisch unzulässig.

Zur Orientierung können drei Prinzipien der Umweltethik herangezogen werden, die sich in unterschiedlicher Form auch in den Rechtskörpern vieler Staaten wiederfinden: Das Sicherheitsprinzip, das Vorsorgeprinzip und das Verursacherprinzip. Das Sicherheitsprinzip verlangt, im Zweifel für mögliche negative Umweltauswirkungen deren obere Grenze (das „worst case scenario") anzunehmen. Ein über jeden Zweifel erhabener wissenschaftlicher Nachweis negativer Folgen des Klimawandels ist demnach zum Setzen von Klimaschutzmaßnahmen nicht erforderlich, es genügt vielmehr ein plausibel begründeter Verdacht. Daher sind Zweifel an der anthropogenen Beeinflussung des Klimas nicht als Rechtfertigung von „business as usual" zu akzeptieren. Für die Klimawissenschaft bedeutet dies, dass sie jedenfalls die volle Bandbreite möglicher Auswirkungen darstellen muss, einschließlich eher unwahrscheinlicher aber möglicher „best case" und „worst case" Szenarien, um der Gesellschaft informierte Entscheidungen zu ermöglichen.

S.0.3 Danksagung
S.0.3 Acknowledgements

An der Erstellung des AAR14 haben über 250 Personen mitgewirkt, die im vollständigen Bericht genannt und gewürdigt werden. Sie haben die Basis für die vorliegende Synthese geliefert. An dieser Stelle kann nur insgesamt nochmals allen beitragenden AutorInnen, den LeitautorInnen und Koordinierenden AutorInnen, den Co-Chairs, den ReviewerInnen und den Review EditorInnen, den Mitgliedern des Qualitätsmanagements sowie des Scientific Advisory Board, der Projektmanagerin, dem Sekretariat, den LektorInnen und den LayouterInnen sehr herzlich gedankt werden. Dank gebührt auch allen Institutionen, die durch ihre finanziellen oder in-kind Beiträge diese Arbeit ermöglicht haben, sowie dem Klima- und Energiefonds und dem Fonds zur Förderung der Wissenschaftlichen Forschung für die finanzielle Unterstützung.

S.1 Klimawandel in Österreich: Einflussfaktoren und Ausprägungen
S.1 Climate Change in Austria: Drivers and Manifestations

S.1.1 Das globale Klimasystem und Ursachen des Klimawandels
S.1.1 The global climate system and causes of climate change

Mit Fortschreiten der Industrialisierung sind weltweit deutliche Veränderungen des Klimas zu beobachten. Die Temperatur ist beispielsweise in der Periode seit 1880 im globalen Mittel um fast 1 °C gestiegen. Das Verständnis für die Ursachen dieser Veränderungen ist Voraussetzung für die Abschätzung möglicher zukünftiger Veränderungen.

Das Klimasystem kann als von außen angetriebenes, dynamisches System betrachtet werden, dessen Zustand sich auf Zeitskalen von Jahren bis zu geologischen Zeiträumen ständig „wandelt". Beeinflusst wird das Klima von Subsystemen wie zum Beispiel: der Atmo-, Hydro- oder Biosphäre.

Diese Sphären speichern und tauschen Energie, Wasser, Kohlenstoff und Spurenstoffe aus (Abbildung S. 1.1), Vorgänge, die vielfach als Kreisläufe darstellbar sind. Die Energie zur Aufrechterhaltung aller (Klima-)Prozesse auf Erden liefert die Sonne. Die Sonnenenergie dringt zunächst als solare Strahlung ins Klimasystem ein. Ein großer Teil der von der Erdoberfläche absorbierten Sonnenstrahlung wird als terrestrische Strahlung wieder in die Atmosphäre abgestrahlt, dort teilweise absorbiert und wieder zurückgestrahlt. Das ist die Manifestation des Treibhauseffektes im Klimasystem. Der Rest wird als terrestrische Strahlung in den Weltraum abgestrahlt. Ein verhältnismäßig geringer Teil der auf der Erde absorbierten Energie wird von der Biosphäre aufgenommen, z. B. um Photosynthese zu betreiben. Solare Einstrahlung (Wellenlänge 0,3–3 μm) und terrestrische Ausstrahlung (3–100 μm) halten sich im Mittel über einige Jahre die Waage, wenn sich das Klimasystem im globalen Gleichgewicht befindet.

Wird die terrestrische Ausstrahlung abgeschwächt, z. B. durch Zunahme von strahlungsaktiven Spurengasen wie Kohlendioxid (CO_2), Lachgas, (N_2O), Methan (CH_4), Ozon (O_3), Fluorchlorkohlenwasserstoffe, Schwefelhexafluorid (SF_6) oder Wasserdampf (H_2O), kann das zu einer Nettoenergiezufuhr ins Klimasystem führen.

Neben dem Treibhauseffekt gibt es drei wesentliche Größen, die den Energieaustausch der Erde mit dem Weltraum und somit auch den Strahlungsantrieb und die mittlere Oberflächentemperatur der Erde beeinflussen können:

- Der Strahlungsfluss der Sonne, der den Planeten Erde erreicht. Er unterliegt natürlichen Schwankungen, die aber in den letzten 400 Jahren maximal 0,5 W / m² ausgemacht haben, sehr wenig im Vergleich zum mittleren Wert von 1 361 W / m².
- Schwankungen der Erdbahn-Parameter auf Zeitskalen von mehreren Hunderten bis mehreren Hunderttausenden von Jahren (Milankovic-Theorie).
- Die planetare Albedo, das ist der Anteil der einfallenden Sonnenstrahlung, der von der Erde und ihrer Atmosphäre ohne Absorption reflektiert wird. Die Albedo wird bestimmt durch die Wolken, Ausmaß und Verteilung von Schnee und Eis, die Aerosolpartikel in der Atmosphäre und Art der Landbedeckung bzw. Landnutzung. Änderungen der Albedo in der Größenordnung eines Prozentpunktes haben bereits erheblichen Einfluss auf die Strahlungsbilanz.

Neben dem Energiehaushalt spielt der Wasserhaushalt eine zentrale Rolle. Wasserdampf ist das wichtigste THG, doch sind Antropogene Emissionen von Wasserdampf, im Vergleich zu natürlicher Verdunstung vernachlässigbar. Der mit zunehmender Temperatur steigende Wasserdampfgehalt in der Atmosphäre führt wegen der verstärkten Gegenstrahlung zu

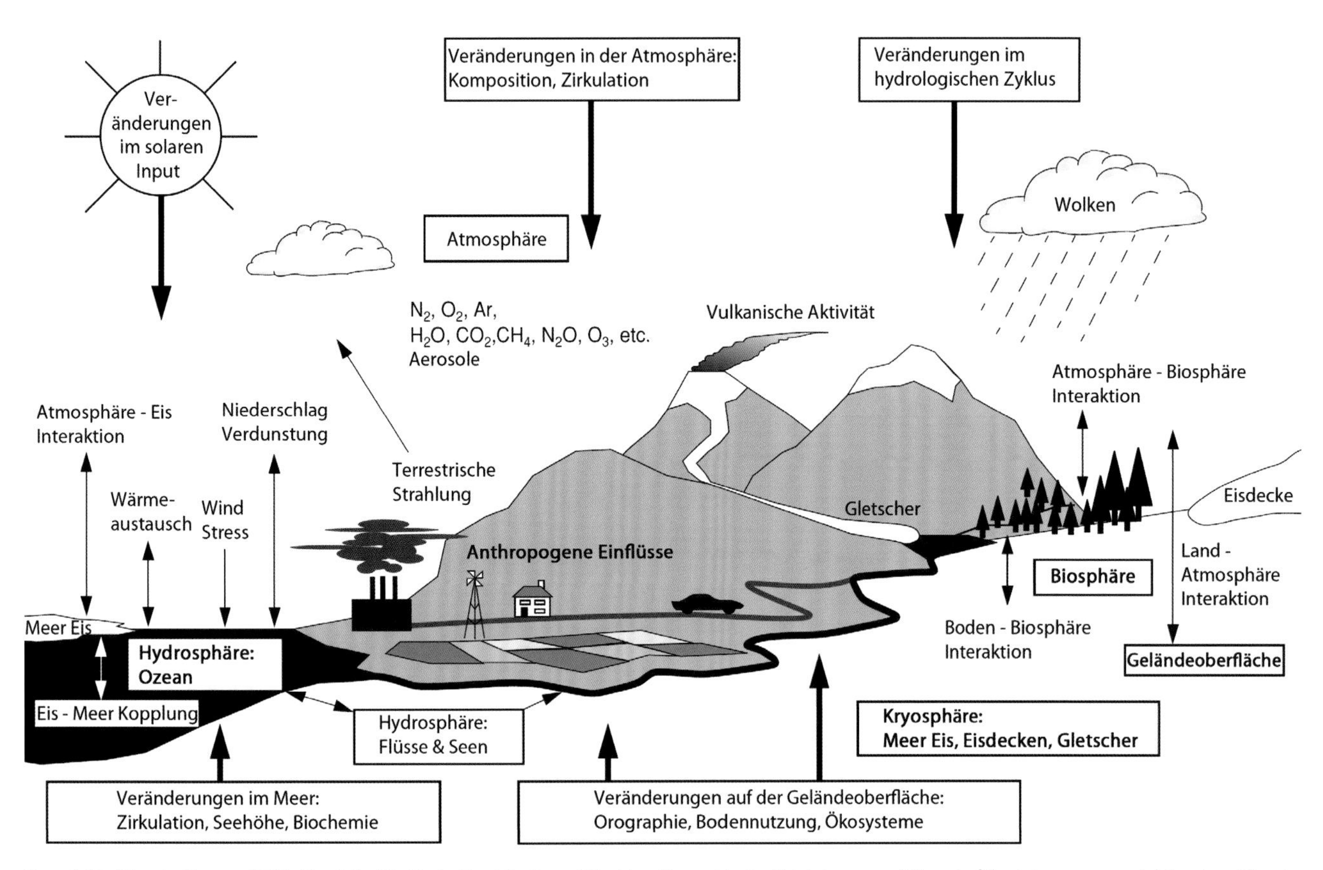

Abbildung S.1.1. Darstellung der Klimasubsysteme (Rechtecke, fett), deren Wechselwirkungen (dünne Pfeile, normaler Text) und einige Aspekte, die sich im Lauf der Jahre ändern (dicke Pfeile). Für die Atmosphäre sind die für den Strahlungshaushalt hauptsächlich relevanten Spurengase und Aerosole aufgezählt. Quelle: Houghton et al. (2001)

Figure S.1.1. Graphical overview over climate subsystems (boxes, bold font), their exchanges (thin arrows, normal font) and some aspects which change (thick arrows). The most relevant trace gases and aerosols are mentioned. Source: Houghton et al. (2001)

einer positiven Rückkoppelung und verstärkt somit die durch langlebigeres THG verursachte Erwärmung. Wegen seiner kurzen Verweildauer in der Troposphäre und der geringe Bedeutung der direkten Emissionen, scheint er in den THG-Bilanzen oft nicht auf.

Zur Erklärung des beobachteten Anstiegs von THG in der Atmosphäre ist die Betrachtung biogeochemischer Kreisläufe notwendig, insbesondere des Kohlenstoffhaushaltes. Er beinhaltet Prozesse wie Photosynthese, Atmung, Speicherung und Respiration im Ozean sowie anthropogene Aktivitäten. Anthropogene Quellen verursachen steigenden atmosphärischen CO_2-Gehalt; dadurch werden auch die natürlichen Senken aktiver, insbesondere tritt vermehrte Photosynthese (mehr Biomasseproduktion) sowie vermehrte Lösung von CO_2 in den Ozeanen (Versauerung der Ozeane) auf.

Der Einfluss des Menschen auf das Klimasystem ist im Detail sehr komplex, jedoch erklären einige wenige Aktivitäten den Großteil der beobachteten Klimaänderungen seit 1880. Dies sind:

1. Verbrennung fossiler Brennstoffe (Kohle, Erdöl, Erdgas) und daraus folgend THG-Emissionen
2. Landnutzungsänderungen (z. B. Abholzung, Aufforstung, Versiegelung) und Landwirtschaft (z. B. Abholzung, Versiegelung, Stickstoffdüngung, Humusabbau, Methanemissionen aus Reisfeldern und den Mägen von Wiederkäuern)
3. Prozessbezogene Emissionen der Industrie (beispielsweise Zement- und Kalkerzeugung, Stahlerzeugung)

Die wichtigste Quelle in den letzten 50 Jahren war die Verbrennung fossiler Energieträger, die sich in diesem Zeitraum mehr als verdreifacht hat. Mit der steigenden CO_2-Konzentration in der Atmosphäre sind auch die natürlichen CO_2-Senken stärker geworden, wobei sie aber die steigende anthropogene CO_2-Zufuhr nicht ausgleichen können. Nach den derzeit aktuellsten Abschätzungen beträgt der anthropogene CO_2-Aus-

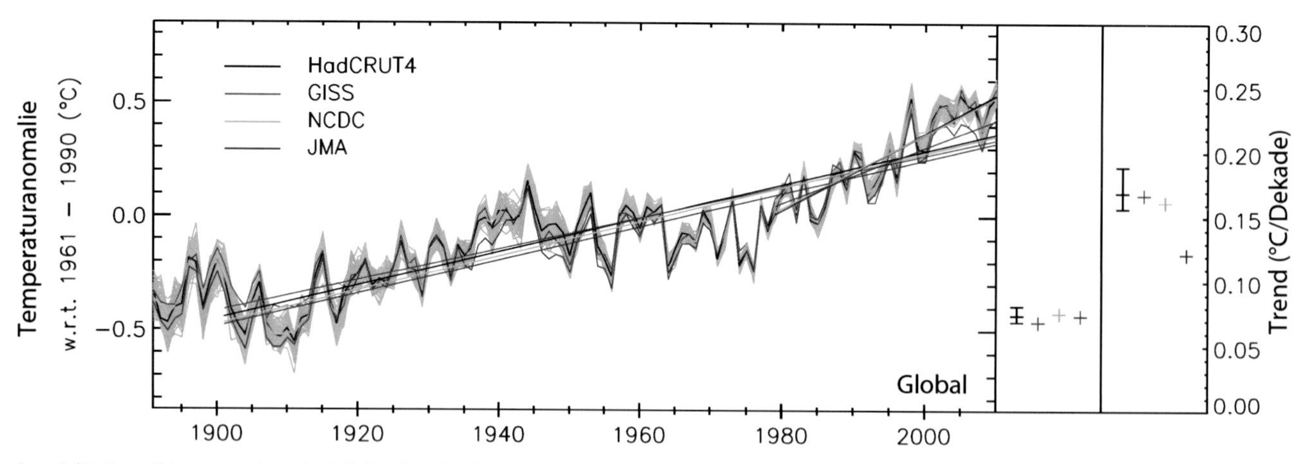

Abbildung S.1.2. Zeitreihen der Abweichung der globalen Oberflächentemperatur vom Mittel der Periode 1961 bis 1990 mit Unsicherheitsbereich, ausgewertet durch vier internationale Forschungsgruppen. Die Trends rechts sind für 1900 bis 2010 sowie 1980 bis 2010 berechnet. Sie sind in allen Fällen statistisch hoch signifikant. Quelle: Morice et al. (2012)

Figure S.1.2. Time-series of global surface temperature anomalies (reference period 1961 to 1990) with uncertainty bounds, calculated by four international research groups. Trends on the right are calculated for 1900 to 2010 and 1980 to 2010, and are statistically highly significant. Source: Morice et al. (2012)

stoß derzeit (2011) in Summe 10,4 ±1,1 Gt C / Jahr, wovon 9,5 ±0,5 Gt C / Jahr auf die Verbrennung von fossilen Treibstoffen sowie Zementproduktion und 0,9 ±0,6 Gt C / Jahr auf Landnutzungsänderungen entfallen. Davon werden nur 2,5 ±0,5 Gt C / Jahr vom Ozean bzw. 2,6 ±0,8 Gt C / Jahr von der Landbiosphäre aufgenommen, während 4,3 ±0,1 Gt C / Jahr in der Atmosphäre verbleiben. Dementsprechend hat der CO_2-Gehalt in der Atmosphäre ca. seit 1959 um etwa 30 % zugenommen.

Diese Zunahme ist einwandfrei messbar und ist eines der wichtigsten Fundamente für die Erkenntnis, dass der anthropogene CO_2-Ausstoß zu einer Zunahme der CO_2-Konzentration führt.

Die gesamten anthropogenen CO_2-Emissionen seit 1870 betrugen etwa 1 470 Gt CO2 (400 Gt C). Der Kohlenstoffgehalt der Atmosphäre insgesamt ist seit 1870 um 840 Gt CO_2 (230 Gt C das sind 39 % gegenüber vorindustrieller Zeit) angestiegen. Das zweitwichtigste anthropogene THG, Methan, hat seine Konzentration seit 1870 sogar mehr als verdoppelt. Der IPCC-Bericht 2013 schätzt den Beitrag aller Formen anthropogenen THGs zum Strahlungsantrieb auf 1,9 W / m^2 ±1 W / m^2.

Der derzeitige Klimawandel äußert sich vor allem in einem Anstieg der globalen Mitteltemperatur, aber auch in der Änderung einer Reihe anderer Parameter wie der Niederschlagsverteilung oder der Verschiebung von Klimazonen. Tendenziell ist eine Verschiebung der Klimazonen polwärts sowie eine Vergrößerung der Trockengebiete feststellbar. Auch die Änderungen in der Kryosphäre (alle Formen von Schnee und Eis) sind dramatisch. Das betrifft einerseits die Gletscherschmelze in den Alpen und anderen Gebirgen aber auch die Schmelze des grönländischen Inlandeises und die Abnahme des Meereises im arktischen Sommer. Die thermische Ausdehnung der Ozeane und Abschmelzen von landgebundenen Gletschern und Eisschilden bewirkt einen Anstieg der Meeresoberfläche und damit eine zunehmende Gefährdung der Küstengebiete; von 1880 bis 2009 ist der Meeresspiegel im globalen Mittel um ca. 20 cm angestiegen.

Vergangene Klimate vor der instrumentellen Periode kann man aus sogenannten Proxydaten rekonstruieren. Dies sind u. a. Fossilien oder Ablagerungen aus früheren erdgeschichtlichen Epochen. Insbesondere aus Isotopenverhältnissen in Tiefseeablagerungen, aber auch aus Eisbohrkernen, kann man auf die damals vorherrschenden Temperaturen schließen. Für das Holozän, die Zeit nach der letzten Kaltzeit, steht noch eine Reihe anderer Proxydaten, wie Jahresringe von Bäumen, Pollen und Korallen zur Verfügung, um nur einige zu nennen.

Das Klima der aktuellen etwa 2,5 Mio. Jahre andauernden erdgeschichtlichen Periode, des Quartärs, war ein Wechselspiel von langen Glazialzeiten („Kaltzeiten") mit globalen Mitteltemperaturen bis zu 6 °C unter heutigen Werten, und kurzen Interglazialzeiten („Warmzeiten"), mit ähnlichen Temperaturen wie heute, gesteuert durch Schwankungen der Erdbahn-Parameter (Form der Erdbahn, Neigung und Orientierung der Rotationsachse der Erde). Innerhalb dieser Rahmenbedingungen leben wir derzeit in einer Warmzeit. Im Holozän

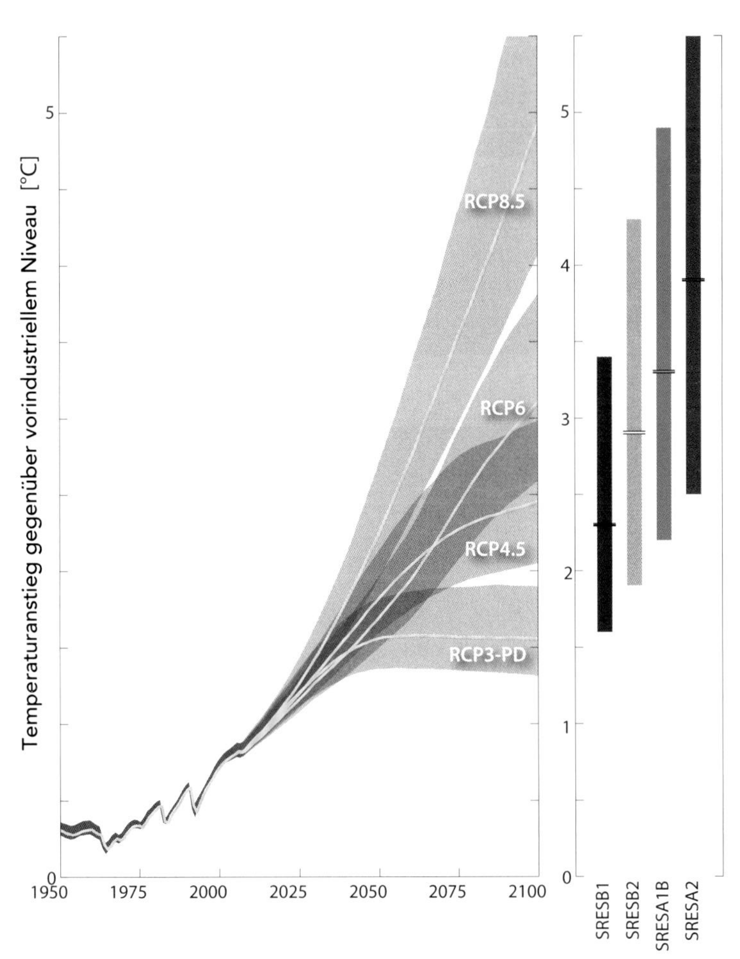

Abbildung S.1.3. Beobachtete und modellierte globale Mitteltemperatur in Bodennähe für den Zeitraum von 1850 bis 2100, angegeben als Abweichung vom Mittelwert der Periode 1980–1999, berechnet mit für vier repräsentative Konzentrationspfade (RCPs). Quelle: Rogelj et al. (2012)

Figure S.1.3. Observed and simulated global average temperatures near the surface for the period 1950–2100, shown as deviations from the mean temperature of 1980-1999, for four representative concentration pathways (RCPs). Source: Rogelj et al. (2012)

in den letzten 11 700 Jahren war das Klima relativ stabil, in den letzten 2 000 Jahren hat es erwähnenswerte warme Phasen (um 1 000 n. Chr.) und kalte Phasen (17. Jahrhundert und um 1850) gegeben.

Seit ca. 1850 steigt die Temperatur global an, wobei sich der Anstieg in den letzten Jahrzehnten sowohl nach den Proxydaten als auch nach instrumentell gewonnenen Daten tendenziell beschleunigt hat. Die Erwärmungsrate war insbesondere in den letzten Jahrzehnten des 20. Jahrhunderts verglichen mit den früheren Klimaschwankungen im Holozän dramatisch. Der nun beobachtete rasche Anstieg in den letzten 100 Jahren um etwa 1 °C (siehe Abbildung S.1.2) ist erdgeschichtlich nicht extrem, allerdings ist er zum ersten Mal durch anthropogene Aktivitäten verursacht und es ist erst der Beginn einer zu erwartenden noch wesentlich stärkeren Erwärmung.

Auf Basis der vorhandenen Beobachtungen, der modellmäßigen Rekonstruktion der Vergangenheit (Reanalysen) und ausgeklügelten statistischen Verfahren, den sogenannten Fingerprint-Methoden sowie Klimasimulationen, kann der anthropogene Einfluss auf das derzeitige Klima ermittelt werden.

Aus diesem Nachweis folgt unmittelbar, dass auch die zukünftige Klimaentwicklung maßgeblich von den weltweiten sozioökonomischen Entwicklungen beeinflusst werden wird. Dabei sind sehr verschiedene Entwicklungspfade denkbar, die von schwer vorhersagbaren Parametern wie der Bevölkerungs- und Wirtschaftsentwicklung, dem Einsatz und der Entwicklung von emissionsmindernden Technologien, Rohstoffverfügbarkeiten und politischen Entscheidungen abhängen. Damit unterliegt die zukünftige Klimaentwicklung auch menschlichen Entscheidungen.

Für den 5. IPCC-Sachstandsbericht wurden vier so genannte „Representative Concentration Pathways" (RCP, „repräsentative Konzentrationspfade") entwickelt, welche die Grundlage für Klimaprojektionen bilden. Die einzelnen Pfade geben unterschiedliche Verläufe von THG-Emissionen vor, die im Jahr 2100 zu Werten des Strahlungsantriebs in einem Bereich von 2,6 (RCP2.6) bis 8,5 W/m^2 (RCP8.5) führen (Band 1, Kapitel 1), die alle zur Stabilsierung des Strahlungsantriebes auf verschiedenen Niveaus und mit unterschiedlichem Zeithorizont führen.

Mit Erdsystem-Simulationsmodellen (eine Weiterentwicklung der globalen Klimamodelle) wurden auf Basis der RCP-Emissionspfade u. a. Temperatur-, Druck- und Niederschlagsänderungen berechnet. Die globale Mitteltemperatur in Bodennähe dient der allgemeinen Beschreibung der anthropogenen Erwärmung der Erdatmosphäre. Sie ist Sinnbild und zugleich wertvoller Indikator für die Klimaänderung insgesamt. Das international akkordierte politische Ziel von maximal 2 °C Erwärmung gegenüber dem vorindustriellen Temperaturniveau wird, wie Abbildung S. 1.3 zeigt, nur im ehrgeizigsten Konzentrationspfad (RCP2.6) erreicht. Die maximalen Werte des globalen Strahlungsantriebs werden im RCP2.6 vor dem Jahr 2050 erreicht, im RCP4.5 tritt eine Stabilisierung ab ca. 2080 und im RCP6.0 ab ca. 2150 ein. Dennoch kommt es auch nach diesen Zeitpunkten zu einem Temperaturanstieg, was an der Trägheit des Klimasystems und insbesondere der Ozeane liegt. Größere Unterschiede zwischen den Szenarien treten erst ab ca. Mitte des 21. Jahrhunderts auf.

Die vor dem 5. Sachstandsbericht des IPCC gebräuchlichen SRES-Szenarien liegen noch zahlreichen regionalen Klimastudien und fast allen Klimafolgenstudien zugrunde und finden sich daher vielfach in den weiteren Ausführungen. Vergleicht man den Temperaturanstieg zu Ende des Jahrhunderts, so entspricht dem extremen RCP8.5 etwa das SRES A1F1 Szenario, RCP6.0 entspricht etwa SRES B2 und RCP4.5 etwa SRES B1. Das häufig verwendete SRES A2 Szenario liegt nahe beim RCP8.5. Ein dem 2 °C Ziel entsprechendes SRES Szenario analog zu RCP2.6 war in der SRES Gruppe nicht vorgesehen. Die SRES-Szenarien hatten entsprechend den damaligen Vorgaben des IPCC keine Minderungsmaßnahmen und daher auch keine Stabilisierung vorgesehen. Das von den neuen RCPs aufgespannte Feld möglicher Entwicklungen im 21. Jahrhundert ist also breiter als jenes der SRES-Szenarien.

S.1.2 Emissionen, Senken und Konzentrationen von THG-en und Aerosolen

S.1.2 Emissions, Sinks and Concentrations of Greenhous Gases and Aerosols

Österreich setzte 2010 THG im Ausmaß von fast 81 Mt CO_2-Äq. (81 000 Gg[1] CO_2-Äq.)[2] frei, das sind etwa 0,17 % der weltweiten Emissionen[3]. Österreich liegt mit 9,7 t CO_2-Äq. / Kopf und Jahr etwas höher als der EU-Schnitt von 8,8 t CO_2-Äq. und deutlich höher als jener der Schweiz mit 6,9 t CO_2-Äq., aber deutlich niedriger als etwa die USA (18,4 t CO_2-Äq.). Entgegen der im Kyoto-Protokoll eingegangenen Verpflichtung Österreichs, die THG-Emissionen zwischen 1990 und 2010 um 13 % zu reduzieren, lagen die Emissionen 2010 – unter Berücksichtigung der Abnehmenden Kohlenstoff senken – um fast 19 % über denen von 1990 (siehe Abbildung S. 1.4)

Die Nutzung **fossiler Energieträger** verursacht den größten Teil der nationalen THG-Emissionen: insgesamt fast 63 Mt CO_2-Emissionen im Jahr 2010 (78% der gesamten THG-Emissionen des Landes). Darin entfallen – bezogen jeweils auf die gesamten THG-Emissionen Österreichs – mehr als 17 % auf energetische Umwandlung (Kraftwerke, Raffinerie, Kokerei), fast 20 % auf die energetische Verwendung in der Industrie, ca. 13 % auf Raumwärmeerzeugung (9 % in Haushalten) und der größte Teil der übrigen Emissionen (über 27 %) auf den Verkehr. CH_4 und N_2O entstehen als unerwünschte Verbrennungsprodukte, allerdings in geringem Umfang. Im Bereich Verkehr wird fast ausschließlich CO_2 emittiert, der Anteil von N_2O beträgt nur 1,2 % und von CH_4 nur weniger als 0,1 % der THG-Emissionen.

Im Jahr 2010 waren **Industrieprozesse** mit 13 % (insgesamt 11 Mt CO_2-Äq.) nach den energetischen Emissionen der wesentlichste Verursacher der österreichischen THG-Emissionen. Die diesem Bereich zugeordneten Emissionen beinhalten nur die prozessbedingten Emissionen (Prozesse in der industriellen Produktion, bei denen THG freigesetzt wird), die energetischen Emissionen werden den energetischen Umwandlungen zugerechnet (siehe voriger Absatz). Die Prozessemissionen gliedern sich wie folgt: Mit 5,5 Mt CO_2 (2010) umfasst die Eisen- und Stahlproduktion etwa 6,5 % der österreichischen THG-Emissionen. Die Produktion von Ammoniak aus Erdgas führt zu 540 kt CO_2. Emissionen von N_2O, das bei der Produktion von Salpetersäure als Nebenprodukt der Oxidation von Ammoniak entsteht, lagen im Jahr 2010 nur mehr bei 64 kt CO_2-Äq, da die einzige österreichische Anlage seit 2004 mit Vorrichtungen zur katalytischen Reduktion des entstehenden N_2O ausgestattet ist. Bei der Zementprodukti-

[1] 1 Gg = 10^9 g, entspricht 1 kt (Tausend Tonnen) und 1 Tg = 10^{12} g = 1 Mt (Million Tonnen)

[2] Alle Angaben über THG werden unter Berücksichtigung ihres „global warming potential" (GWP) angeführt. Das GWP gibt das globale Erwärmungspotential einer Substanz über 100 Jahre im Verhältnis zu CO_2 wieder und erlaubt so, THG in CO_2-Äquivalente umzurechnen und dann in ihrer Gesamtheit zu betrachten. Das GWP für CO_2 ist definitionsgemäß gleich 1. Hier werden gemäß IPCC (1996) und den verpflichtenden Emissionsberichten an die UNFCCC (United Nations Framework Convention on Climate Change) Werte von 21 für CH_4 (d. h. 1 kg CH_4 wirkt so stark wie 21 kg CO_2), 310 für N_2O und je nach fluorierter Verbindung zwischen 140 und 23 900 verwendet.

[3] Natürliche biogeochemische Kreisläufe sind nicht berücksichtigt, da sie als konstanter Hintergrund betrachtet werden. Alle angegebenen Emissionszahlen beziehen sich auf das Jahr 2010.

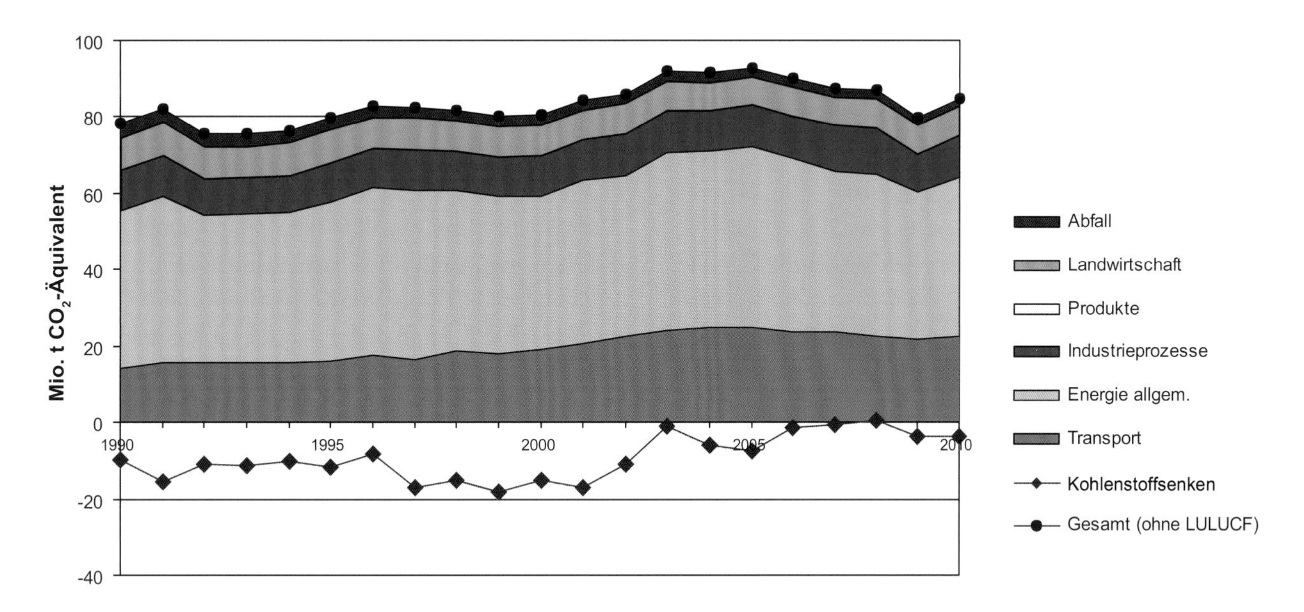

Abbildung S.1.4. Offiziell berichtete THG-Emissionen Österreichs (nach IPCC Quellsektoren mit gesondert ausgewiesen Emissionen des Transports). Die weitgehend unter der Nulllinie liegende Kurve gibt die „Kohlenstoffsenken" wieder. In den letzten Jahren war diese Senke deutlich geringer bzw. in manchen Jahren gar nicht mehr vorhanden. Dies war vor allem eine Folge höherer Holzeinschläge; auch Veränderungen in der Erfassungsmethode trugen zu diesem Ergebnis bei;. Quelle: Anderl et al. (2012)

Figure S.1.4. Officially reported greenhouse gas emissions in Austria (according to the IPCC source sectors with especially defined emissions for the Transport sector). The brown line that is mainly below the zero line represents carbon sinks. The sector "Land use and land use change" (LULUCF) represents a sink for carbon and is therefore depicted below the zero line. In recent years, this sink was significantly smaller and no longer present in some years. This was mainly a result of higher felling; and changes to the survey methods contributed to this as well. Source: Anderl et al. (2012)

on wird beim Erhitzen von Karbonatgestein CO_2 freigesetzt, was für 2010 immerhin 1,6 Mt CO_2 oder fast 2 % der gesamten österreichischen THG-Emissionen ausmacht. Die Kalkproduktion führt zu 574 kt CO_2. Magnesium-Sinterung und „Kalkstein- und Dolomitverbrauch" tragen jeweils ca. 300 kt CO_2 bei, wobei letztere Zuschlagsstoffe im Hochofenprozess darstellen.

Die Emissionen von **fluorierten Gasen** (Fluorkohlenwasserstoffe, F-Gase) werden ebenfalls primär den industriellen Prozessen zugeordnet. F-Gase weisen eine hohe Klimawirksamkeit auf, da sie atmosphärische Verweilzeiten bis zu mehreren hundert Jahren besitzen. Der Sektor mit der größten Zunahme von F-Gasen ist der Kälte- und Kühlmittelbereich, der stationäre und mobile Kühlgeräte, Klimaanlagen und Wärmepumpen umfasst. Ab 2011 dürfen nach einer europäischen Richtlinie nur noch F-Gase mit einem GWP kleiner als 150 eingesetzt werden. Die Verwendung von F-Gasen in anderen Anwendungsbereichen (ausgenommen als Löschmittel und in elektrischen Schaltanlagen) ist rückläufig, allerdings kommt es noch zu Emissionen aus Restbeständen bzw. Altgeräten.

Im Bereich **Landwirtschaft** gibt es bedeutende Emissionen von CH_4 und N_2O, die aus der Wiederkäuerverdauung, dem Management von Wirtschaftsdünger und den Böden stammen (die Emissionen aus dem Energieeinsatz der Landwirtschaft hingegen werden im Bereich Energie verbucht). Die Landwirtschaft war im Jahr 2010 mit 7,5 Mt CO_2-Äq für 8,8 % der österreichischen THG-Emissionen verantwortlich. Die wichtigsten Quellen landwirtschaftlicher THG-Emissionen im Jahr 2010 stellen mit einem Anteil an den gesamten österreichischen THG-Emissionen von 3,9 % die direkten verdauungsbedingten CH_4-Emissionen aus der Viehhaltung sowie mit 0,4 % die CH_4-Emissionen aus dem Wirtschaftsdüngermanagement dar, bei dem auch N_2O freigesetzt wird, das 1 % zu den österreichischen Emissionen beiträgt. Einen herausragenden Beitrag stellen die N_2O-Emissionen (3,4 % im Jahr 2010) aus der Bewirtschaftung landwirtschaftlicher Böden dar. Wälder zeigen in der Regel geringere N_2O-Emissionsraten als landwirtschaftliche Flächen, jedoch ist ihr Anteil an den Gesamtemissionen wegen der großen Waldfläche in Österreich bedeutsam. Die Ermittlung von N_2O-Bilanzen von der Landschaftsebene bis hin zur kontinentalen Ebene ist nach wie vor eine ungelöste Herausforderung.

Biomasse, insbesondere das Holz in Wäldern, ist ein beträchtlicher Speicher für Kohlenstoff. Traditionell wuchs dieser Speicher in Österreich, die **Wald-Biomasse stellte daher in der Vergangenheit in den meisten Jahren eine beträcht-**

liche CO_2-Senke dar; die Sequestrierung ist allerdings in den letzten Jahren zurückgegangen bzw. in manchen Jahren ganz zum Erliegen gekommen. Österreich verfügt über fast 4 Mio. ha Wald (47,6 % der Landesfläche) und damit über einen großen Kohlenstoffvorrat (1990: 1 243 ±154 Mt CO_2 oder 339 ±42 Mt C in der Biomasse und 1 698 ±678 Mt CO_2 oder 463 ±185 Mt C im Boden), der dank nachhaltiger Waldbewirtschaftung erhalten wird. Die Waldfläche nimmt seit den 1960er Jahren in allen Höhenlagen zu, am stärksten in den Hochlagen über 1 800 m Seehöhe. Als Folge des Klimawandels (Verlängerung der Vegetationsperiode), der Verbesserung der Waldernährung (atmosphärische Einträge von Stickstoff) und der Optimierung der Waldbewirtschaftung befindet sich der Holzvorrat auf einem Rekordniveau (2007 / 09 1 135 Mio. Vorratsfestmeter). Durch die Erhöhung des Holzeinschlages und der Entnahme besonders wüchsiger Bestände ist allerdings die durchschnittliche Produktivität leicht rückläufig.

Im Sektor **Abfallwirtschaft** hat die Deponierung von Müll aufgrund der freigesetzten Deponiegase (CH_4 und CO_2, aber auch FCKWs und N_2O) einen nicht vernachlässigbaren Anteil an den THG-Emissionen. THG entsteht auch bei Müllverbrennungsanlagen sowie im Bereich von Kläranlagen. Die Verhinderung der Emission von CH_4, das aus anaeroben Umwandlungsprozessen von biologisch abbaubaren Kohlenstoffverbindungen resultiert, stellt eine vordringliche Maßnahme für den nachhaltigen Klimaschutz in der Abfallwirtschaft dar.

Modellierungen der THG-Emissionen für den Bereich Restmüllbehandlung ergaben für 2006 einen Anteil an den österreichischen CO_2- und CH_4-Emissionen (84 220 kt CO_2-Äq.) mit ca. 1 250 kt CO_2-Äq. von rund 1,5 %. Im Vergleich zu 1990 war eine stete Abnahme der sektoralen Emissionen durch Emissionsverminderungen bei der Mülldeponierung von ursprünglich 2 030 kt CO_2-Äq. zu verzeichnen, dies entspricht einem Rückgang um mehr als 38 %. Damit sanken die sektoralen spezifischen Emissionen um ca. 18 % auf 0,89 Mg CO_2-Äq. / Tonne Restmüll.

Wenige Sektoren reichen aus, die Zunahme der Gesamtemissionen seit 1990 zu erklären. Zu Zunahmen kam es vor allem im Sektor Transport, die zum Teil auf Kraftstoffexport im Tank (Tanktourismus) zurückgeführt werden können: Wegen des niedrigeren Preises in Österreich gekauften Treibstoffs wird von durchfahrenden LKWs (aber auch PKWs) überproportional in Österreich getankt (und damit Österreichs Emissionen zugerechnet), obwohl die damit ermöglichte Fahrleistung auch im Ausland erbracht wird. Der Anteil dieses Treibstoffexports wird auf bis zu 30 % der verkehrsbedingten CO_2-Emissionen geschätzt, allerdings sind diese Schätzungen mit großen Unsicherheiten verbunden. Die Treibstoffpreise sind in Österreich seit den 1990er Jahren niedriger als in den wichtigsten Nachbarländern. Umgekehrt sind Kohlenstoffsenken verloren gegangen: Die in den 1990er-Jahren aktive Kohlenstoffsenke Wald verliert ab etwa 2003 an Wirksamkeit, da aufgrund verbesserter forstlicher Nutzung die Biomasse im Wald sich nicht weiter akkumuliert (Abbildung S. 1.4).

Die **Konzentration von atmosphärischem CO_2** wird seit 1999 und seit 2012 auch die **Konzentration von CH_4** im Rahmen des Global Atmosphere Watch-(GAW-)Programmes der WMO am Hohen Sonnblick (3 106 m Seehöhe) gemessen. Die Konzentration von CO_2 ist im Winter aufgrund höherer Emissionen und geringerer Aufnahme durch Pflanzen höher als im Sommer. Die Jahresmittelwerte stiegen kontinuierlich von 369 ppm (2001) auf 388 ppm (2009) an (Abbildung S. 1.5). Auch die **Ozonsäule** wird am Sonnblick seit 1994 bestimmt. Bei Vergleichen mit in Arosa gemessenen Werten zeigt sich eine gute Übereinstimmung (±4 Dobson Units). An beiden Messstellen gibt es große Schwankungen von Jahr zu Jahr, die durch meteorologische Einflüsse erklärbar sind.

Inventuren der Freisetzung von Feinstaub (Particulate Matter, PM) wurden vor allem wegen der gesundheitlichen Auswirkungen von PM entwickelt, können aber gemeinsam mit Wissen über die chemischen und physikalischen Eigenschaften der emittierten Partikel auch als Basis für Berechnungen von klimarelevanten Parametern von Aerosolen herangezogen werden. Die PM Inventur Österreichs ermittelt Emissionen von Primäraerosolen, d. h. direkte Partikelemissionen in die Atmosphäre, nicht jedoch Partikel, die mittels atmosphärischer chemischer Reaktionen aus gasförmigen Substanzen entstehen und an Partikeln kondensiertem Materials.

Verkehrsemissionen, insgesamt ca. 44 % der PM2.5[4] Emissionen, umfassen Verbrennungsprodukte vor allem von Dieselmotoren, hauptsächlich Dieselruß und in geringerem Maße von aufgewirbeltem Straßenstaub.

Die **Emissionen der Kleinverbraucher** (etwa 30 % der PM2.5 Emissionen) beinhalten vorwiegend Emissionen aus Heizungen mit Festbrennstoffen, insbesondere Holz, da Kohle als Energieträger kaum noch eingesetzt wird. Relevant sind vor allem alte Heizanlagen und Einzelöfen, die ob ihrer langen Lebensdauer auch noch länger relevant bleiben werden. Bei Emissionen aus dem **Hausbrand** ist elementarer Kohlenstoff (EC; Ruß), ein besonders klimawirksamer Bestandteil des Aerosols, eine bedeutende Komponente. Die Emissionen z. B. eines typischen österreichischen Kachelofens für unterschiedliche Holzarten und Holzbriketts enthalten 9,8 % (Lärchenscheit-

[4] PM2.5 sind Teilchen mit aerodynamischen Durchmessern kleiner als 2,5 Mikrometer.

holz) bzw. 31 % (Weichholz. B.iketts) EC. Emissionsfaktoren für unterschiedliche Biomasse-Feuerungssysteme wurden im Labor unter verschiedenen praxisnahen Betriebsbedingungen bestimmt. Moderne mit Biomasse befeuerte Heizsysteme bedingen demnach sehr geringe, die noch verbreitet im Einsatz befindlichen Einzelöfen und Scheitholzkessel jedoch erhebliche Rußemissionen, die die Vorteile der Vermeidung fossiler CO_2-Emissionen wegen den absorbierenden und somit klimawirksamen Eigenschaften von Ruß wieder verringern können.

Die **Partikelneubildung** (Nukleation) in der Atmosphäre ist ein wichtiger Parameter für die Klimarelevanz von Aerosolen, wobei in der Atmosphäre durch meist photochemische Reaktionen von Vorläufergasen (z. B. NH_3, NO_x, SO_2, flüchtige organische Verbindungen, VOC) **sekundäre anorganische** (meist Sulfate, Nitrate) und **sekundäre organische Aerosole** (SOA) entstehen. Eine Abschätzung der Menge an Sekundäraerosol, das aus den Vorläufergasen gebildet wird, liegt für Österreich nicht vor.

Eine besondere Bedeutung kommt **sekundären organischen Aerosolen (SOA)** zu, die derzeit intensiv erforscht werden. Durch den Ferntransport von Vorläufergasen kann es zu erhöhten Konzentrationen von O_3 und Aerosolpartikeln in quellfernen Gegenden kommen.

Die von den öffentlichen Messnetzen erfassten Massenkonzentrationen von Aerosolen alleine lassen keinen Schluss auf die Klimarelevanz der Aerosole zu, sie können jedoch gemeinsam mit anderen Parametern (wetterlagentypische Größenverteilung; chemische Zusammensetzung) dazu dienen, Hinweise auf klimarelevante Aerosoleigenschaften zu liefern. Die atmosphärischen Konzentrationen von Aerosolen sind einerseits von den Emissionen (siehe oben), andererseits von den meteorologischen Verhältnissen bzw. den Ausbreitungsbedingungen abhängig.

Die **chemische Zusammensetzung** des atmosphärischen Aerosols, die auch seine klimarelevanten Parameter über den Brechungsindex und die Hygroskopizität der Partikel beeinflusst, gibt Auskunft über Quellen und chemische Umwandlungen in der Atmosphäre. In Österreich wurden mit Hilfe eines „Makro-Tracer"-Modells die Quellen Straßenstaub und Auftausalz, anorganisches Sekundäraerosol, Holzverbrennung und der Kfz-Verkehr als wichtigste **Aerosolquellen** identifiziert, wobei der relative Beitrag der einzelnen Quellen regional und zeitlich variabel ist. Der Beitrag von **Holzrauch** zum organischen Kohlenstoff (OC) im Aerosol lag zwischen einem Drittel und 70 %, der Beitrag zu PM10 zwischen 7 und 23 %. „**Brauner Kohlenstoff**" (BrC) aus Biomassefeuern kann unter bestimmten Bedingungen Ruß aus den üblichen Verkehrsquellen deutlich übersteigen.

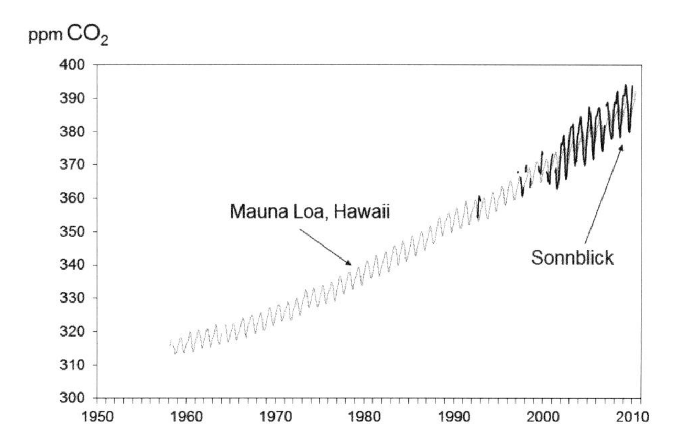

Abbildung S.1.5. CO_2-Zeitreihen am Sonnblick (schwarze Linie) im Vergleich zu den Messungen auf Mauna Loa (graue Linie) für die letzten ca. 50 Jahre. Quelle: Böhm et al. (2011)

Figure S.1.5. Time series of CO_2 at Sonnblick Observatory (black line) in comparison with the measurements at Mauna Loa Observatory (grey line) for the last 50 years. Source: Böhm et al. (2011)

Das Sonnblick Observatorium in 3106 m Seehöhe ist eine wichtige Hintergrundmessstelle für Aerosole und Gase in Österreich. Messungen der chemischen Zusammensetzung des Aerosols zeigen die Änderungen über die letzten 20 Jahre sowie die Unterschiede zwischen dem Aerosol der freien Troposphäre (Winter) und dem der bodennahen Schichten (Sommer; Abbildung S. 1.6). Ferntransport von Luftmassen (z. B. Saharastaub) kann während des gesamten Jahres beobachtet werden. Das Aerosol am Sonnblick wurde auch hinsichtlich seiner Wechselwirkung mit Wolken untersucht. Die „**scavenging efficiency**" von Ruß (d. h. der Anteil, der in den Tropfen zu finden ist) ist geringer als die von Sulfat (im Mittel 54 % gegenüber 78 % auf der Rax in 1680 m Seehöhe), jedoch gelangt auf diese Weise ein nicht vernachlässigbarer Teil des Rußes ins Wolkenwasser, wo er die Strahlungseigenschaften der Wolke beeinflussen kann. Der **direkte** Effekt des Aerosols ergab für 90 % relative Feuchte einen **Strahlungsantrieb** zwischen +0,16 W/m^2 (Boden: alter Schnee) und +11,63 W/m^2 (Boden: frischer Schnee).

Seit 2005 wird am Sonnblick auch **Kohlenstoff im Aerosol** kontinuierlich bestimmt, der ähnliche Jahresgänge und Konzentrationen aufweist wie Sulfat. Organisches Material (OM) trägt den größten Beitrag zum Gesamtkohlenstoff (TC) bei. Etwa 10 % des OM kann auf Holzverbrennung zurückgeführt werden (Sommer: 4 %, Winter: 23 %).

Wegen des indirekten Effekts des Aerosols auf die Strahlungsbilanz ist Wissen über Wolkenbildungsprozesse und **Wolkenkondensationskerne** (CCN) von hoher Bedeutung. CCN wurden in Österreich an mehreren Stellen gemessen (z. B. Rax, Sonnblick, Wien). Aus den Langzeitmessungen von

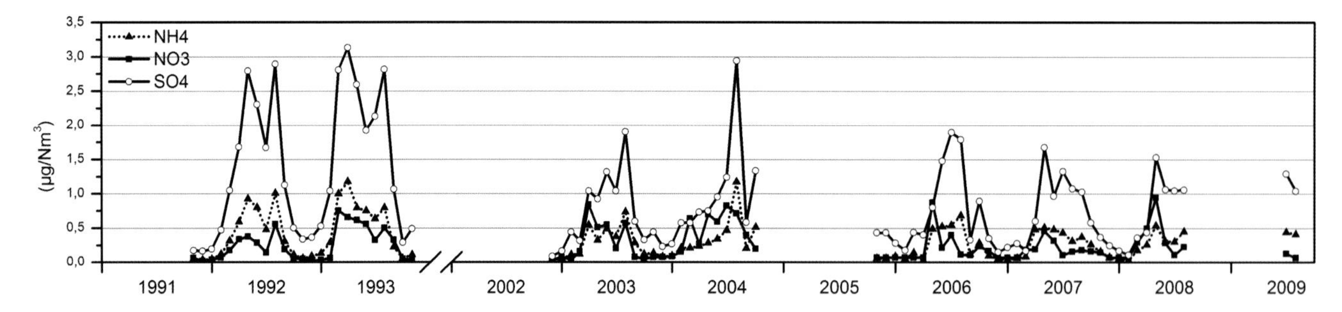

Abbildung S.1.6. Zeitverlauf der Monatsmittelwerte für partikelförmiges Sulfat (SO_4), Nitrat (NO_3) und Ammonium (NH_4) am Sonnblick Observatorium für die Jahre 1991 bis 2009. Datenquellen: Kasper und Puxbaum (1998); Sanchez-Ochoa und Kasper-Giebl (2005); Effenberger et al. (2008)

Figure S.1.6. Temporal variation of monthly mean values of particulate sulphate, nitrate and ammonium at the Sonnblick Observatory from 1991 to 2009. Sources: Kasper and Puxbaum (1998); Sanchez-Ochoa and Kapser-Giebl (2005); Effenberger et al. (2008)

CCN in Wien ergibt sich, dass die CCN-Konzentrationen (bei 0,5 % Übersättigung) zwischen 160 cm^3 und 3 600 cm^3 mit einem Mittelwert von 820 cm^3 liegen. Saisonale Schwankungen wurden nicht beobachtet, jedoch zeigt die CCN-Konzentration große Schwankungen, die durch unterschiedliche meteorologische Situationen gegeben sind (stabile Wetterlagen, Frontdurchgänge).

Insgesamt stellen die Einflüsse von Aerosolen auf das Klima wegen der komplexen Prozesse und Wechselwirkungen eine beträchtliche wissenschaftliche Herausforderung dar. Sie sind der größte Unsicherheitsfaktor bei der Schätzung des Strahlungsantriebes.

S.1.3 Klimaänderung in der Vergangenheit
S.1.3 Historic Climate Changes

Um den aktuellen Klimawandel einordnen zu können, werden die natürlichen Klimaänderungen beschrieben, die für die aktuelle erdgeschichtliche Periode – das Quartär (=Pleistozän und Holozän) – maßgeblich sind. Bei der Interpretation dieser Klimaentwicklungen ist zu berücksichtigen, dass die Relevanz von Klimaänderungen für den Menschen wesentlich von dessen Zahl und Lebensweise abhängt. So waren die Menschen im Pleistozän z. B. noch nicht sesshaft und ihre Zahl lag bei etwa 1 % der heutigen.

Das Pleistozän begann vor 2,6 Mio. Jahren und endete vor 11 700 Jahren, es war geprägt durch ein Wechselspiel von langen Glazialzeiten („Kaltzeiten") und kurzen Interglazialzeiten („Warmzeiten"), gesteuert durch die orbitalen Schwankungen der Erde (Form der Erdbahn, Neigung und Orientierung der Rotationsachse der Erde). Die Glazialzeiten waren durch ein Klima von enormer Variabilität gekennzeichnet, das in keinem Vergleich zu den Klimaschwankungen des Holozäns steht. Die aus den Eisbohrkernen Grönlands bekannten Dansgaard-Oeschger Ereignisse (Wechsel zwischen sehr kalten Stadialen und – vergleichsweise – warmen Interstadialen) hatten ihren Ursprung in den Instabilitäten der großen Eisschilde und deren Interaktion mit der Tiefenwasserströmung im Atlantik. Sie prägten auch im Alpenraum das dominante Klimamuster. Dies unterstreicht die Synchronität des hochfrequenten glazialen Klimawandels auf überregionaler Ebene. In den kältesten Phasen der Glaziale (den Stadialen) herrschten auch im Alpenvorland arktische Klima-Bedingungen mit sehr kalten Wintern. Die Erwärmungsphasen gingen mit einer sprunghaften Abnahme der Saisonalität (mildere Winter) einher, waren aber beginnend vor ca. 75 000 Jahren zu schwach, um eine ausgedehnte Wiederbewaldung in Österreich zu erlauben. Gegen Ende des letzten Glazials (Würm) begann vor etwa 30 000 Jahren der jüngste eiszeitliche Gletschervorstoß bis über den Alpenrand hinaus. Verlässliche Paläoklimadaten dieser Zeit fehlen bislang für die Alpen; man geht jedoch von einer Jahresmitteltemperatur um mindestens 10 °C unter jener des Holozän aus, verbunden mit einer ausgeprägten Abnahme des Niederschlags gegen Osten hin.

Vor 19 000 Jahren zerfielen die Gletscher im Alpenvorland und in den großen Alpentälern rasch. Eine Reihe von regionalen und lokalen Gletschervorstößen, vornehmlich in den größeren Seitentälern, erfolgte im Einklang mit der Klimaentwicklung im nordatlantisch-europäischen Bereich. Vor ca. 16 500 Jahren war der Niederschlag im zentralen Alpenraum auf etwa die Hälfte bis ein Drittel der heutigen Werte verringert und die Sommertemperatur lag rund 10 °C unter den heutigen Werten. Die Ablationsperiode dauerte an der Schneegrenze der damaligen Gletscher nur etwa 50 Tage, also etwa die Hälfte der gegenwärtigen Dauer. Die Winter waren sehr kalt und trocken und vergleichbar denen in der heutigen kanadischen Arktis. Vor 14700 Jahren begann innerhalb weniger Jahrzehnte eine Zeit mit deutlich günstigeren interstadialen Bedingungen, in die die Wiederausbreitung der Wälder in den nordalpinen Tälern und Vorländern fällt. Vor 12900 Jahren begann der massive Klimarückschlag der Jüngeren Dryas, der letzten großen Kaltphase auf der Nordhalbkugel, die wiederum innerhalb weniger Jahrzehnte vor 11700 Jahren endete. In den Alpen war sie durch bedeutende Gletschervorstöße in den oberen Talbereichen, durch eine deutliche Absenkung der Waldgrenze und eine erhöhte geomorphologische Aktivität durch Permafrost in den unvergletscherten Gebieten gekennzeichnet. Die Schneegrenze lag 300–500 m tiefer als während der Mitte des 20. Jahrhunderts, die Untergrenze des Permafrostes lag mindestens 600 m tiefer. Die Sommertemperatur war etwa 3,5 °C niedriger als zur Mitte des 20. Jahrhunderts, die Jahrestemperatur war noch stärker reduziert. Die Niederschlagssummen waren in den Zentralalpen etwa 20–30 % niedriger als heute, während der Außensaum der Alpen möglicherweise feuchter als heute war.

Klima im Holozän. Die ersten Jahrhunderte des Holozäns waren noch durch Gletschervorstöße gekennzeichnet, die deutlich weitreichender als am Höhepunkt der „Kleinen Eiszeit" waren, der Permafrost konnte bis zu 200 m tiefer als heute existieren. Gegenüber dem 20. Jahrhundert waren die Sommertemperaturen im frühesten Holozän etwa 1,5–2 °C tiefer, während die Niederschlagssummen etwa in der heutigen Größenordnung gewesen sein dürften. Eine Auswahl an Rekonstruktionen von Klimagrößen aus Proxydaten findet sich in Abbildung S.1.7.

Dem kühlen Beginn des Holozäns folgte eine deutliche Erwärmung. Nach Rekonstruktionen aus verschiedenen Klimaarchiven Österreichs lagen die Temperaturwerte in den ersten zwei Dritteln des Holozäns meist über dem Mittel des 20. Jahrhunderts. Die Proxy-Daten zeigen als übereinstimmendes Merkmal weiters eine langfristige Temperaturabnahme von etwa 2 °C von den früh- bis mittelholozänen Maxima (bis vor ca. 7000 Jahren) bis in die vorindustrielle Zeit. Unbestrittene Ursache für diesen Abkühlungstrend ist die Abnahme der Sonneneinstrahlung auf der Nordhemisphäre im Sommer, verursacht durch die orbitale Variabilität. Demgegenüber zeigt ein anderer, vieldiskutierter Klimaantrieb, die Sonnenaktivität, keinen entsprechend langfristigen Trend. Analysen zum Niederschlagsgeschehen im Holozän belegen bisher keine langfristige Entwicklung; vielmehr wechselten sich mehrdekadische bis mehrhundertjährige Perioden mit erhöhtem und reduziertem Niederschlag ab. Zeitperioden mit verstärktem Niederschlag fielen dabei mit Phasen reduzierter Sonnenaktivität zusammen.

Die Gletscher waren im Alpenraum während der letzten rund 11000 Jahre gekennzeichnet durch lang andauernde Perioden mit vergleichsweise geringer Ausdehnung im frühen und mittleren Holozän (bis vor rund 4000 Jahren) und mehrfache sowie weitreichende Vorstöße in den folgenden Jahrtausenden, die in den großen Gletscherständen der „Kleinen Eiszeit" (ca. 1260 bis 1860 n. Chr.) kulminierten. Die gegenwärtigen Gletscherausdehnungen wurden im Früh- und Mittelholozän mehrfach sowohl unter- als auch überschritten. Allerdings sind die Alpengletscher derzeit nicht im Gleichgewicht mit dem sie steuernden Klima, was sich im aktuell beobachtbaren starken Rückschmelzen manifestiert. Ein direkter Vergleich der gegenwärtigen mit früheren Gletscherausdehnungen im Hinblick auf die klimatischen Randbedingungen ist daher nur begrenzt möglich.

Das Klima der letzten zwei Jahrtausende. Die letzten 2000 Jahre zeigten eine Abfolge von warmen und kalten Perioden, die im Schnitt kühler waren als zu Beginn und in der Mitte des Holozäns. Grob können vier Perioden unterschieden werden, beginnend mit der relativ stabilen und milden römischen Warmzeit (von ca. 250 v. Chr. bis 300 n. Chr.). Dieser folgte eine von instabilen, feucht-kalten Sommern geprägte Periode zu Ende der Römerzeit und während des Frühmittelalters (von ca. 300 bis 840 n. Chr.). Daran schloss wieder eine wärmere und stabilere Periode an (Mittelalterliche Warmzeit, von ca. 840 bis 1260 n. Chr.). Zwischen 1260 und 1860 n. Chr. wurde es deutlich kühler; nur einzelne Jahrzehnte wiesen etwas höhere Temperaturen auf. Wegen der generell großen Gletscherausdehnung, die für diese Periode nachweisbar ist, spricht man auch von der „Kleinen Eiszeit". Sowohl mehrere Minima der Sonnenaktivität als auch klimawirksame Vulkanausbrüche traten in dieser Periode auf. Den deutlichen, instrumentell belegten Temperaturanstieg des 20. Jahrhunderts spiegeln die natürlichen Klima-Archive ebenfalls wider, auch wenn viele Proxy-Datensätze um 2000 n. Chr. enden und daher die aktuelle Klimaentwicklung nicht gänzlich erfassen.

Die instrumentelle Periode. Österreich verfügt über ein meteorologisches Messnetz, mit dessen Hilfe die langfristige Klimaänderung im 19. und 20. Jahrhundert gut beschrieben werden kann. Die längste auswertbare Messreihe, jene von Kremsmünster, geht sogar bis ins Jahr 1767 zurück und ist damit eine der längsten durchgehenden Wetteraufzeichnungen in Europa. Für Klimaanalysen des ausgehenden 18. Jahrhunderts können auch Daten der Stationen Wien (alte Universitätssternwarte) und Innsbruck (Universität) herangezogen werden. Besondere Erwähnung verdient das hochalpine Sonnblick-Observatorium, dessen Wetteraufzeichnungen bis ins Jahr 1886 zurück reichen. Die Messstelle befindet sich am

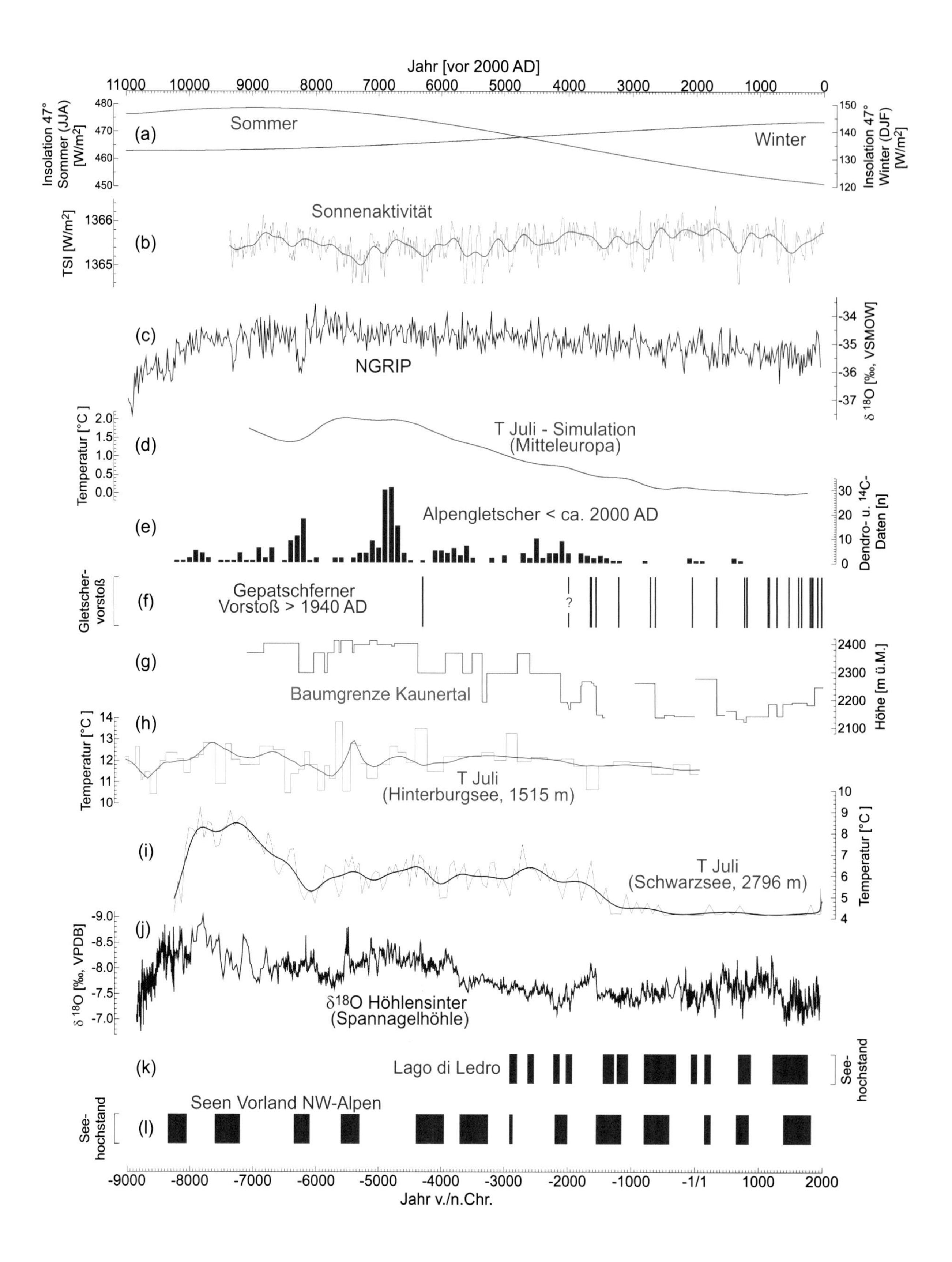

Jahr [vor 2000 AD]
11000 10000 9000 8000 7000 6000 5000 4000 3000 2000 1000 0
Insolation 47° Sommer (JJA) [W/m²]
480 470 460 450
(a)
Sommer
Winter
150 140 130 120
Insolation 47° Winter (DJF) [W/m²]
TSI [W/m²]
1366 1365
(b)
Sonnenaktivität
(c)
NGRIP
-34 -35 -36 -37
δ 18O [‰, VSMOW]
Temperatur [°C]
2.0 1.5 1.0 0.5 0.0
(d)
T Juli - Simulation (Mitteleuropa)
(e)
Alpengletscher < ca. 2000 AD
30 20 10 0
Dendro- u. 14C-Daten [n]
Gletscher-vorstoß
(f)
Gepatschferner Vorstoß > 1940 AD
?
(g)
Baumgrenze Kaunertal
2400 2300 2200 2100
Höhe [m ü.M.]
Temperatur [°C]
14 13 12 11 10
(h)
T Juli (Hinterburgsee, 1515 m)
10 9 8 7 6 5 4
Temperatur [°C]
(i)
T Juli (Schwarzsee, 2796 m)
δ 18O [‰, VPDB]
-9.0 -8.5 -8.0 -7.5 -7.0
(j)
δ18O Höhlensinter (Spannagelhöhle)
(k)
Lago di Ledro
See-hochstand
See-hochstand
(l)
Seen Vorland NW-Alpen
-9000 -8000 -7000 -6000 -5000 -4000 -3000 -2000 -1000 -1/1 1000 2000
Jahr v./n.Chr.

Gipfel des Hohen Sonnblicks in 3 106 m Seehöhe direkt am Alpenhauptkamm.

In Österreich ist die Temperatur in der Periode seit 1880 um nahezu 2 °C gestiegen, verglichen mit einer globalen Erhöhung um 0,85 °C. Der erhöhte Anstieg ist speziell auch für die Zeit ab 1980 beobachtbar, in der dem globalen Anstieg von etwa 0,5 °C eine Temperaturzunahme von etwa 1 °C in Österreich gegenübersteht (praktisch sicher, Abbildung S.1.8; Band 1, Kapitel 3) Die saisonale Temperaturentwicklung verlief nicht immer parallel zu der des Jahresmittels, dennoch ist in allen Jahreszeiten eine Erwärmung seit Mitte des 19. Jahrhunderts festzustellen, am geringsten ist die Erwärmung im Herbst. In den rund drei Jahrzehnten von 1950 bis 1980 mit stagnierenden bis abnehmenden Temperaturen spielte wahrscheinlich die abkühlende Wirkung anthropogener Aerosole („Global Dimming") eine wichtige Rolle, die den Effekt der ebenfalls bereits in Anstieg begriffenen THG-Emissionen maskiert hat.

Die Temperaturentwicklung in höheren Luftschichten, abgeleitet aus homogenisierten Radiosondenmessungen, ist in 3 000 m Höhe dem Verlauf an hochalpinen Stationen sehr ähnlich. Der am Boden festgestellte stärkere Erwärmungstrend im Alpenraum verglichen mit dem globalen Mittel gleicht sich in höheren Schichten den für die mittleren Breiten sonst gefundenen Erwärmungsraten an. In der Stratosphäre (von 13 bis 50 km Höhe) ist über Österreich – so wie auch global – eine deutliche Temperaturabnahme zu beobachten.

Der **Luftdruck** an Tieflandstationen zeigt einen sehr langfristigen Anstieg von der Mitte des 19. bis gegen Ende des 20. Jahrhunderts, der allerdings um 1990 von einem abrupten Trendwechsel zu nun wieder fallendem Luftdruck abgelöst wurde. Der Luftdruck alpiner Höhenstationen wird zusätzlich

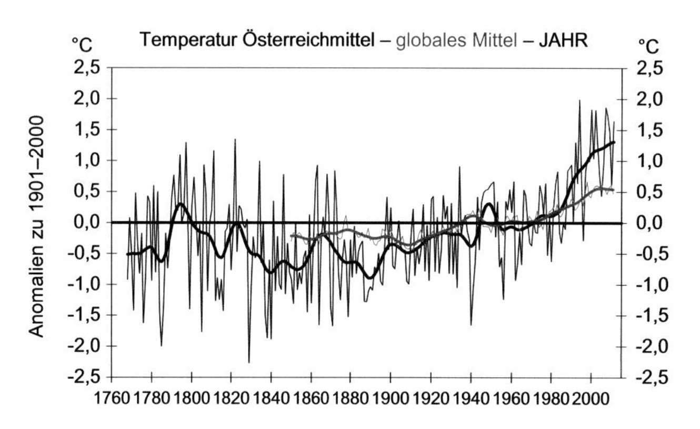

Abbildung S.1.8. Anomalien der Jahresmittel der Lufttemperatur zum Mittel des 20. Jahrhunderts für Österreich (schwarz, 1768 bis 2011) und für das globale Mittel (rot, 1850 bis 2011). Einzeljahre und 20-jährig geglättet (Gauß'scher Tiefpass). Quelle: Böhm (2012), erstellt aus HISTALP (http://www.zamg.ac.at/histalp) und CRU-Daten (http://www.cru.uea.ac.uk/data)

Figure S.1.8. Anomalies in the annual mean air temperature for Austria (1768 to 2011) and the global mean temperature relative to the respective 20th century mean (1850 to 2011). Single values and smoothed values using a 20-year Gaussian low pass filter. Source: Böhm, (2012), source HISTALP (http://www.zamg.ac.at/histalp) and CRU-data (http://www.cru.uea.ac.uk/data)/)

durch die Temperatur der Luftmassen beeinflusst, die sich unter den Messstationen befinden. Aufgrund der Erwärmung zeigen diese Stationen einen stärkeren positiven Trend und eine Fehlen des Druck-Abfalls seit 1990. Dieser abweichende Luftdrucktrend der hochalpinen Observatorien verglichen mit jenem des Tieflandes stellt eine Bestätigung der Erwärmung dar, die nicht auf Thermometer-Messungen beruht.

In den letzten 130 Jahren hat die jährliche Sonnenscheindauer an den Bergstationen der Alpen um rund 20 % oder mehr als 300 Stunden zugenommen. Der Anstieg im Sommerhalbjahr war stärker als im Winterhalbjahr

Abbildung S.1.7. (Linke Seite) Holozäne Proxy-Datensätze beziehungsweise Proxy-basierte Klimarekonstruktionen aus Österreich, dem gesamten Alpenraum und Grönland im Vergleich zu ausgewählten Klimaantrieben. a) Entwicklung der Insolation im Sommer (Juni-Juli-August, rot) und Winter (Dezember-Jänner-Februar) für 47°N; b) Rekonstruktion der Sonnenaktivität für die letzten 9 000 Jahre; c) Sauerstoffisotopen-Zeitreihe des NGRIP Eisbohrkerns aus Zentralgrönland; d) Simulation der Entwicklung der Juli-Temperatur in Zentraleuropa über die letzten 9 000 Jahre bis in die vorindustrielle Zeit; d) dendro- und ^{14}C-datierte Belege für kürzere alpine Gletscher als gegenwärtig (≈1990/2010 n. Chr.); f) nachweisbare Vorstöße des Gepatschferners über eine Größe vergleichbar jener von 1940 n. Chr.; g) Entwicklung der Höhenlage der Baumgrenze im Kaunertal nach Holzfunden; h) Zuckmücken-basierte Rekonstruktion der Juli-Temperatur am Hinterburgsee, Schweiz; i) Zuckmücken-basierte Rekonstruktion der Juli-Temperatur am Schwarzsee ob Sölden; j) Sauerstoffisotopen-Zeitreihe aus Höhlensintern der Spannagel-Höhle; (k) Seehochstände des Lago di Ledro (blau) in den letzten 5 000 Jahren; (l) Seehochstände (blau) im Vorland der NW-Alpen bzw. im Jura. Quelle: Zusammengestellt für AAR14

Figure S.1.7. (Left page) Holocene environmental records and proxy-based climate reconstructions from Austria, the Alps and Greenland in comparison with selected climate forcings. a) evolution of insolation during summer (June-July-August) and winter (December-January-February) at 47°N; b) reconstruction of solar variability for the last 9 000 years; c)oxygen-isotope record of the NGRIP ice-core, central Greenland; d) simulation of the temperature evolution in July in central Europe over the last 9 000 years until the pre-industrial period ; d) dendrochronologically, i. e. calendar-dated, and 14C-dated evidences for shorter glaciers than today (≈1990/2010 AD); f) established advances of the glacier Gepatschferner beyond the glacier's size in 1940 AD; g) tree-line record in the Kauner valley based on wood remain findings; h) chironomid-based reconstruction of July temperature from lake Hinterburg, Switzerland; i) chironomid based reconstruction of July temperature from Schwarzsee ob Sölden; j) oxygen-isotope record of speleothems from the Spannagel cave; (k) lake-level high-stands of Lago di Ledro during the last 5 000 years; (l) lake-level high-stands in the foreland of the NW-Alps and the Jura. Source: Compiled for AAR14

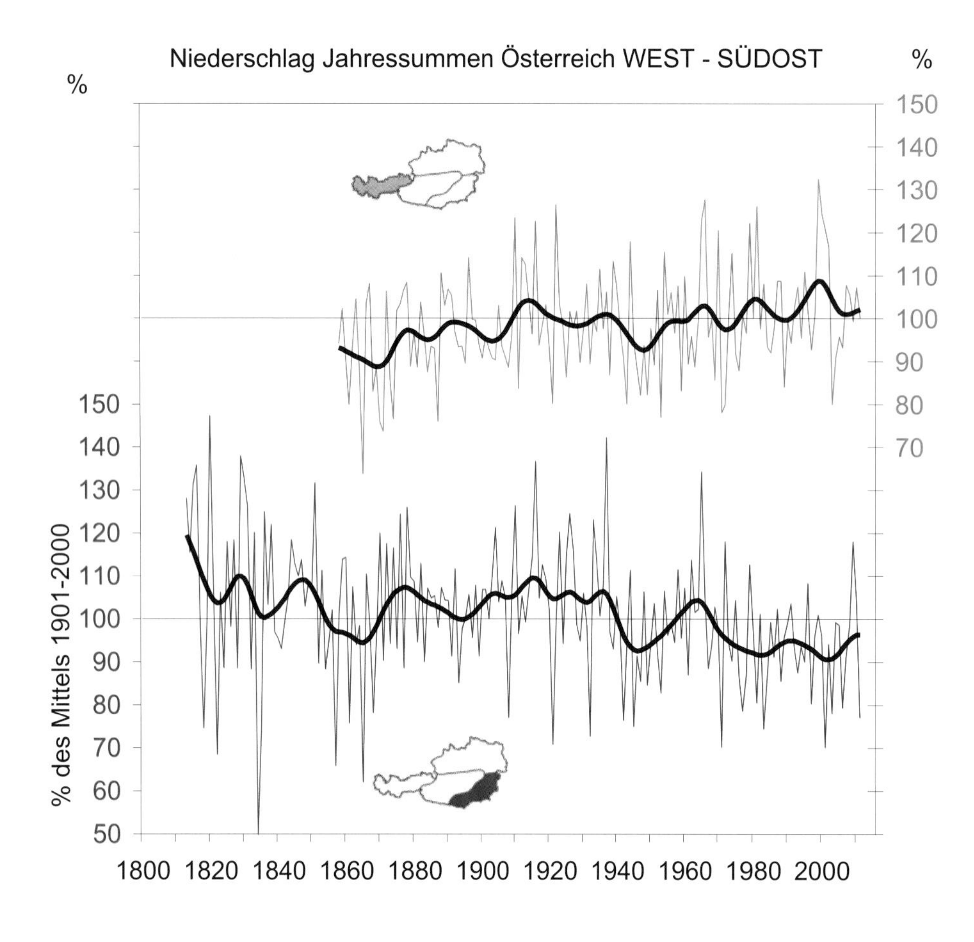

Abbildung S.1.9. Anomalien der Jahressummen des Niederschlages zum Mittel des 20. Jahrhunderts für zwei Subregionen Österreichs („West": oben, „Südost": unten). Einzeljahre und 20-jährig geglättet (Gauß'scher Tiefpass), Zeitreihen aktualisiert bis 2011, Beginn unterschiedlich bis zurück zum Jahr 1813. Grafik: Böhm (2012), erstellt aus HISTALP-Daten http://www.zamg.ac.at/histalp

Figure S.1.9. Anomalies of the annual precipitation totals relative to mean of the 20th century for two Austrian subregions (top: "West", bottom: "Southeast"). Single values and 20-year smoothed values (Gaussian low pass filter). Timeseries date back to 1813, but with differing starting dates, and continue through to 2011. Copyright by R. Böhm (2012), source HISTALP http://www.zamg.ac.at/histalp

(sicher, Band 1, Kapitel 3). Zwischen 1950 und 1980 kam es durch Zunahme der Bewölkung und erhöhter Luftverschmutzung besonders in den Tallagen zu einer deutlichen Abnahme der Sonnenscheindauer im Sommer. Der seit 1980 anhaltende Trend zu mehr Sonnenschein ist begleitet von mehr und längeren sommerlichen Schönwetter-Phasen.

Die Niederschlagsentwicklung in den letzten 150 Jahren zeigt im Gegensatz zur Temperaturentwicklung **deutliche regionale Unterschiede**: In Westösterreich wurde eine Zunahme der Niederschlagsmenge um etwa 10–15 % registriert, im Südosten hingegen eine Abnahme in ähnlicher Größenordnung (Abbildung S.1.9). Inneralpin und im Norden dominieren Variationen in Zeiträumen von rund zehn Jahren. In allen Teilen Österreichs waren die 1860er Jahre besonders trocken, nur im Südosten wurden diese Werte seither wieder erreicht bzw. unterboten und zwar in den trockenen 1940ern und in den anhaltend trockenen Jahrzehnten nach 1970.

Sehr niederschlagsreiche Jahrzehnte gab es in der ersten Hälfte des 19. Jahrhunderts. Diese hohen Niederschläge spielten eine bedeutende Rolle für die starken Gletschervorstöße in dieser Zeit, die zu den beiden Maximalständen der Gletscher um 1820 und in den 1850er Jahren führten. Hohe Jahresniederschläge gab es auch in den Jahrzehnten zwischen 1900 und 1940 (Inneralpin und im Südosten beinahe durchgehend, im Westen gedämpft, im Norden gab es eine Unterbrechung durch eine trockene Phase um 1930). Nach den im Norden und im Alpeninneren darauf folgenden Negativtrends gab es hier in den 1970er Jahren eine markante Trendwende, die vor allem im Norden und Nordosten Österreichs im ersten Jahrzehnt des 21. Jahrhunderts ein neues Hauptmaximum des Niederschlages erreichen ließ. Im Westen ist das aktuelle Niederschlagsniveau ebenfalls das höchste seit Beginn der Messreihe (1858). Im Alpeninneren liegt das aktuelle Niederschlagsniveau im langjährigen Durchschnitt des 20. Jahrhunderts, im Südosten – im Zug des fallenden Jahrhunderttrends – rund 10 % unter diesem.

Für das gebirgige Österreich ist die Klimaänderung in hohen Lagen von großer Bedeutung. Anhand der Klimareihen des Hohen Sonnblicks (3 106 m) werden diese Veränderungen als repräsentativ für das Hochgebirgsklima zusammengefasst. Demnach entspricht die Temperaturänderung im Hochgebirge jener in den Tälern, jedoch ist eine wesentlich stärkere Zunahme der Sonnenscheindauer zu beobachten, was auf europaweite Maßnahmen zur Reinhaltung der Luft zurückgeführt werden kann. Es hat eine deutliche Verschiebung von Schneefall zu Regen stattgefunden; am Hohen Sonnblick fällt jetzt rund bereits 30 % des Niederschlages als Regen. Der mittlere Luftdruck steigt im Gebirge – ein Zeichen für die Erwärmung der darunterliegenden Luftmassen. Beträchtlicher Rückgang der Gletscher und Auftauen des Permafrostes sind ebenfalls dokumentiert (Band 1, Kapitel 5).

Österreich hat sehr gute langjährige meteorologische Messreihen. Dieses hohe Potential eignet sich hervorragend um durch weitere Verbesserung sowohl im instrumentellen Bereich als auch in der Datenanalyse und Verschmelzung der Daten mit Modellen die international sehr gute Stellung Österreichs weiter auszubauen. Hier bieten sich vor allem auch internationale Kooperationen zur Erstellung von räumlich und zeitlich hochaufgelösten Datensätzen für den Alpenraum und Europa an. Weiters wäre es vorteilhaft weniger gut ausgebaute Messnetze – wie etwa zur Bestimmung von natürlichem THG, Aerosolen und Strahlung zu stärken.

S.1.4 Zukünftige Klimaentwicklung
S.1.4 Future Climate Change

Um räumlich detaillierte Aussagen über die Zukunft unseres Klimas machen zu können, kommen vornehmlich regionale Klimamodelle zum Einsatz, welche in die Ergebnisse aus globalen Klimamodellen eingebettet werden. Wie bei den globalen Modellen wird die Vielfalt der Modelle genutzt, um robuste von weniger robusten Ergebnissen zu unterscheiden. Es gibt bereits zahlreiche Modellsimulationen für Vergangenheit und Zukunft, die den Alpenraum bzw. Österreich abdecken. Im Folgenden werden vor allem Simulationen analysiert, die auf dem A1B-Emissionsszenario, also einem Szenario mit mittlerem bis starkem Anstieg der THG-Konzentrationen, beruhen. Die Wahl eines einzigen Szenarios dient der besseren Vergleichbarkeit der Ergebnisse, die Wahl dieses konkreten Szenarios macht einerseits die möglichen Änderungen deutlicher als ein optimistischeres Szenario (mit geringerem Emissionszuwachs) und liegt andererseits näher an der derzeitigen Emissionsentwicklung. Darüber hinaus entspricht die Wahl eher dem eingangs beschriebenen Vorsorgeprinzip.

Ein weiterer Temperaturanstieg in Österreich ist zu erwarten (sehr wahrscheinlich, Band 1, Kapitel 4; siehe auch Abbildung S.1.10). Dieser wird in der ersten Hälfte des 21. Jahrhunderts wegen der Trägheit des Klimasystems, der Langlebigkeit von THG in der Atmosphäre sowie der Trägheit der sozio-technischen Systeme nur wenig vom Emissionsszenario beeinflusst und beträgt etwa 1,4 °C. Die Temperaturentwicklung danach wird sehr stark bestimmt durch die vom Menschen in den kommenden Jahren verursachten THG-Emissionen und ist daher wesentlich beeinflussbar. (sehr

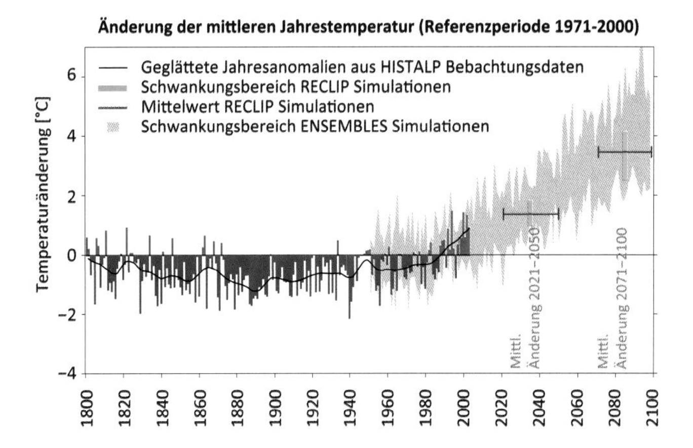

Abbildung S.1.10. Mittlere Oberflächentemperatur (°C) in Österreich von 1800 bis 2100, angegeben als Abweichung vom Temperaturmittel der Periode 1971 bis 2000. Messungen bis zum Jahre 2010 sind in Farbe dargestellt, Modellberechnungen für ein IPCC-Szenario im höheren Emissionsbereich (IPCC SRES A1B Szenario) in Grau. Wiedergegeben sind Jahresmittelwerte (Säulen) und der über 20 Jahre geglättete Verlauf (Linie). Man erkennt die Temperaturabnahme bis knapp vor 1900 und den starken Temperaturanstieg (um ca. 1 °C) seit den 1980er Jahren. Bis Ende des Jahrhunderts ist bei diesem Szenario ein Temperaturanstieg um 3,5 °C zu erwarten (RECLIP Simulationen). Quelle: ZAMG

Figure S.1.10. Mean surface temperature in Austria since 1800 (instrumental observations, in colour) and expected temperature development until 2100 (grey) for one of the higher emission IPCC scenarios (IPCC SRES A1B), shown as a deviation from the mean 1971 to 2000. Columns represent annual means, the line smoothed values over a 20 year filter. The slight temperature drop until almost 1900 and the strong temperature increase (about 1 °C) since the 1980´s can be clearly seen. For this scenario, a temperature increase of 3.5 °C until the end of the century is expected (RECLIP Simulations). Source: ZAMG

wahrscheinlich, Band 1, Kapitel 1) In Abbildung S.1.10 ist die Temperaturentwicklung in Österreich von 1800 bis 2100, angegeben als Abweichung vom Temperaturmittel der Periode 1971 bis 2000, für das A1B-Emissionsszenario dargestellt. Die mittleren erwarteten Veränderungen der Temperatur im Alpenraum im Zeitraum 2021 bis 2050 verglichen mit der Referenzperiode 1961 bis 1990 sind +1,6 °C (0,27 °C pro Jahrzehnt) im Winter und +1,7 °C (0,28 °C pro Jahrzehnt) im Sommer. Damit liegt der Alpenraum nahe dem Europa-Mittel der Erwärmung. So gut wie sicher ist allerdings unter dem A1B-Emissionsszenario eine weitere Erwärmung um etwa +3,5 °C bis zum Ende des 21. Jahrhunderts und damit eine größere Erwärmung als im europäischen Schnitt (+2.7 °C).

Im 21. Jahrhundert ist eine Zunahme der Niederschläge im Winterhalbjahr (um etwa 10 %) **und eine Abnahme im Sommerhalbjahr** (um etwa 10–20 %) **wahrscheinlich**, (Band 1, Kapitel 4). Im Jahresdurchschnitt zeichnet sich kein deutlicher Trend ab, da der Alpenraum im Übergangsbereich

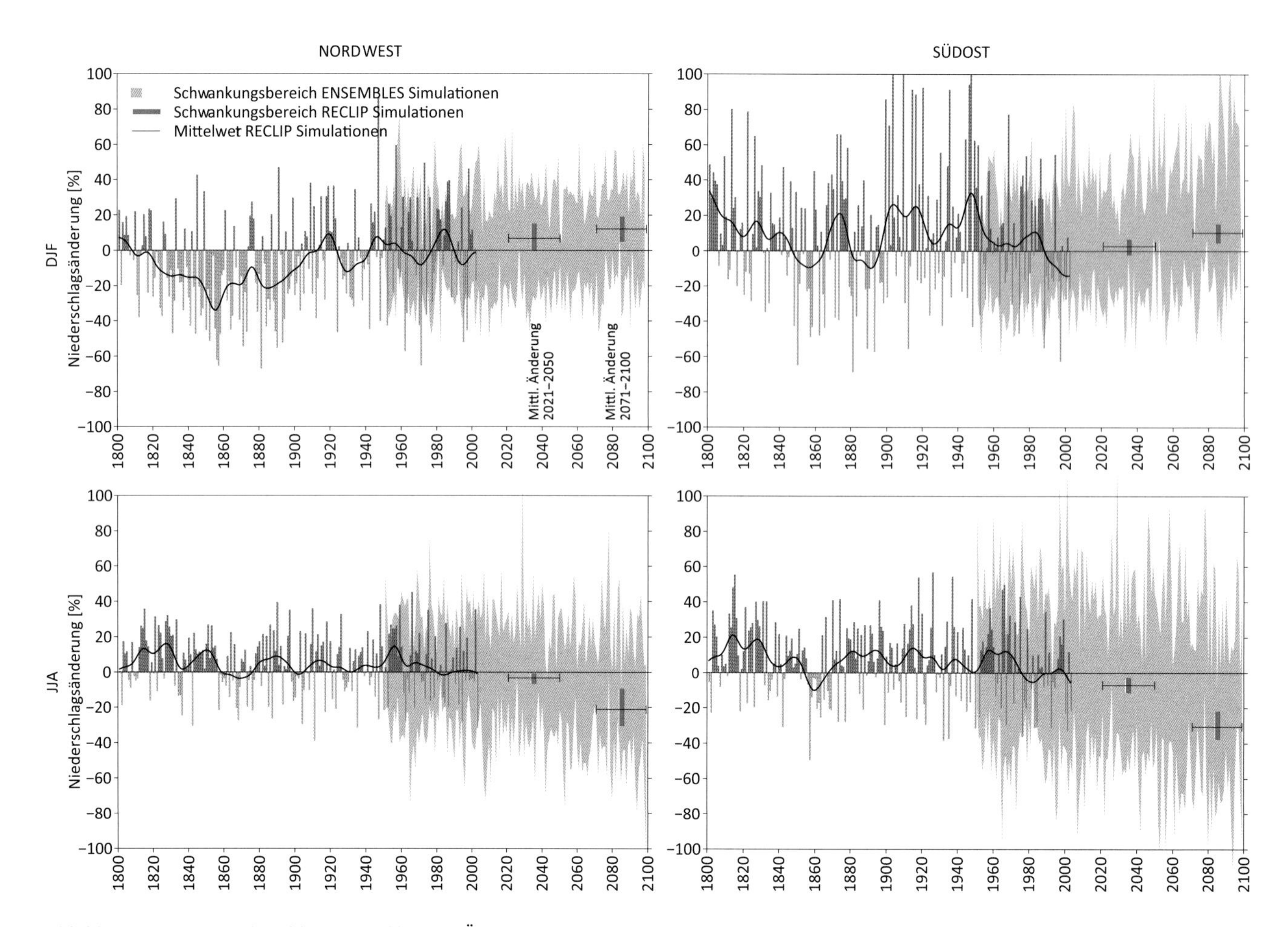

Abbildung S.1.11. Niederschlagsentwicklung in Österreich seit 1800 aus instrumentellen Beobachtungen sowie die zu erwartende Niederschlagsentwicklung für die Zukunft bis 2100, dargestellt als Abweichung gegenüber dem Mittel 1971 bis 2000. Die Abbildungen oben beziehen sich auf den Winter (DJF: Dezember bis Februar), die Abbildungen unten auf den Sommer (JJA: Juni bis August). Das gesamte Bundesgebiet wurde in zwei Regionen (Nord-West und Süd-Ost) unterteilt. Die Beobachtungsdaten für die Vergangenheit stammen aus der HISTALP Datenbank, die Szenarien für die Zukunft entstammen 22 Ensembles–Simulationen (www.ensembles-eu.org, Darstellung als graue Balken für Einzeljahre) sowie aus reclip:century (http://reclip.ait.ac.at/reclip_century, farbige Balken für die Zeitscheiben 2021 bis 2050 und 2071 bis 2100)

Figure S.1.11. Precipitation development in Austria since 1800 (instrumental observations) and expected development to 2100, shown as a deviation from the mean 1971 to 2000. Bars at the top show the winter season (December to February, DJF), the bars at the bottom the summer season (June to August, JJA). The region of Austria is divided (north-west and south-east) into two regions. The observational data for the past stem from the HISTALP database, scenarios for the future from the 22 ensemble simulations (www.ensembles-eu.org, grey bars for single years) and from reclip: century (http://reclip.ait.ac.at/reclip_century, coloured bars for the time slices 2021 to 2050 and 2071 to 2100)

zwischen zwei Zonen entgegengesetzten Trends liegt. (wahrscheinlich, Band 1, Kapitel 4). In Abbildung S.1.11 ist die Niederschlagsentwicklung für die Nordwest- und die Südosthälfte Österreichs, getrennt nach Winter und Sommer von 1800 bis 2100 als Abweichung vom Mittel der Periode 1971 bis 2000 dargestellt. Aus mehreren Modellen lässt sich eine Tendenz zur Niederschlagszunahme nördlich der Alpen im Frühling, Sommer und Herbst erwarten, während die südlichen und westlichen Teile des Alpenraumes Abnahmen aufweisen. Diese räumlich differenzierten Niederschlagsänderungen sind jedoch mit großen Unsicherheiten verbunden. In Abbildung S.1.12 ist der Jahresgang der Änderung für die Perioden 2021 bis 2050 und 2069 bis 2098 dargestellt. Obwohl schon zu Mitte des 21. Jahrhunderts (links) die bereits beschriebene Tendenz zu mehr Niederschlag im Winter und weniger Niederschlag im Sommer im Median zu erkennen ist, zeigen die Modelle in dieser Periode keinerlei Einigkeit über die Richtung der Änderung. Zu Ende des 21. Jahrhunderts (rechts), zeigt sich aber unter dem A1B-Szenario eine sehr deutliche Tendenz zu trockeneren Verhältnissen im Sommer (etwa 20 % weniger Niederschlag) und feuchteren Verhältnissen im Winter (etwa +10 %).

Bei der Globalstrahlung (kurzwellige Sonnen- und Himmelsstrahlung) zeigt sich, ähnlich wie beim Niederschlag, bis zur Mitte des 21. Jahrhunderts kaum eine Veränderung und dies über das gesamte Jahr hinweg. Zu Ende des Jahrhunderts ergibt sich allerdings eine deutliche Zunahme im Sommer sowie eine Abnahme im Winter (Abbildung S.1.12). Dies ist konsistent mit den Niederschlagsprojektionen, da winterliche, niederschlagsproduzierende Wolken die Sonneneinstrahlung abschirmen.

Die deutliche Abnahme der relativen Feuchte, gegen Ende des Jahrhunderts um ca. 5 %, resultiert vor allem aus den niederschlagsärmeren Sommermonaten. Die Projektionen zur Windgeschwindigkeit sind mit großen Unsicherheiten behaftet – die Modelle ergeben abweichende Vorzeichen – doch ist gegen Ende des Jahrhunderts nach den meisten Modellen eher mit einer Abnahme der Windgeschwindigkeit zu rechnen, als mit einer Zunahme (Abbildung S.1.12).

Methodische Fortschritte zur Optimierung der Schnittstelle zwischen der rein physikalischen Klimamodellierung zur immer wichtiger werdenden Untersuchung der regionalen Auswirkungen des Klimawandels sind erforderlich und versprechen eine vergleichsweise schnelle Qualitätsverbesserung in der Klimafolgenforschung. Dazu ist auch ein besseres Verständnis kleinräumiger Prozesse und von Extremereignissen sehr wichtig.

S.1.5 Extremereignisse
S.1.5 Extreme events

Extreme Wetterereignisse können signifikante Auswirkungen auf die Natur, die Infrastruktur und das menschliche Leben haben. Sie sind jedoch statistisch schwer zu erfassen, da Änderungen seltener Ereignisse sich nur in langen Zeitreihen erkennen lassen – je extremer das Ereignis, desto länger die benötigte Zeitreihe. Unsicherheiten bezüglich Häufigkeit und Intensität kleinräumiger extremer Ereignisse, wie Gewitter oder Hagelereignisse, für Vergangenheit und Zukunft sind auch Folge mangelnder räumlicher und zeitlicher Auflösung der verfügbaren Klimadaten bzw. der Klimamodelle. In Österreich werden statistische Untersuchungen dadurch erschwert, dass die meisten älteren Zeitreihen von Tagesdaten im 2. Weltkrieg verloren gingen, lediglich die Zeitreihen der Monatsmittelwerte sind erhalten geblieben. Zusätzlich stellt die hohe Nichtlinearität der Phänomene, die zu Extremereignissen führen, eine noch nicht vollständig gelöste wissenschaftliche Herausforderung dar. Dennoch können einige Aussagen zu Extremereignissen gemacht werden insbesondere wenn sich Überlegungen oder Berechnungen auf die den Ereignissen zugrunde liegenden Prozesse stützen.

Temperaturextreme nehmen zu (Hitze). Analysen, die auf homogenisierten täglichen Temperaturextremen seit 1950 beruhen, zeigen österreichweit eine Zunahme der heißen Tage sowie eine Zunahme von warmen Nächten. Parallel dazu haben kalte Tage und kalte Nächte markant abgenommen. Mit dem Anstieg der Temperaturextreme hat sich die Zahl der Frost- und Eistage reduziert. **Im 21. Jahrhundert werden Temperaturextreme, z. B. die Anzahl der heißen Tage, deutlich mehr werden** (sehr wahrscheinlich, Band 1, Kapitel 4). Nach Modellberechnungen erhöht sich in Österreich die Temperatur während den Hitzeperioden im Sommer um 4 °C bis zum Ende des 21. Jahrhunderts. Die Häufigkeit im Auftreten von Hitzewellen wird dabei von rund fünf auf etwa 15 pro Jahr am Ende des Jahrhunderts ansteigen. An den zwei heißesten Wiener Stationen ergibt sich ein Anstieg der Hitzetage von derzeit rund 15 Ereignissen im Mittel auf etwa 30 bis zur Mitte des Jahrhunderts und bis zum Ende des Jahrhunderts liegen die Werte zwischen 45 und 50 Ereignissen. Gleichzeitig nehmen kalte Nächte mit Frost in der Innenstadt von derzeit rund 50 Ereignissen auf unter 40 zur Mitte des Jahrhunderts und knapp über 20 am Ende des Jahrhunderts ab (Band 1, Kapitel 3; Band 1, Kapitel 4).

Besonders von Temperaturextremen betroffen sind Städte, da sich Effekte der städtischen Wärmeinseln und des Klimawandel überlagern. So kann in Wien, als Beispiel für den **urbanen Raum,** seit 1951 ein statistisch signifikanter, steigender Trend im Temperaturunterschied zwischen Stadt und dem Umland festgestellt werden. Daraus ergeben sich am Tag besonders hohe Temperaturen und in der Nacht geringe Abkühlung, was zu gesundheitlicher Belastung der StadtbewohnerInnen führt (Band 1, Kapitel 5; Band 3, Kapitel 4). Diese Hitzebelastung wird in Zukunft bei weiter steigenden Temperaturen eine besondere Herausforderung für urbane Räume darstellen. Damit zusammenhängend ist in Zukunft mit höherem Energiebedarf für Raumkühlung zu rechnen, zugleich aber mit sinkendem Heizenergiebedarf (Band 3, Kapitel 5). Zur Reduktion der städtischen Wärmebelastung können städtebauliche Maßnahmen wesentlich beitragen, wie kompakte, aber belüftungswirksame Bebauungsstrukturen, ausreichend Verschattungsmöglichkeiten, Begrünung von Dach-, Fassadenflächen und Straßenraum sowie helle Oberflächen. Angesichts der Langfristigkeit städtischer Planungen und der sich abzeichnenden verstärkten Hitzebelastung der Bevölkerung ist die rechtzeitige Planung derartiger Maßnahmen von größter Wichtigkeit (Band 1, Kapitel 5).

Aussagen zu bisherigen Änderungen der Häufigkeit schadensverursachender Niederschlagsereignisse sind wegen unzureichender Datenlage mit erheblichen Unsicherheiten behaftet. **Extremwertindizes für Niederschläge,** abgeleitet aus homogenisierten Zeitreihen täglicher Niederschlagssummen,

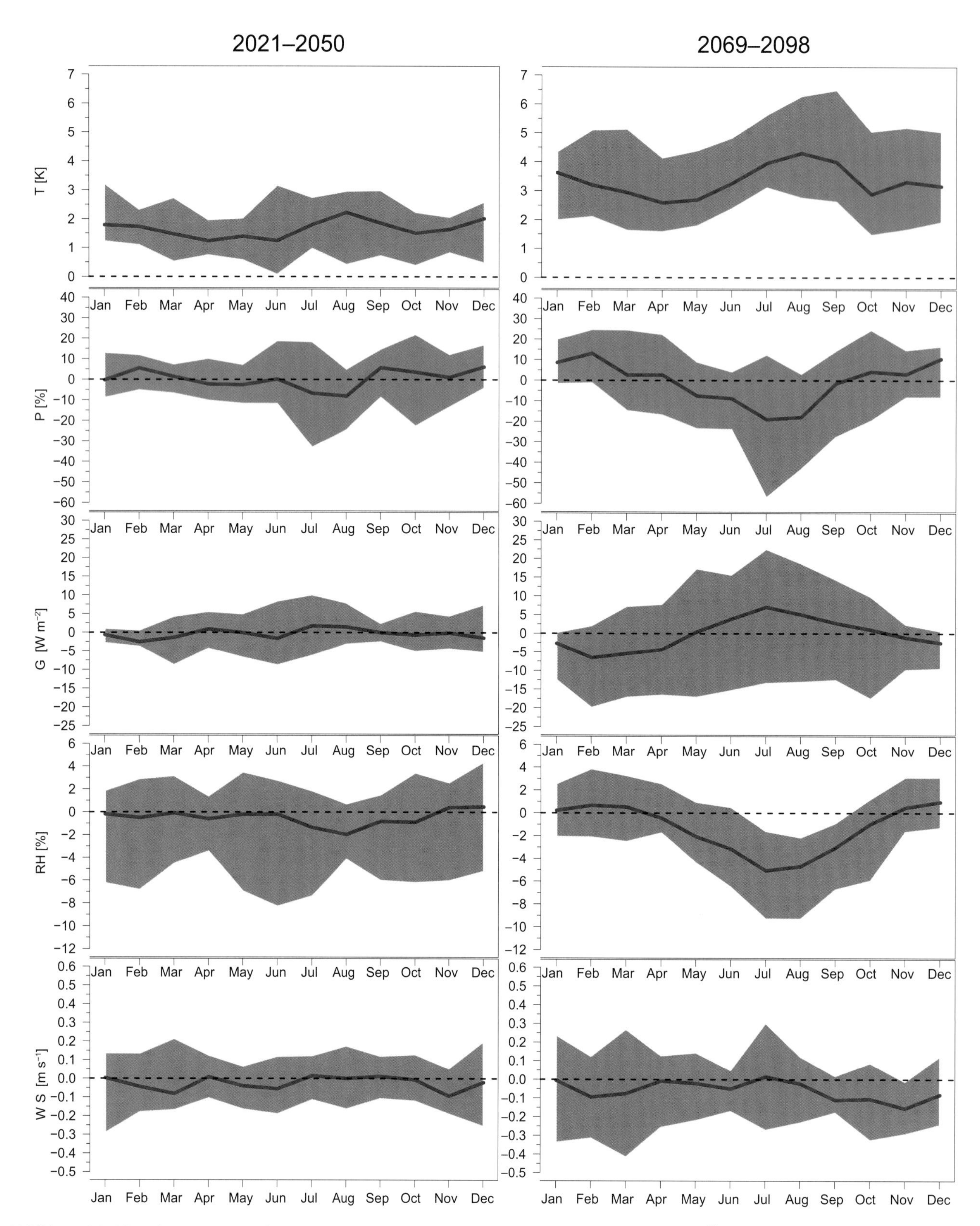

Abbildung S.1.12. Jahresgang gemäß SRES A1B-Szenario des erwarteten Klimawandels in den Alpen: Änderung der Temperatur (T), Niederschlag (P), Globalstrahlung (G), Relative Feuchte (RH) und Windgeschwindigkeit (WS) im Vergleich zur Referenzperiode 1961 bis 1990. Links: 2021 bis 2050, rechts: 2069 bis 2098. Die blaue Linie zeigt den Median und die graue Schattierung den 10%–90% Perzentilbereich des Ensembles aus mehreren Modellen für das SRES A1B Szenario. Quelle: Gobiet et al. (2014)

Figure S.1.12. Annual cycle of expected monthly mean change in the Alpine region of temperature (T), precipitation (P), global radiation (G), relative humidity (RH), and wind speed (WS) relative to the reference period 1961 to 1990 for the SRES A1B-Scenario. Left column: 2021 to 2050, right column: 2069 to 2098. The blue line indicates the median, the grey shading the 10–90th percentile range of the multi model ensemble. Source: Gobiet et al. (2014)

Niederschlagsintensitäten oder maximale Tagesniederschlagssummen, **zeigen bisher weder signifikante noch einheitlichen Trends**. Großräumige Extremniederschläge haben seit 1980 eher zugenommen.

Klimamodelle lassen jedoch für die Zukunft mehr Extremereignisse erwarten. Fast alle Modellstudien über Niederschlagsextreme der Zukunft betrachten allerdings bis dato lediglich die Änderungen von Mittelwerten auf saisonaler Basis oder die Überschreitungswahrscheinlichkeiten von fixen Perzentilen für große Gebiete. Aussagen der Klimaszenarien hinsichtlich Intensität und Häufigkeit der Ereignisse in der Zukunft sind umso belastbarer je größer die räumlich/zeitliche Ausdehnung eines Extremereignisses (z. B. großräumige Trockenperioden; Band 1, Kapitel 4). Je detaillierter die Analysen über Niederschlagsextreme sind, desto größer werden im Allgemeinen die Unsicherheiten und Modelldifferenzen. Oft zeigt sich in den Ergebnissen der Simulationen hoch aufgelöster Regionalmodelle ein derart komplexes räumliches Muster im Klimasignal für die Zukunft, dass eine klare Interpretation nicht möglich ist. Dies gilt insbesondere für extreme Niederschlagsereignisse mit konvektivem Charakter, wie sie bei sommerlichen Schönwetterlagen oder im Alpenvorland besonders häufig vorkommen (Band 1, Kapitel 3; Band 1, Kapitel 4).

Aus einer in der Zukunft wärmeren und absolut feuchteren Atmosphäre lässt sich das Potential für eine erhöhte Wahrscheinlichkeit von **starken Niederschlägen** ableiten. Von Herbst bis Frühling werden starke und extreme Niederschläge wahrscheinlich zunehmen (Band 1, Kapitel 4). Modelle zeigen für Mitteleuropa im Winter eine Erhöhung der Anzahl der Niederschlagstage und auch der Niederschlagsintensitäten um 10 %. Für mehrtägige Starkniederschläge, die wegen der Sättigung des Bodens mit Wasser ein ganz besonderes Hochwasserrisiko darstellen können, lässt sich für Mitteleuropa kein einheitliches Vorzeichen erkennen. Für das Sommerhalbjahr wurden für Österreich Intensitätszunahmen von 17–26 % für 30-jährliche Niederschlagsereignisse für die Periode 2007 bis 2051 gegenüber der Periode 1963 bis 2006 errechnet. Besonders ausgeprägt zeigt sich die Zunahme der Niederschlagsintensitäten im Südosten und Osten Österreichs während der Herbstmonate – möglicherweise ein Hinweis auf eine Verschiebung der Häufigkeit von Wetterlagen im östlichen Alpenraum (Band 1, Kapitel 4).

Für das Hochwasserrisiko in Österreich ist das Klima im Mittelmeerraum von besonderer Bedeutung, da sich Luftmassen über dem Mittelmeer rasch mit Feuchtigkeit anreichen und in den Alpenraum transportiert werden können. Insbesondere das ausgeprägte Niederschlagsmaximum im Süden Österreichs während des Oktobers ist auf die rege Tätigkeit von Tiefdruckgebieten aus dem Mittelmeer (insbesondere jene auf „Vb-Zugbahnen") sowie die hohe Oberflächentemperatur des Mittelmeeres zurückzuführen. Viele verheerende Hochwässer der Vergangenheit wurden mit Vb-artigen Zugbahnen in Verbindungen gebracht, so auch die Ereignisse im Juli 1997, im August 2002, oder auch im August 2005. Wiewohl es noch nicht möglich ist mögliche künftige Änderungen in der Häufigkeit der niederschlagsreichen Vb-Zugbahnen zu quantifizieren, ist doch deutlich, dass in Zukunft ein wärmeres Mittelmeer zu niederschlagsreicheren Vb-Lagen führen kann und dadurch das Risiko für extreme Hochwässer in Österreich steigen könnte (Band 1, Kapitel 4).

Eine langfristige Zunahme der Sturmtätigkeit, abgeleitet aus homogenisierten täglichen Luftdruckdaten, **konnte** – trotz einiger herausragender Sturmereignisse in den letzten Jahren – **nicht nachgewiesen werden**. Auch für die Zukunft ist derzeit keine Veränderung ableitbar. Modelle deuten eine schwache Abnahme der Windgeschwindigkeiten bei 20-jährigen Ereignissen der täglichen Windmaxima an. Allerdings sind die Ergebnisse im Detail unsicher und reichen je nach Modell von +10 % bis –10 % (Band 1, Kapitel 4).

Veränderungen in der Häufigkeit oder Intensität von Gewittern und Hagel sind eine der aktuellsten aber auch schwierigsten zu beantwortenden Fragen der Klimaforschung. In der Analyse von Wetterlagen der letzten Jahrzehnte für Mitteleuropa, die über ein hohes Potenzial für Hagelereignisse verfügen, zeigt sich eine schwache, aber statistisch signifikante, Zunahme des Potentials. Regionale Klimamodellsimulationen lassen in diesem Zusammenhang keine Veränderung für die Zukunft (2010 bis 2050) erkennen (Band 1, Kapitel 4).

Untersuchungen zur Trockenheit zeigen eine Verdreifachung in der Wahrscheinlichkeit des Auftretens einer Dürre in der Klimazukunft 2071 bis 2100 im Vergleich zur Vergangenheit (1961 bis 1990) für das SRES A1B Szenario. Zudem verlängert sich die Dauer von Dürreperioden und es werden geringere Bodenfeuchtegehalte erreicht als heute. Da der regionale Niederschlag, die lokale Bodenfeuchte und die Persistenzen der atmosphärischen Zirkulation derzeit mit Modellen noch nicht mit hinreichender Verlässlichkeit erfasst werden können, bleiben diese Aussagen mit beträchtlichen Unsicherheiten behaftet (Band 1, Kapitel 4).

Ein besonders von Trockenheit betroffenes Gewässer ist **der größte Steppensee Österreichs, der Neusiedler See**. Er beeinflusst das regionale Klima deutlich, wird durch Tourismus, Wassersport, Schifffahrt und Fischerei stark genutzt und weist darüberhinaus eine einzigartige Fauna und Flora auf. Trotz menschlicher Eingriffe unterliegt der Wasserhaushalt des Sees im Wesentlichen natürlichen Einflüssen, die stark klimaabhängig sind. Geringfügig niedrigere Niederschläge des Zeitraumes 1997 bis 2004 bei steigender Temperatur führten zu kontinuierlich sinkenden Wasserständen. Insbesondere der niedrige Seewasserstand im Jahr 2003, verursacht durch einen extrem niedrigen Jahresniederschlag und hohe Luft-, bzw. Wassertemperaturen, ließ die Frage aufkommen, ob unter zukünftigen Klimabedingungen eine Austrocknung des Sees zu erwarten sei. Studien ergaben bei einer Erwärmung um 2,5 °C eine Erhöhung der Verdunstung um mehr als 20 %. Um diesen Wasserverlust zu kompensieren, müssten die Niederschläge ebenfalls um etwa 20 % zunehmen, was aufgrund vorliegender Klimaszenarien unwahrscheinlich ist. Eine Reihe trockener Jahre dürfte daher in Zukunft zu sehr niedrigen Seewasserständen bis hin zur Austrocknung führen. Dies kann durch wasserwirtschaftliche Maßnahmen gemildert aber letztendlich nicht verhindert werden. Selbst bei einem mäßigen Absinken des Seepegels werden beträchtliche ökologische und wirtschaftliche Auswirkungen erwartet, daher werden sowohl Vermeidungsstrategien (Zufuhr von zusätzlichem Wasser) als auch Anpassungsmaßnahmen wie Diversifizierung des Tourismusangebots und Ausdehnung der Saison in den Frühling und Herbst erwogen (Band 1, Kapitel 5).

S.1.6 Die Entwicklung weiter denken: Überraschungen, abrupte Änderungen und Kipp-Punkte im Klimasystem
S.1.6 Thinking Ahead: Surprises, Abrupt Changes and Tipping Points in the Climate System

Unerwartete Wettersituationen und neue, überraschende Forschungsergebnisse helfen oft Wissenslücken zu schließen. Eine überraschende Entwicklung der letzten Zeit war etwa die Hypothese, dass der Rückgang des Meereises in der Arktis direkten Einfluss auf Dauer, Schneereichtum und Temperaturniveau der Winter in Europa haben und insbesondere zu häufigeren Kaltluftvorstößen (also extrem kalten Verhältnissen) in Europa führen könnte. Der Rückgang des Meereises in der Arktis ist auch ein Beispiel für eine unerwartet abrupte Änderung im Klimasystem, welche auch in anderen Elementen des Systems vorkommen könnte. Insbesondere die Überschreitung sogenannter Kipp-Punkte kann zu selbstverstärkenden Rückkopplungskreisen und damit zu irreversiblen und sehr starken Änderungen des globalen Klimasystems führen (Band 1, Kapitel 5).

Derartige Störungen sind schwer vorherzusagen, doch ist bekannt, dass verschiedene Komponenten oder Phänomene des Klimasystems in der Vergangenheit abrupten und teilweise irreversiblen Änderungen unterlegen sind. Die Frage nach dem Auftreten von Kipp-Punkten in der Zukunft kann weder eindeutig verneint, noch eindeutig bejaht werden. Es wird aber davon ausgegangen, dass mit steigender Temperatur und insbesondere bei einer Erwärmung von über 2 °C über dem vorindustriellen Niveau, das Auftreten abrupter Änderungen wahrscheinlicher wird. Zusätzlich muss beachtet werden, dass Kipp-Punkte nicht nur im Klimasystem, sondern auch in anderen natürlichen, politischen, ökonomischen und sozialen Systemen aufgrund des Klimawandels erreicht werden können. Derartige Vorgänge implizieren jedoch enorme Auswirkungen auf die menschliche Zivilisation und das Vorsorgeprinzip erfordert, dass sie bei politischen, ökonomischen und gesellschaftlichen Entscheidungen berücksichtigt werden (Band 1, Kapitel 5).

S.2 Auswirkungen auf Umwelt und Gesellschaft
S.2 Impacts on the Environment and Society

S.2.1 Einführung
S.2.1 Introduction

Mensch und Umwelt sind untrennbar miteinander verbunden. Die Auswirkungen des Klimawandels müssen daher integriert für das Mensch-Umwelt-System betrachtet werden (Abbildung S.2.1; Band 2, Kapitel 1).

Die gegenwärtige Epoche wird auch als Anthropozän bezeichnet. Es gibt (mit wenigen Ausnahmen) kaum noch Orte und Sub-Systeme auf der Erde, die nicht von menschlichen Aktivitäten beeinflusst sind. Da der Mensch so zum Hauptimpulsgeber von Veränderung auf unserem Planeten geworden ist, wurde als Bezeichnung für die aktuelle geologische Epoche der Term Anthropozän („das menschlich Neue") geprägt (Band 2, Kapitel 1). Die vielfältigen Einflüsse des Menschen auf die Umwelt – unter welchen der menschlich verursachte Klimawandel nur einen Aspekt darstellt – erschweren in einigen Bereichen auch die klare Zuordnung von beobachteten Veränderungen zu Änderungen im Klimasystem (Band 2, Kapitel 4). Um die Komplexität der aktuellen Situation zu durchleuchten und mögliche Lösungsansätze in Hinblick auf die zukünftige Entwicklung aufzuzeigen ist es notwendig, den Menschen als zentrale Triebfeder auf allen Maßstabsebenen zu berücksichtigen (Band 2, Kapitel 1).

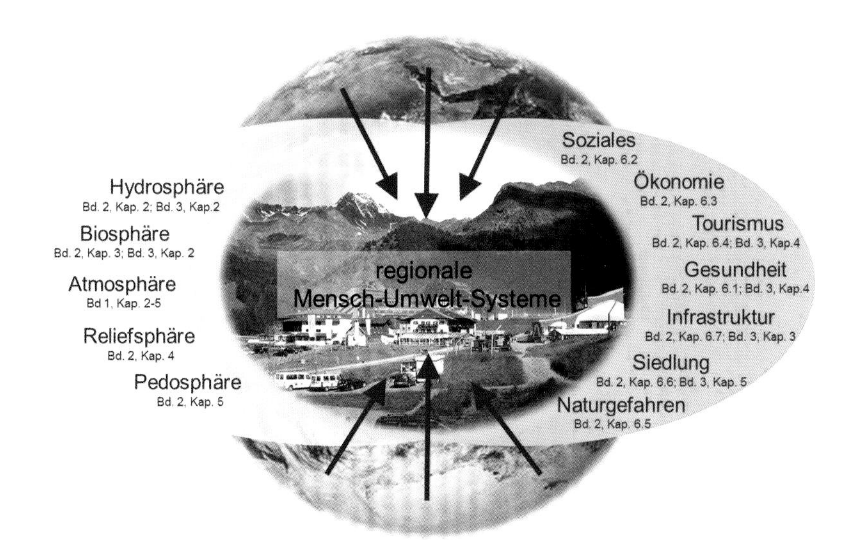

Abbildung S.2.1. Schnittstellen zwischen globalen Einflussfaktoren und lokalen / regionalen Mensch-Umwelt-Systemen als Reaktionssystem zwischen Natur- und Anthroposphäre(n)

Figure S.2.1. Interfaces between global drivers system und local / regional human-environmental systems as a response systems between the natural spheres and the anthroposhere

Der Klimawandel hat sowohl **direkte als auch indirekte Auswirkungen** auf Mensch und Umwelt (Band 2, Kapitel 1). Unter direkten Auswirkungen versteht man all jene Bereiche, in denen sich Änderungen in klimatischen Parametern wie Temperatur oder Niederschlag unmittelbar auswirken. Indirekte Auswirkungen wiederum sind all jene, für welche der Klimawandel über die Beeinflussung eines anderen Prozesses im System – und somit nur mittelbar – wirksam wird. In Bezug auf die Auswirkungen von Klimawandel auf Böden muss zum Beispiel zwischen direkten Effekten von Temperatur auf bodenbürtige Prozesse (wie z. B. Verwitterung) und indirekte Effekte über den Klimaeinfluss auf die am Boden stockende Vegetation (welche z. B. durch totes organisches Material die Humusbildung beeinflusst) unterschieden werden (Band 2, Kapitel 5). In manchen Fällen können die indirekten Effekte des Klimawandels stärkere Auswirkungen haben als die direkten Effekte (Band 2, Kapitel 5; Band 2, Kapitel 6).

Ursachen und Auswirkungen des Klimawandels sind zeitlich und räumlich entkoppelt. Der Mensch ist sowohl Betroffener als auch Verursacher des Klimawandels. Das lokale Handeln jeder einzelnen Person wirkt sich global im Energiehaushalt der Atmosphäre aus. Der damit verbundene globale Klimawandel zeigt jedoch auf der regionalen und lokalen Ebene stark unterschiedliche Ausprägungen und vielfältige Folgeerscheinungen, die zusätzlich oft stark zeitverzögert auftreten können. Das gleiche Prinzip gilt auch für den Klimaschutz. Der individuelle Beitrag zum Klimaschutz ist für jede / n Einzelne / n in seiner Wirkung weder räumlich noch zeitlich direkt wahrnehmbar. In Regionen, in denen ein überdurchschnittlicher Beitrag zu Klimaschutzmaßnahmen geleistet wird, wirkt sich dies nicht durch eine im Vergleich zu anderen Regionen reduzierte Erwärmung oder auch reduzierte Klimafolgen aus. Dieses Dilemma der räumlichen und zeitlichen Entkoppelung zwischen Ursache und Wirkung ist mit hoher Wahrscheinlichkeit eine wesentliche Ursache für die immer noch unvollständige Wahrnehmung des globalen Klimawandels. Weiters leidet darunter auch die Akzeptanz nötiger Maßnahmen im Umgang mit dem Klimawandel, sowohl in Hinblick auf Emissionsminderung als auch auf Klimaanpassung. Die räumlich-zeitliche Entkopplung von Ursache und Wirkung verkompliziert auch Fragen von Verursacher und Geschädigtem / Begünstigtem sowie der globalen Verantwortung für den Klimawandel. Global gesehen sind die gegenüber dem Klimawandel am stärksten verwundbaren Gesellschaften vielfach nicht die Hauptverursacher des Klimawandels, wogegen durch Klimawandel induzierte Vorteile größtenteils den Verursachern zufallen, was globale Fragen der Klimagerechtigkeit aufwirft (Band 2, Kapitel 1).

Die komplexen Auswirkungen des Klimawandels auf das Mensch-Umwelt-System können durch **Vulnerabilität, Resilienz und Kapazität** beschrieben werden. Aufgrund der Entkoppelung von Ursachen und Auswirkungen sowie der durch die nichtlinearen Interaktionen über räumliche und zeitliche Skalen hinweg entstehenden Komplexität ist zur Analyse von Klimafolgen ein systemischer Ansatz von Nöten. Vulnerabilität beschreibt, in welchem Umfang ein exponiertes System anfällig gegenüber Störungen oder Stress ist und wie eingeschränkt das System ist, mit diesen Herausforderungen umzugehen bzw. diese zu bewältigen. Sie ist daher ein Maß, das die Empfindlichkeit des Mensch-Umwelt-Systems gegenüber den negativen Effekten des Klimawandels aufzeigt, bzw. beschreibt dessen (fehlende) Fähigkeit, die durch den Klimawandel hervorgerufenen Veränderungen zu bewältigen. Dieser Vulnerabilität wirkt die Resilienz entgegen, welche die Selbsthilfefähigkeit eines Individuums, einer Gesellschaft oder eines

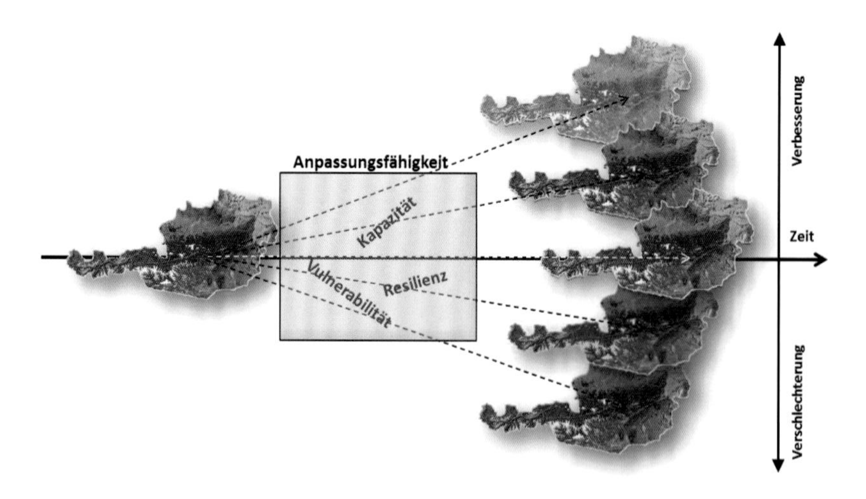

Abbildung S.2.2. Offenes Konzept zur Anpassungsfähigkeit, basierend auf einem offenen Risikokonzept. Mögliche zukünftige Zustände in Österreich sind eine Funktion der Anpassungsfähigkeit. Quelle: Coy und Stötter (2013)

Figure S.2.2. Open concept of adaptability, based on the open risk concept. Possible future conditions that may exist in Austria are a function of its adaptability; Source: Coy and Stötter (2013)

Systems zum Ausdruck bringt, einem ungünstigen Einfluss zu widerstehen, bzw. ihn zu überwinden. Resilienz basiert ursprünglich auf Überlegungen zur Fähigkeit von Ökosystemen, Störungen widerstehen zu können ohne die Struktur zu verändern bzw. gar zusammenzubrechen. In jüngerer Vergangenheit wurde das Konzept der Resilienz auch auf soziale Systeme übertragen. Dabei steht die Fähigkeit von Individuen oder sozialen Gruppen im Mittelpunkt, externe Stressfaktoren und Störungen infolge ökologischer, sozialer oder auch politischer Einflüsse ausgleichen sowie zukunftsorientiert planen zu können. Aufgrund des Wesens dieser beiden Konzepte werden damit in der Regel nur potentiell negative Veränderungen des Systems beschrieben, wogegen durchaus mögliche positive Entwicklungen, hin zu einem verbesserten Systemzustand, unberücksichtigt bleiben. Daher wird oft zusätzlich die Kapazität eines Systems beschrieben, welche als „Aufnahmefähigkeit" verstanden wird, die es erlaubt einen spezifischen Impuls auch in Richtung eines verbesserten Systemzustands aufzugreifen und weiter zu entwickeln. Dabei geht es um den Aufbau von Kapazität (capacity building), die dann im Sinne einer Anpassungskapazität (adaptive capacity) zur Anpassung an veränderte Rahmenbedingungen beitragen kann (Band 2, Kapitel 1).

Anpassung an den Klimawandel ist notwendig, um negative Auswirkungen abzufedern bzw. abzuwenden und um Brüche im System zu vermeiden. Trotz aller Anstrengungen, eine weitere Verstärkung des menschlich verursachten Treibhauseffekts zu vermeiden, ist der Klimawandel im 21. Jahrhundert unvermeidbar, einzig sein Ausmaß ist noch offen. Anpassung ist daher ein (über-)lebenswichtiges Handlungsprinzip, das dazu beitragen kann, Brüche oder einen Kollaps des Mensch-Umwelt-Systems zu vermeiden. Anpassungsaktivitäten sind zielorientiert und bezwecken entweder eine Reduktion von Risiken oder eine Realisierung von positiven Entwicklungspotentialen. Minderung und Anpassung (Band 3, Kapitel 1) des Klimawandels sind eng miteinander verbunden – es besteht umso größerer Anpassungsbedarf je weniger die Anstrengungen der Mitigation greifen. Die Anpassungsfähigkeit eines Systems hängt zum einen von der Vulnerabilität, Resilienz und Kapazität und zum anderen von der Intensität des Klimawandels ab (Abbildung S.2.2). Die Anpassungsfähigkeit eines Systems muss dabei generell in mittel- bis langfristigen Zeiträumen betrachtet werden und besitzt somit, vergleichbar dem Prinzip der Nachhaltigkeit, eine generationenübergreifende Dimension (Band 2, Kapitel 1).

Das Konzept der **Ökosystemleistungen** erlaubt es, die ökologischen Folgen des Klimawandels und deren Auswirkungen auf die Gesellschaft quantitativ zu bewerten. Das Konzept der Ökosystemleistungen – eingeführt vom Millennium Ecosystem Assessment – quantifiziert die von der Natur erbrachten und vom Menschen genutzten Leistungen von Ökosystemen. Dabei werden vier Kategorien von Ökosystemleistungen unterschieden: (1) Versorgungsleistungen: Produkte, die direkt aus Ökosystemen entnommen werden (z. B. Nahrungs- und Futtermittel, Trinkwasser, Holz, Brennstoffe, pflanzliche Arzneistoffe), (2) Regulierungsleistungen: wie die Regulierung von Klima und Luftqualität, Abschwächung von Extremereignissen und biologische Schädlingsbekämpfung, (3) kulturelle Leistungen: wie Erholung, Erleben und Bildung in der Natur, spirituelle und ästhetische Werte sowie (4) Unterstützungsleistungen: Leistungen von Ökosystemen, die notwendig sind, um die Leistungen der übrigen drei Kategorien bereitzustellen (z. B. Photosynthese, Stoffkreisläufe und Bodenbildung). Da Ökosysteme sensitiv auf Klimaänderungen reagieren, und die Leistungen, die Menschen aus Ökosystemen beziehen, von diesen Änderungen betroffen sind, sind Ökosystemleistungen gut geeignet, um Folgeerscheinungen des Klimawandels auf das Mensch-Umwelt-System zu bewerten. Darüber hinaus bietet das (langfristige) Monitoring von Ökosystemleistungen die Möglichkeit, auch die teilweise schwierig zu fassenden indirekten Wirkungen des Klimawandels zu quantifizieren (Band 2, Kapitel 1; Band 2, Kapitel 3).

S.2.2 Auswirkungen auf den Wasserkreislauf
S.2.2 Impacts on the Hydrological Cycle

Schnee: Die Schneefallgrenze ist seit 1980 gestiegen, wobei der Anstieg vor allem in den Sommermonaten ausgeprägt ist. Für den Winter ist nur ein im Vergleich zur Variabilität geringer Anstieg zu beobachten. Diese Entwicklung deckt sich weitgehend mit der wesentlich stärkeren Zunahme der Lufttemperatur im Sommer verglichen mit dem Winter (Band 1, Kapitel 3; Band 2, Kapitel 2).

Aufgrund des Temperaturanstieges ist für den Alpenraum mit einem Anstieg der Schneefallgrenze um 300 bis 600 m bis zum Ende des Jahrhunderts beziehungsweise um etwa 120 m pro 1 °C Erwärmung zu rechnen.

Die Dauer der Schneebedeckung hat sich in den letzten Jahrzehnten vor allem in mittelhohen Lagen (um 1000 m Seehöhe) verkürzt. Da sowohl die Schneefallgrenze und damit der Schneedeckenzuwachs, als auch die Schneeschmelze temperaturabhängig sind, ist durch den weiteren Temperaturanstieg eine Abnahme der Schneedeckenhöhen in mittelhohen Lagen zu erwarten (sehr wahrscheinlich, Band 2, Kapitel 2). Für die Höhenstufe von 1 000 bis 2 000 m ergibt sich aus Modellberechnungen eine Abnahme der Schneedeckendauer um im Mittel 30 Tage. In Tieflagen (<1 000 m) und Hochlagen (>2 000 m) wird diese Abnahme nur etwa 15 Tage betragen. Der Süden und Südosten Österreichs ist mit ca. 70 Tagen im Mittel besonders von der für die Zukunft prognostizierten Abnahme der Schneedeckendauer betroffen. Eine mit der heutigen Situation vergleichbare Schneebedeckung wird bis zur Mitte des 21. Jahrhunderts erst in etwa 200 Höhenmetern bergwärts verschobenen Lagen auftreten (Band 2, Kapitel 2).

In tiefen und mittleren Lagen wird klimabedingt ein Rückgang der Lawinentätigkeit erwartet. Der rückläufige Anteil des festen Niederschlags in tiefen bis mittleren Lagen führt zu geringeren Neuschneemengen, was wiederum die Lawinentätigkeit verringert. In höheren Lagen könnten die Neuschneemengen jedoch zunehmen, wobei temperaturbedingt eine Verschiebung von Staub- zu Nassschneelawinen zu erwarten ist. In Hinblick auf eine geänderte Lawinenaktivität muss auch eine Veränderung des Waldes mit einbezogen werden (Band 2, Kapitel 3), wobei eine steigende Bestockungsdichte in Hochlagen sich dämpfend auf die Lawinenaktivität auswirken könnte (Band 2, Kapitel 4).

Gletscher: Alle vermessenen Gletscher Österreichs haben im Zeitraum seit 1980 deutlich an Fläche und Volumen verloren. So hat z. B. in den südlichen Ötztaler Alpen, dem größten zusammenhängenden Gletschergebiet Österreichs, die Gletscherfläche von 144,2 km² im Jahre 1969 auf 126,6 km² im Jahre 1997 und 116,1 km² im Jahre 2006 abgenommen (Band 2, Kapitel 2). Zwischen 1969 und 1998 haben Österreichs Gletscher in Summe etwa 16,6 % ihrer Fläche eingebüßt (Band 2, Kapitel 2).

Die österreichischen Gletscher reagieren in der Rückzugsphase seit 1980 besonders sensitiv auf die Sommertemperatur, daher wird erwartet, dass **bis zum Jahr 2030 das Eisvolumen und die Fläche der österreichischen Gletscher auf die Hälfte der Mittelwerte der Periode 1985 bis 2004 gesunken sein wird.** Für den zukünftigen Massenverlust der Gletscher spielt das gewählte Klimaszenario eine relativ geringe Rolle, da ein substantieller Teil des zukünftigen Massenverlustes eine (verzögerte) Folge der bereits vergangenen Klimaänderung darstellt. Im günstigsten Szenario stabilisieren sich die österreichischen Gletscher gegen Ende des 21. Jahrhunderts bei etwa 20 % des momentanen Eisvolumens, wogegen das Extremsszenario praktisch zum gänzlichen Abschmelzen der Gletscher in Österreich führt (Band 2, Kapitel 2). Bei Blockgletschern führt ein Temperaturanstieg nicht nur zu einer Vergrößerung der sommerlichen Auftauschicht, sondern auch zu einer Bewegungsbeschleunigung (Band 2, Kapitel 4).

Abfluss: Der Jahresabfluss in Österreichs Fließgewässern wird durch die temperaturbedingt steigende Verdunstung tendenziell abnehmen. Regional ist von einer stärkeren Abnahme des Jahresabflusses im Süden Österreichs auszugehen. Österreichweite Prognosen für die Abflussabnahme liegen zwischen 3 und 6 % bis zur Mitte des 21. Jahrhunderts und zwischen 8 und 12 % bis zum Ende des Jahrhunderts und variieren in Abhängigkeit des gewählten Klimaszenarios und des jeweiligen Prognosemodells. Inwieweit diese Abnahmen künftig durch Änderungen im Niederschlag kompensiert oder verstärkt werden, ist wegen der großen Unsicherheiten noch nicht zu sagen (Band 2, Kapitel 2).

Eine klimabedingte Verschiebung in der saisonalen Abflusscharakteristik in Österreichs Fließgewässern ist sehr wahrscheinlich. Winterniederwässer im Alpenraum werden durch eine erhöhte Wintertemperatur und eine früher eintretende Schneeschmelze tendenziell erhöht. Für Sommerabflüsse wird eine leicht fallende Tendenz erwartet, die im Süden deutlicher ausgeprägt sein dürfte (Band 2, Kapitel 2).

Die maximalen jährlichen Hochwasserdurchflüsse haben in den letzten 30 Jahren in rund 20 % der Einzugsgebiete zugenommen. Besonders davon betroffen sind kleine

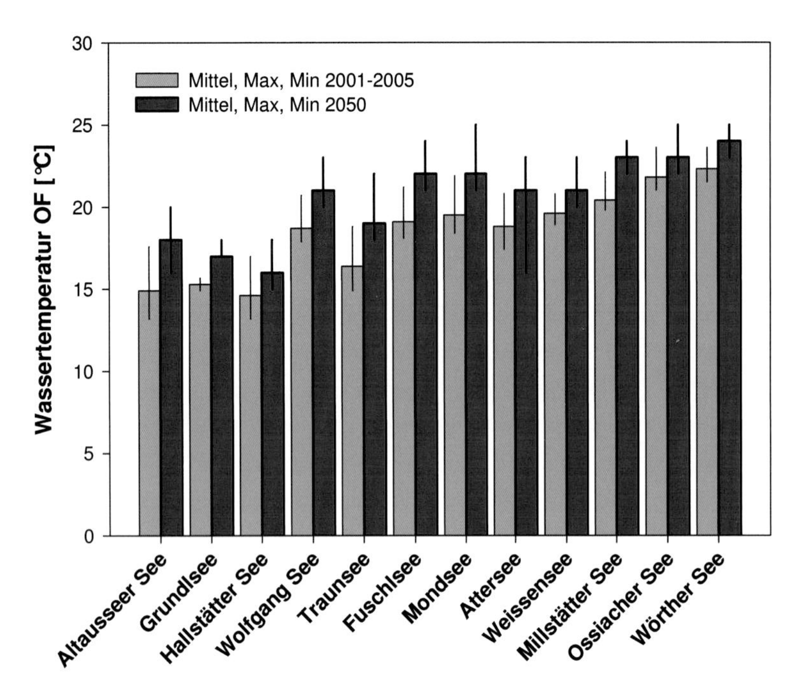

Abbildung S.2.3. Beobachtete (grün) und für 2050 erwartete (rot) Oberflächenwassertemperaturen (OF) ausgewählter Seen in Österreich während der Badesaison (Juni bis September). Die Säulen geben die mittleren Temperaturen wieder, die Striche erstrecken sich jeweils vom Minimum zum Maximum. Die erwarteten Werte sind mittels linearer Extrapolation berechnet. Quelle: Dokulil (2009)

Figure S.2.3. Observed (green) and estimated (red) surface water temperatures (OF) in lakes for 2050 during the bathing season (June to September). The columns indicate the mean, the lines the maximum and minimum values between 2001 and 2005; the estimates for 2050 are based on a linear trend. Source: Dokulil (2009)

Einzugsgebiete nördlich des Alpenhauptkammes. Österreichweit haben Winterhochwässer deutlich stärker zugenommen als Sommerhochwässer. Ein Einfluss des Klimawandels kann derzeit nicht belegt werden, denn die Häufung der Hochwässer in den letzten Jahrzehnten liegt noch im Rahmen der natürlichen Variabilität. Für die Zukunft wird eine Verschiebung des Hochwasserzeitpunktes in Richtung früher Frühjahrshochwässer und mehr Winterhochwässer insbesondere im Norden Österreichs erwartet (Band 2, Kapitel 2). Das Schadenspotenzial durch Starkniederschläge in Siedlungsräumen wird – insbesondere auch wegen zu gering dimensionierter Kanalnetze, welche das Niederschlagsvolumen nicht mehr aufnehmen und ableiten können – als hoch eingeschätzt (Band 2, Kapitel 6). Gut abgesicherte Prognosen über zukünftige Änderungen von Hochwässern sind jedoch aufgrund der unsicheren Entwicklung klimatischer Extreme (v. a. Starkniederschläge) noch nicht möglich (Band 2, Kapitel 2).

Die **Gewässertemperaturen** sind in den letzten Jahrzehnten sowohl in Seen als auch Fließgewässern angestiegen und weitere Anstiege werden erwartet. In der Periode 2001 bis 2005 lagen die Seentemperaturen während der Badesaison (Juni bis September) um 0,9 °C (Einzugsgebiet der Traun), 1,3 °C (Kärntner Seen), und 1,7 °C (Einzugsgebiet der Ager) höher als in der Periode 1960 bis 1989. In den Fließgewässern betrug der Anstieg seit den 1980er Jahren im Mittel über alle Messstellen 1,5 °C im Sommer und 0,7 °C im Winter (Band 2, Kapitel 2). Für die Zukunft wird ein weiterer Anstieg der Gewässertemperaturen erwartet, wobei Seen stärker betroffen sein werden als Fließgewässer. Bis zur Mitte des Jahrhunderts werden für die Badesaison durchschnittliche Zunahmen zwischen 1,2 und 2,1 °C in den Kärntner Seen und 2,2 bis 2,6 °C für die meisten Salzkammergutseen erwartet (Abbildung S.2.3). Für Fließgewässer wird bis 2050 ein Anstieg zwischen 0,7 und 1,1 °C im Sommer sowie um 0,4 bis 0,5 °C im Winter erwartet (Band 2, Kapitel 2).

Grundwasser, Bodenfeuchte: Für das Grundwasser wurde in den meisten Gebieten Österreichs ein Absinken seit den 1960er Jahren und ein deutlicher Anstieg seit Mitte der 1990er Jahre festgestellt. Diese Schwankungen sind weitgehend auf natürliche Klimavariabilität sowie regionale Grundwassernutzungsänderungen zurückzuführen. Zwischen 1976 und 2008 wurde bei 24% der Messstellen eine fallende Tendenz in den Jahresmittelwerten des Grundwasserstandes festgestellt, während 10% einen steigenden Trend über denselben Zeitraum zeigten (Band 2, Kapitel 2).

Der mittlere Bodenfeuchtegehalt sowie die Grundwasserneubildung werden in Zukunft moderat abnehmen. Während für die mittlere Bodenfeuchte in der Vegetationsperiode bis 2050 nur von geringen Änderungen ausgegangen wird, wird für die Periode 2051 bis 2080 eine leichte Abnahme in den Monaten März bis August erwartet. Auch für die Grundwasserneubildung sind bis zur Mitte des Jahrhunderts keine großräumigen Veränderungen zu erwarten. In der zweiten Hälfte dieses Jahrhunderts ergeben sich je nach unterstelltem Klimaszenario unterschiedliche Ergebnisse, wobei vor allem in außeralpinen Gebieten Änderungen in der Grundwasserneubildung von +5 % bis zu −30 % prognostiziert werden, und vor allem im Süden und Süd-

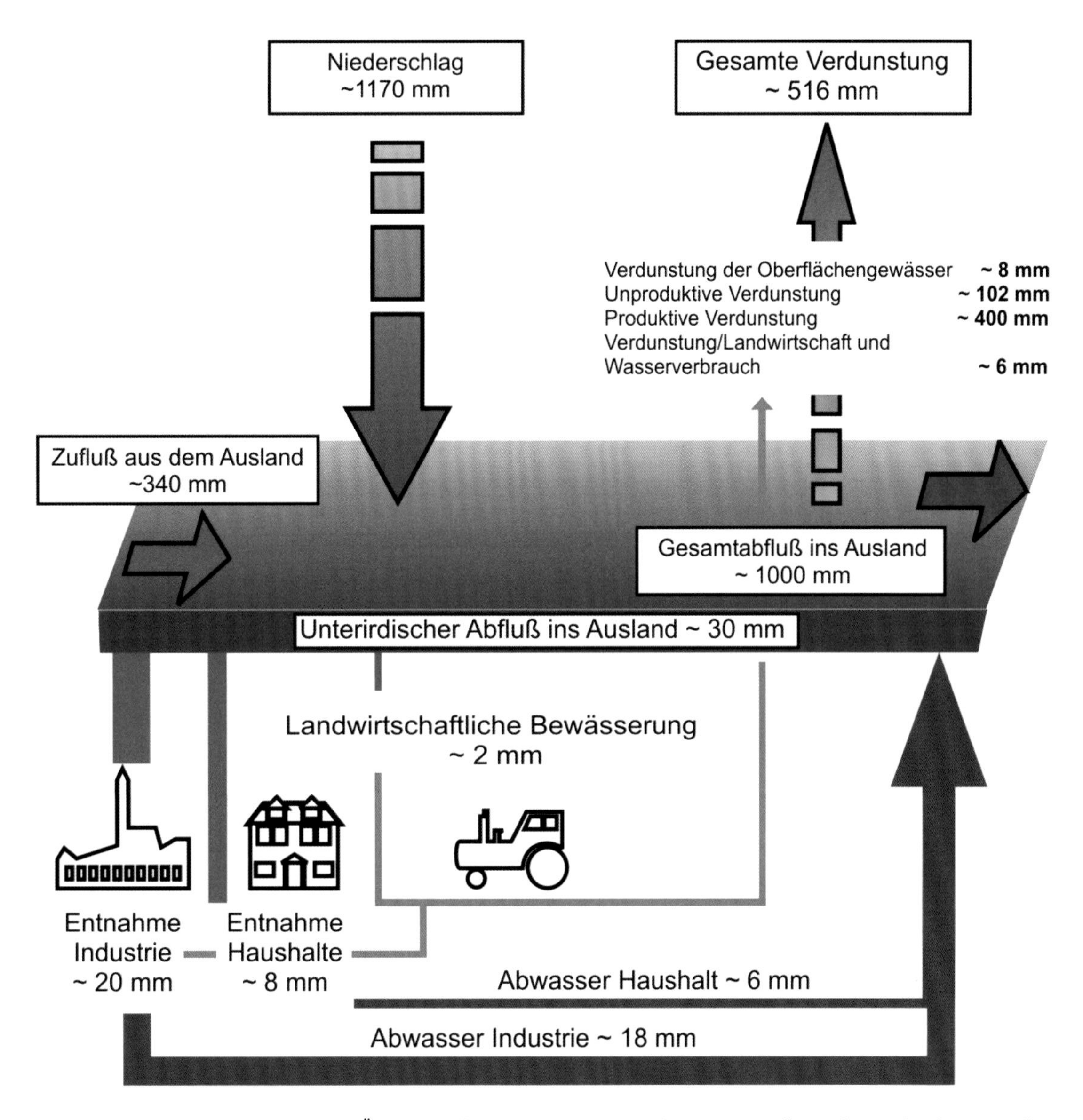

Abbildung S.2.4. Mittelwerte der Wasserbilanz Österreichs für den Zeitraum 1960 bis 2000. Quelle: Hydrographisches Zentralbüro, BMLFUW, Abteilung IV/4-Wasserhaushalt

Figure S.2.4. Average values of the water balance for Austria during the period 1960 to 2000. Source: Central Hydrographical Buro, Austrian Federal Ministry of Agriculture, Forestry, Environement and Watermanagement, Dep. IV/4 Water Balance

osten Österreichs mit Abnahmen zu rechnen ist (Band 2, Kapitel 2).

Wasserbilanz: Die Wasserbilanz Österreichs zeichnet sich aktuell durch ein hohes Wasserangebot im Vergleich zur Wassernutzung aus. Für die Referenzperiode 1961 bis 1990 stehen einem mittleren Jahresniederschlag von 1 140 bis 1 170 mm (mm = Liter pro Quadratmeter) ein industrieller Verbrauch von 20 mm, eine häusliche Nutzung von 8 mm sowie ein landwirtschaftlicher Beregnungsbedarf von 2 mm gegenüber (Abbildung S.2.4). Für die Zukunft wird erwartet, dass die Verdunstung (derzeit 500–520 mm) zunehmen und der Abfluss (derzeit 650–690 mm) leicht abnehmen wird. Aus wasserwirtschaftlicher Sicht besteht bis Mitte des 21. Jahrhunderts grundsätzlich nur geringer Handlungsbedarf, wobei jedoch für Gebiete mit bereits heute geringerem Wasserdargebot (v. a. im Osten und Süden Österreichs) Anpassungsbedarf gegeben ist (Band 2, Kapitel 2).

Im häuslichen Wasserbedarf zeigt sich seit Jahrzehnten ein leicht rückläufiger Trend, der sich auch in Zukunft fortsetzen wird. Der Grund für diesen rückläufigen Trend liegt in der effizienteren Wassernutzung in Haushalten und Gewerbebetrieben sowie in rückläufigen Rohrnetzverlusten. Während der durchschnittliche Haushaltswasserverbrauch in Österreich im Jahr 2011 bei 135 Liter pro EinwohnerIn und Tag lag wird der spezifische Verbrauch bis 2050 auf ca. 120 Liter pro EinwohnerIn und Tag sinken (Band 2, Kapitel 2).

Der landwirtschaftliche Wasserbedarf wird in Österreich zum überwiegenden Teil durch den Niederschlag abgedeckt. Im Osten und teilweise auch im Südosten Österreichs ist aber schon aktuell die Bereitstellung von Wasser zur Bewässerung erforderlich, wozu Grundwässer und in geringerem Umfang auch Oberflächenwässer genutzt werden. Infolge erhöhter Temperaturen steigt zukünftig der Wasserbedarf der landwirtschaftlichen Nutzpflanzen, sodass vor allem im **Osten und Südosten der Bewässerungsbedarf längerfristig zunehmen wird** (Band 2, Kapitel 2). Bei zunehmender Bewässerung ist eine Versalzung des Bodens möglich (Band 2, Kapitel 5).

S.2.3 Auswirkungen auf Relief und Böden
S.2.3 Impacts on Topography and Soil

Das Relief ist durch langfristig wirkende geomorphologische Kräfte bestimmt, welche jedoch von kurzfristig agierenden Kräften wie Klimafaktoren überlagert werden. Während beispielsweise die großen alpinen Täler besonders durch die Eiszeiten der letzten 400 000 Jahre geprägt sind, finden in diesen Tälern ganz aktuell viele reliefformende Prozesse statt (z. B. Rutschungen), die durch die aktuell und zukünftig wirkenden Klimafaktoren (vor allem Temperatur, Strahlung und Niederschlag) maßgeblich beeinflusst werden (Band 2, Kapitel 4).

Die natürlichen reliefformenden Prozesse in Österreich sind stark durch menschliche Aktivität überprägt. Die Gesellschaft verändert die natürliche Frequenz und Magnitude von geomorphologischen Prozessen wie beispielsweise Muren und Hangrutschungen. Weiters gestaltet und modifiziert sie direkt die materielle Umwelt und verändert somit die Prozessabläufe in der Reliefsphäre (z. B. durch den Bau von Infrastruktur oder die Ausweitung von Nutzungsräumen). Die Gesellschaft steuert aber auch Prozesse der Reliefsphäre (z. B. durch Flussverbauungen und Vegetationsänderungen) und kann sogar als deren Auslöser auftreten (z. B. Überschwemmung durch Fehlfunktion von Schutzbauten). Klimabedingte Änderungen in geomorphologischen Prozessen sowie der Reliefsphäre wirken daher zeitgleich mit gesellschaftlichen Einflüssen. Die Einflussfaktoren Mensch und Klima wirken manchmal verstärkend, manchmal vermindernd und häufig zeitversetzt (Band 2, Kapitel 4; Band 2, Kapitel 1).

Bei zunehmenden Starkniederschlägen, langanhaltenden Niederschlagsereignissen sowie Warmlufteinbrüchen bei vorhandener Schneedecke kann die Rutschungsgefährdung zunehmen. Hierbei ist jedoch die jeweilige Landbedeckung (z. B. Wald, Ackerfläche, Grasland) von besonderer Bedeutung. Menschlichen Eingriffen (z. B. Landnutzungsänderungen) wird generell ein größerer Einfluss auf zukünftige Rutschungsereignisse zugemessen als dem Klimawandel. Generell besteht noch hohe Unsicherheit in Bezug auf die zukünftige Entwicklung von Rutschungen (Band 2, Kapitel 4; Band 2, Kapitel 5).

Es wird vermutet, dass Muren in ihrer Häufigkeit und Magnitude in Zukunft zunehmen werden. Vor allem eine lokale Zunahme von Wärmegewittern oder lang anhaltenden Niederschlagsereignissen könnte in Zukunft zu einem Ansteigen der Murentätigkeit führen. Weiters führen das klimabedingte Schwinden von Permafrost sowie der Rückgang von Gletschern (Band 2, Kapitel 2) durch die Freilegung von nicht gefestigtem Material zu einem Anstieg der Gefährdung durch Muren (Band 2, Kapitel 4).

In den von Permafrost beeinflussten Hochlagen wird der Klimawandel zu einer verstärkten Steinschlag- und Felssturztätigkeit führen. Für die größten Teile der Landesfläche, jene die Permafrost frei sind, ist jedoch eine kaum veränderte Aktivität zu vermuten. Generell konnte in Österreich in bisherigen warmen Perioden eine Verschiebung des Maximums der Felssturztätigkeit vom Frühjahr in den Sommer beobachtet werden. Tiefergründige Hangverformungen wie z. B. Bergstürze und Felsgleitungen zeigen in bisherigen Beobachtungen keinen eindeutigen Einfluss des Klimas (Band 2, Kapitel 4).

In Österreich muss etwa oberhalb einer Seehöhe von 2 500 m mit dem Auftreten von Permafrost gerechnet werden, was etwa 2 % der Staatsfläche (1 600 km²) entspricht. **Eine Temperaturerhöhung um 1 °C kann einen Anstieg der Permafrostgrenze um ca. 200 m bewirken** (Band 2, Kapitel 4). Die Permafrostkörper in den österreichischen Alpen werden daher aufgrund der erwarteten Erwärmung zurückgehen und bedeutende Teile davon in Zukunft permafrostfrei werden (Band 2, Kapitel 2).

Solifluktion (Bodenfließen) ist eine langsame, hangabwärts gerichtete Fließbewegung des aufgetauten Oberbodens über noch gefrorenem Untergrund (Band 2, Kapitel 4). Die zunehmende Erwärmung im Alpenraum wird infolge des Rückzuges des Permafrostes in größere Tiefen zu einer Abschwächung der Bodenbewegung durch Solifluktion führen.

Durch den Gletscherrückgang (Band 2, Kapitel 2) **werden auf den freigelegten Flächen Erosion und Sedimenteintrag in Fließgewässern zunehmen.** Eine direkte Folge der Gletschererosion ist der hohe Feinsedimenteintrag in Fließgewässern und Seen, was bei letzteren zur Verlandung führen kann. Einerseits kann der Rückzug von Gletschern oder das Auftauen von Permafrost lokal zu einer deutlichen Erhöhung des Geschiebepotenzials und damit des Feststofftransports in

Tabelle S.2.1 Abschätzung der Sensitivität von Prozessen im Boden in Bezug auf den Klimawandel. Erstellt von Geitner für AAR14
Table S.2.1 Assessment of the sensitivity of processes in soils related to climate change. Developed by Geitner for AAR14

Prozesse	Sensitivität	Erläuterungen
Mineralkörper		
Physikalische Verwitterung	++	A oder Z: abhängig von Höhenstufe (Frostwechselhäufigkeit)
Chemische Verwitterung	++	Z: bei Erhöhung der Temperatur (nivale/alpine Stufe) A: bei trockenen Verhältnissen
Biologische Verwitterung	+	A oder Z: bei Vegetationsänderungen
Oxidation	+	Z: bei trockenen Verhältnissen
Reduktion	+	Z: bei feuchten Verhältnissen
Tonmineralbildung	+	A: bei trockenen Verhältnissen
Tonverlagerung	+	A: bei trockenen Verhältnissen
Podsolierung	+	A: bei trockenen Verhältnissen
Carbonatisierung	+	Z: bei trockenen, wechselfeuchten Verhältnissen A: bei feuchten Verhältnissen
Humuskörper		
Mineralisation	+++	Z: bei durchschnittlichen Bedingungen A: bei trockenen oder bei sehr feuchten Verhältnissen
Humifizierung	+	A oder Z: in Abhängigkeit von weiteren Faktoren (z. B. Feuchtigkeit, chemische Zusammensetzung der Streu)
Sonstige		
Austauschprozesse (Ionen)	+	A: bei trockenen Verhältnissen
Aggregatbildung	+	in Abhängigkeit von sonstigen Bedingungen
Bioturbation	++	in Abhängigkeit von sonstigen Bedingungen
Kryoturbation	++	in Abhängigkeit von Dauer der Frostphasen und Anzahl der Frostwechsel, unterschiedlich nach Höhenlage

A = Abnahme, Z = Zunahme, + = mäßige, ++ = mittlere, +++ = starke Wirkung erwartet

Fließgewässern führen. Andererseits muss bei einem vollständigen Verschwinden lokaler Gletscher mittelfristig von einer Abnahme des Feinsedimenteintrages in Gewässern ausgegangen werden. Weiters ist zu beachten, dass der Geschiebetransport in Fließgewässern stark durch menschliche Einflüsse wie Flussregulierungen und Kraftwerksbauten überprägt ist (Band 2, Kapitel 4).

Sollten sich Windgeschwindigkeiten lokal erhöhen, kann auch die Winderosion in Zukunft zunehmen. Diese ist jedoch ebenfalls stark von der Vegetation(-sänderung) und landwirtschaftlichen Nutzung abhängig (Band 2, Kapitel 4; Band 2, Kapitel 5).

Ökosystemleistungen werden durch etwaige klimabedingte Änderungen im Relief nur geringfügig beeinflusst. Da geologische Prozesse auf ein sich änderndes Klima langsamer reagieren als ökologische Prozesse (Band 2, Kapitel 3), werden erstere für die Bereitstellung von Ökosystemleistungen (Band 2, Kapitel 1) in Österreich während der nächsten Jahrzehnten nur von untergeordneter Bedeutung sein (Band 2, Kapitel 4).

Was den Boden betrifft, sind die deutlichsten Klimaeffekte auf das Bodenleben und den dadurch beeinflussten Humushaushalt zu erwarten. Als Boden wird der oberste, von der Verwitterung beeinflusste Teil (und somit die mit der Atmosphäre in direktem Austausch stehenden obersten Dezimeter) der Erdkruste bezeichnet. Viele Prozesse im Boden sind sowohl temperatur- als auch feuchtigkeitsabhängig – deren zukünftige Entwicklung hängt somit von den lokalen Änderungen in Temperatur *und* Niederschlag ab. Besonders betroffen sind dabei das Bodenleben und die Prozesse des Humusabbaus, der Nährstoffnachlieferung sowie eine mögliche Veränderungen der Bodenstruktur (Tabelle S.2.1). Trockene Böden weisen generell eine geringere Diversität des Bodenlebens und weniger robuste Populationen auf als feuchtere, gut sauerstoffversorgte Böden (Band 2, Kapitel 5).

Generell reagieren Böden träge auf klimatische Änderungen. Da die Vegetation wesentlich rascher auf Klimaveränderungen reagiert (Band 2, Kapitel 3) und ihrerseits die Bodenentwicklung – vor allem die Bildung der organischen Substanz im Boden – mitbestimmt, ist kurz- und mittelfristig von indirekten Klimaeffekten auszugehen (Band 2, Kapitel 1), die auf den Böden überwiegen werden (Band 2, Kapitel 5).

Böden beeinflussen die Kohlenstoffbilanz und sind somit direkt klimawirksam. Die Menge an CO_2, die jährlich aus den Böden in die Atmosphäre gelangt (und in etwa in gleichem Maße wieder vom Boden aufgenommen wird), übersteigt die durch fossile Brennstoffe verursachten Emissionen deutlich. Die Erhaltung des ökologischen Gleichgewichts der Böden ist somit ein wichtiger Aspekt des Klimaschutzes. Höhere Temperaturen verstärkten die Mineralisation und können daher zu einer Abnahme der organischen Substanz im Boden (und somit auch des im Boden gespeicherten Kohlenstoffs) führen. Dies setzt allerdings gleichbleibende Feuchtigkeitsbedingungen voraus. Trockenperioden verzögern den Humusabbau, ebenso ein Durchfrieren des Bodens bei geringer Schneelage (Tabelle S.2.1). Ob und inwieweit die durch steigende Temperaturen erwarteten Humusverluste durch eine erhöhte Biomasseproduktion der Vegetation (z. B. durch erhöhtes CO_2-Angebot und längere Vegetationszeiten, Band 2, Kapitel 3) ausgeglichen werden können, ist von Standort und Bewirtschaftung abhängig und noch mit großen Unsicherheiten behaftet. Auch bezüglich der Stabilität von Humuskomplexen und der Rolle des Unterbodens in der Kohlenstoffspeicherung besteht noch Forschungsbedarf (Band 2, Kapitel 5).

Temperaturextreme und Trockenphasen haben größere Auswirkungen auf Bodenprozesse als graduelle klimatische Änderungen. Temperaturextreme beeinflussen z. B. Bodenlebewesen stärker als graduelle Veränderungen der durchschnittlichen Temperatur. Weiters beeinflussen Temperaturextreme und Trockenphasen die Umsatzraten von Kohlenstoff und Stickstoff im Boden stark. Bei stärker ausgeprägten Gefrier- und Auftauprozessen im Winter (durch Veränderung der Dauer und Mächtigkeit der Schneebedeckung), aber auch bei starkem und langem Austrocknen des Bodens, gefolgt von Starkniederschlagsereignissen, steigen die Umsetzungsraten von Kohlenstoff und Stickstoff, wodurch es unmittelbar nach derartigen Ereignissen zu Spitzen in der THG-Emission kommt (Band 2, Kapitel 5).

Durch einen lokal möglichen Rückgang von Sickerwasser und Grundwasserspiegel unter trockeneren Bedingungen (Band 2, Kapitel 2) kann auf wasserbeeinflussten Böden (Gley, Pseudogley) der Stauwassereinfluss reduziert und somit die Ertragsleistung erhöht werden. Derartige Änderungen können jedoch auch die natürliche Dynamik von Au- und Moorböden beeinträchtigen. Insbesondere Moorböden, die einen bedeutenden Kohlenstoffspeicher darstellen, reagieren empfindlich auf steigende Temperaturen und Austrocknung (Band 2, Kapitel 5).

Ackerböden sind stärker von der Zunahme klimatischer Extreme betroffen als Grünlandböden. Bei Ackerböden kann insbesondere in Phasen unvollständiger oder fehlender Bodenbedeckung die Erosion durch Wasser und Wind zunehmen (Band 2, Kapitel 4; Band 2, Kapitel 5). Anbau- und Bodenmanagement werden daher zukünftig an Bedeutung gewinnen, um mögliche klimabedingte Probleme durch angepasste Bewirtschaftung zu kompensieren. Für Grünlandböden ist generell von hoher Stabilität auszugehen, wobei auch hier eine klimabedingte Reduktion des Humusgehaltes möglich ist (Band 2, Kapitel 5). Im Lichte von globalen Fragen der Ernährungssicherheit bei gleichzeitig steigenden Nutzungsansprüchen an Böden (z. B. durch die vermehrte Nutzung von Bioenergie) könnte eine Steigerung der Stickstoffnutzungseffizienz in Böden einen Beitrag leisten (Band 2, Kapitel 5). **Naturnahe Böden werden ihre Funktionen und Leistungen auch unter veränderten klimatischen Bedingungen besser erfüllen als stark menschlich beeinträchtigte Böden.** Bodenschutz ist daher nicht nur Klimaschutz, sondern auch ein wichtiger Beitrag zur Klimaanpassung.

Steigende Temperaturen führen zu erhöhten CO_2-Emissionen aus Waldböden. Bei einer Temperaturerhöhung um 1 °C wird in etwa 10 % mehr CO_2 durch Bodenatmung freigesetzt, bei einer Erwärmung um 2 °C werden rund 20 % mehr CO_2 und N_2O emittiert. Auch eine Zunahme von Störungen (z. B. durch Windwurfereignisse und nachfolgende Borkenkäferkalamitäten, Band 2, Kapitel 3) führt zu Humus- bzw. Bodenverlusten durch Erosion, zu einer erhöhten Freisetzung von CO_2 aus dem Boden sowie zu einer Beeinträchtigung der hydrologischen Bodenfunktionen (Band 2, Kapitel 5).

Über Auswirkungen des Klimawandels auf Hochgebirgsböden und Stadtböden ist noch wenig bekannt. Eine klimabedingte Veränderung der Vegetation – gerade im Bereich der aktuellen Waldgrenze (Band 2, Kapitel 3) – wird auch die Humusquantität und -qualität von Hochgebirgsböden beeinflussen. Andererseits werden höhere Temperaturen auch hier den Humusabbau begünstigen, zumal die Böden der Hochlagen leicht abbaubare Komponenten enthalten. Aufgrund der kleinräumigen Differenzierung der Gebirgsböden sind generelle Aussagen jedoch nur bedingt möglich (Band 2, Kapitel 5). Bei Stadtböden ist von einer starken Gefährdung durch den Klimawandel auszugehen, da sie durch die starke menschliche Beeinflussung schon *per se* einer erhöhten Temperatur sowie einem reduzierten Wassergehalt ausgesetzt sind und ein natürlicher Bodenaufbau oftmals fehlt. Detaillierte Studien zur Klimasensitivität von Stadtböden in Österreich fehlen jedoch (Band 2, Kapitel 5).

S.2.4 Auswirkungen auf die belebte Umwelt
S.2.4 Impacts on the Living Environment

In niederschlagsärmeren Gebieten nördlich der Donau sowie im Osten und Südosten Österreichs werden sich die landwirtschaftlichen Erträge verringern. In kühleren, niederschlagsreicheren Gebieten Österreichs steigert wärmeres Klima hingegen das Ertragspotenzial von landwirtschaftlichen Nutzpflanzen. Nicht bewässerte Sommerkulturen mit geringeren Temperaturansprüchen wie Sommergetreide, Zuckerrüben und Erdäpfeln werden zunehmend von Hitzestress und Trockenschäden betroffen sein. Das Ertragspotenzial dieser Kulturen wird stagnieren oder zurückgehen, insbesondere auf leichten Böden mit geringer Wasserspeicherkapazität (Band 2, Kapitel 3). Möglicherweise müssen bisher nicht bewässerte Kulturen regional zunehmend bewässert werden (Band 2, Kapitel 2; Band 2, Kapitel 3). Bei aktuell bereits bewässerten Kulturen ist ein zunehmender Wasserbedarf zu erwarten (Band 2, Kapitel 3).

Das klimatische Anbaupotenzial wärmeliebender Nutzpflanzen wie z. B. Körnermais oder Wein weitet sich in niederschlagsreicheren Gebieten deutlich aus. Wärmeliebende Sommerkulturen wie Mais, Sojabohnen oder Sonnenblumen können durch die zunehmenden Temperaturen auch im Ertragspotenzial profitieren, solange die Wasserversorgung nicht limitierend wirkt. Die auf nationaler Ebene beobachteten Ertragssteigerungen der vergangenen Jahrzehnte sind jedoch primär dem Fortschritt bei Agrartechnik, agro-chemischen Maßnahmen und der Pflanzenzüchtung – und somit nicht dem Klimawandel – zuzuschreiben. Für die Schweiz und Österreich zeigt sich neben steigenden Erträgen auch eine steigende zwischenjährliche Variabilität, welche zumindest zum Teil auf den Klimawandel zurückzuführen ist (Band 2, Kapitel 3).

Winterkulturen könnten ein ansteigendes Ertragspotential aufweisen, da sie die Winterfeuchte in den Böden besser ausnutzen. Allerdings besteht an nassen Standorten oder in niederschlagsreichen Regionen zunehmend auch die Gefahr von Staunässe durch zunehmende Niederschläge im Winterhalbjahr. Auch droht Winterkulturen (wie z. B. Winterweizen) bei wärmeren Wintern zunehmend Gefahr durch Schädlinge und Krankheiten (Band 2, Kapitel 3).

Ein weiterer Temperaturanstieg wird den Weinbau in bisher weniger geeigneten Klimalagen in Österreich begünstigen. In den bestehenden Weinanbaugebieten wird sich ein Temperaturanstieg besonders günstig auf Rotweinsorten bzw. die Rotweinqualität auswirken. Bei Weißweinsorten, für welche der Säuregehalt ein wesentliches Qualitätsmerkmal ist, könnte sich die Qualität in kühleren oder neuen Anbaugebieten verbessern, in bisherigen Anbaugebieten jedoch auch vermindern (Band 2, Kapitel 3).

Obstkulturen werden von den erwarteten klimatischen Änderungen negativ betroffen sein. Dabei sind insbesondere zunehmende Trockenheit und Bewässerungsbedürftigkeit problematisch, da Obstkulturen generell einen höheren Wasserbedarf haben und hitze-, bzw. trockenheitsempfindlicher sind als zum Beispiel der Wein. Auch eine Zunahme der Gewittertätigkeit bzw. der Heftigkeit von Gewittern könnte die Schadensgefahr insbesondere durch Hagel weiter steigen lassen. In Tal- und Beckenlagen ist eine Zunahme von Spätfrostschäden insbesondere während der Blüte zu erwarten. Zusätzlich können durch extreme Witterungsphasen Störungen im Wachstumsrhythmus eintreten. So können zum Beispiel warme Witterungsabschnitte im Winter zu einer Abnahme der Frosthärte der Obstgehölze führen und damit die nachfolgende Frostschadensgefahr erhöhen (Band 2, Kapitel 3).

Auch Nutztiere leiden unter dem Klimawandel. Zunehmende Hitzeperioden können bei Nutztieren die Leistung verringern und das Krankheitsrisiko erhöhen. Eine zunehmende Hitzebelastung kann z. B. zu einem Rückgang der Milchleistung bei Kühen oder zu einer Abnahme der Eigröße bei Legehennen führen. Neben der Umgebungstemperatur beeinflusst auch die Luftfeuchtigkeit und -strömung das thermische Wohlbefinden der Tiere (Band 2, Kapitel 3).

Klimabedingt wird die Produktivität österreichischer Wälder in Berglagen und Regionen mit ausreichendem Niederschlag zunehmen. In östlichen und nordöstlichen Tieflagen und in inneralpinen Beckenlagen nimmt die Produktivität hingegen aufgrund zunehmender Trockenperioden ab. Ob potentielle Zuwachssteigerungen in der praktischen Waldbewirtschaftung tatsächlich realisiert werden können, wird jedoch zu einem wesentlichen Teil von den zahlreichen Risikofaktoren und deren klimabedingten Änderungen abhängen (Band 2, Kapitel 3). So nimmt z. B. die Intensität und Häufigkeit von Störungen in Waldökosystemen unter allen diskutierten Klimaszenarien zu. Insbesondere gilt dies für das Auftreten wärmeliebender Insekten wie etwa Borkenkäfern. Zusätzlich ist mit neuartigen Schäden durch importierte oder aus südlicheren Regionen einwandernden Schadorganismen zu rechnen. Abiotische Störungsfaktoren wie etwa Stürme, Spät- und Frühfröste sowie Nassschneeereignisse könnten ebenfalls höhere Schäden als bisher verursachen. Diese Störungen können zudem Auslöser für Massenvermehrungen und Epidemien bedeutender forstlicher Schadorganismen wie etwa Borkenkäfern sein. Störungen führen einerseits zu geringeren Erlösen in der Holzproduktion (Band 2, Kapitel 3). Andererseits wird auch die Schutzfunktion der Wälder u. a.

vor Steinschlag, Muren und Lawinen oder auch ihre Fähigkeit zur Kohlenstoffspeicherung durch steigende Störungen beeinträchtigt (Band 2, Kapitel 3; Band 2, Kapitel 4).

Die trockenen Sommer der Jahre 2003 und 2007 haben gezeigt, dass auch in Österreich **Waldbrände** unter den entsprechenden Witterungsbedingungen rasch entstehen und erhebliche Ausmaße annehmen können. Aufgrund der erwarteten Erwärmung und der steigenden Wahrscheinlichkeit trockener Witterungsabschnitte im Sommer wird für die Zukunft eine größere Häufigkeit und Schwere von Waldbränden für den Alpenraum erwartet. Eine erhöhte Feuerfrequenz stellt insbesondere für den alpinen Raum ein Risiko dar, da dort die Regenerationszeit der Vegetation nach Waldbränden hoch ist und die Schutzfunktion des Waldes gegen Naturgefahren reduziert bzw. zunichte gemacht werden könnte (Band 2, Kapitel 4; Band 2, Kapitel 3).

Laubwaldgesellschaften werden in Österreichs Wald an Konkurrenzkraft gewinnen. In Österreich würde eine Erwärmung von 2 °C bei gleichzeitig geringfügig reduziertem Niederschlag auf knapp 80 % der Waldfläche zu einer Veränderung der potentiell natürlichen Waldgesellschaft führen, wobei vor allem Buchen-, aber auch Eichen- und Buchen-Tannen-Fichtenwaldtypen ihr potentielles Areal erhöhen würden. Regionale Unterschiede sowie die standörtliche Heterogenität im Gebirgswald führen in Verbindung mit der aktuellen Bestockung jedoch zu kleinräumigen Unterschieden in der zukünftigen Entwicklung des Österreichischen Waldes. Bis zu einem Schwellenwert der Temperaturerhöhung von in etwa +1 °C wird davon ausgegangen, dass keine größeren Arealänderungen von Waldgesellschaften in Österreich auftreten würden (Band 2, Kapitel 3).

In alpinen Lagen können kälteangepasste Pflanzen in größere Höhen vordringen, jedoch auch von wärmeliebenderen Arten verdrängt werden. Das Höhersteigen der Arten in alpinen Gipfelzonen ist ein europaweit nachweisbarer Prozess, der in Österreich zu einer Vermehrung der Artenvielfalt in höheren alpinen Lagen führen kann. Weiters ist ein Anstieg von wärmeliebenden Arten auf Kosten von kälteangepassten Arten in der alpinen Vegetation zu beobachten. Während letztere in Nischen trotz Erwärmung derzeit noch überdauern können, ist mittelfristig ein lokales Aussterben von kälteangepassten Arten der alpinen Vegetation zu erwarten. Aus dem Hochgebirge stammende Arten in den niedrigeren Randlagen der Alpen sind davon besonders betroffen (Band 2, Kapitel 3).

Hochmoore sind stark vom Klimawandel betroffen. Es wird geschätzt das 85 % der Hochmoore in Österreich durch einen Temperaturanstieg um 2–3 °C gefährdet sind (Band 2, Kapitel 3).

Österreichs Tierwelt wird durch den Klimawandel zunehmend mediterran geprägt. Dies lässt sich anhand von Artenverschiebungen bei verschiedenen Tiergruppen, wie z. B. den Libellen, Wanzen oder wirbellosen Süßwassertieren, bereits nachweisen. Gleichzeitig werden klimabedingte Arealverluste für viele Tierarten und Artengruppen erwartet, unter anderem für viele endemische (d. h. sonst nirgendwo vorkommende) Arten. Arealverschiebungen von Arten sind jedoch nicht nur von der Reaktion der einzelnen Art auf den Klimawandel abhängig, sondern werden auch durch die Fähigkeit zu wandern und sich gegenüber in neuen Gebieten vorkommenden Arten durchzusetzen bestimmt (Band 2, Kapitel 3).

Amphibien sind aufgrund ihrer Lebensraumansprüche und geringen Mobilität besonders durch den Klimawandel gefährdet. Die projizierte Änderung der Niederschlagsverteilung ist dabei als Gefährdungsfaktor vermutlich von größerer Bedeutung als Temperaturveränderungen (Band 2, Kapitel 3). Im Vordergrund stehen indirekte Auswirkungen (Band 2, Kapitel 1) als Folge von Lebensraumverlust, z. B. der mögliche Rückgang von periodischen Kleingewässern und der Verlust von Feuchtlebensräumen als Folge häufiger auftretender oder verlängerter Trockenperioden (Band 2, Kapitel 3).

Reptilien sind potentielle Gewinner des Klimawandels. Mit verlängerten sommerlichen Bedingungen ist für Reptilien in Österreich ein Anstieg des Reproduktionserfolges zu erwarten. Eine erfolgreiche Vermehrung nicht heimischer Reptilienarten (wie z. B. Schildkrötenarten) im Freiland wird vereinzelt bereits beobachtet (Band 2, Kapitel 3).

Eine Verschiebung in Richtung warmwasserliebender Fischarten ist zu erwarten. Eine Erwärmung von 2,5 °C (Band 2, Kapitel 2) könnte eine Höhenverschiebung der Fischregionen um 70 Höhenmeter bzw. eine Verlagerung der Fischregionen flussaufwärts im Ausmaß von ca. 30 km bedeuten (Band 2, Kapitel 3). Diese theoretische Verschiebung flussaufwärts wird aber in vielen Fällen nicht möglich sein, da die Gewässer dort oftmals für Fische zu klein sind. Insgesamt ist daher mit einem Verlust an Forellen- und Äschengewässern zu rechnen. Mehr als die Hälfte der heimischen Fischarten scheint bereits in den roten Listen auf und zusätzliche Belastungen durch Klimaänderungen aber auch dem weiteren Ausbau der Wasserkraft werden zu einer weiteren Gefährdung der heimischen Fischfauna führen (Band 2, Kapitel 3).

Der Klimawandel wirkt nicht nur auf einzelne Pflanzen- und Tierarten, sondern beeinflusst auch deren Zusammenspiel in Lebensgemeinschaften stark. Klimabedingt können sich in Zukunft die Beziehungen zwischen Räuber und Beute, Parasit und Wirt sowie Pflanze und Bestäuber ändern. Durch eine zeitliche Entkoppelung von Prozessen, wie z. B. dem

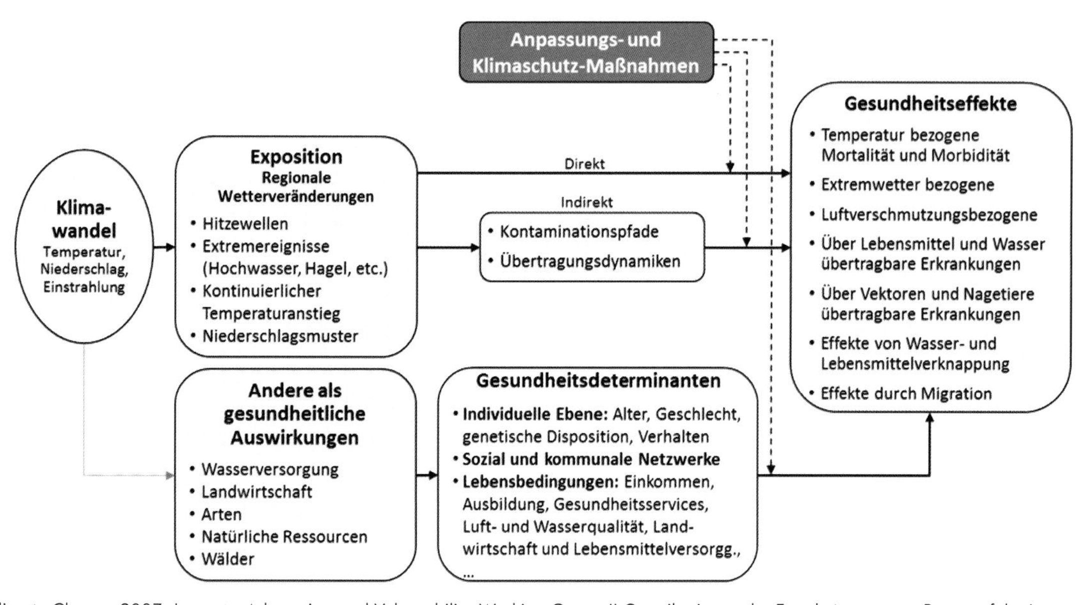

Abbildung S.2.5. Direkte und indirekte Wirkungspfade von Klimawandel auf Gesundheit. Quelle: adaptiert nach Confalonieri et al. (2007); McMichael et al. (2004)

Figure S.2.5. Direct and indirect impact chainsinfluencing pathways of climate change affecting health. Source: adapted from Confalonieri et al. (2007); McMichael et al. (2004)

Blühzeitpunkt von Pflanzen und dem Entwicklungsstadium des Bestäubers oder durch eine räumliche „Auseinanderverschiebung" der Areale (geringere zukünftige Arealüberschneidungen von interagierenden Arten) können Ökosysteme stark beeinflusst werden (Band 2, Kapitel 3).

Generell sind Ökosysteme mit sehr langer Entwicklungsdauer besonders vom Klimawandel betroffen. Dazu zählen in Österreich sowohl Wälder als auch Lebensräume oberhalb der Waldgrenze und Moore. Durch die langsam ablaufende Entwicklung (relativ zum fortschreiten des Klimawandels) können sich derartige Ökosysteme nur bedingt an die klimatischen Änderungen anpassen. Die dadurch entstehende hohe Klimavulnerabilität betrifft sowohl die Pflanzen- als auch die Tierwelt in derartigen Ökosystemen (Band 2, Kapitel 3).

S.2.5 Auswirkungen auf den Menschen
S.2.5 Impacts on Humans

Die Zunahme von Hitzewellen führt zu steigenden Mortalitätsraten. Temperaturerhöhung und insbesondere Hitzewellen sind die Klimafaktoren mit den wahrscheinlich gravierendsten direkten Auswirkungen auf die menschliche Gesundheit (Abbildung S.2.5). Hitze belastet den menschlichen Organismus und kann vor allem bei einer schlechten gesundheitlichen Ausgangslage bis hin zum Tod führen. Insbesondere bei älteren Personen aber auch bei Kleinkindern oder chronisch Kranken, werden vermehrt Herz-Kreislaufprobleme festgestellt, häufig infolge von Dehydration. Es gibt eine ortsabhängige Temperatur, bei welcher die Sterblichkeitsrate am geringsten ist; jenseits dieser nimmt die Mortalität pro 1 °C Temperaturanstieg um 1–6 % zu (sehr wahrscheinlich, hohes Vertrauen, Band 2, Kapitel 6, Band 3, Kapitel 4). Vor allem ältere Menschen und auch Kleinkinder weisen oberhalb dieser optimalen Temperatur einen deutlichen Anstieg des Sterberisikos auf. Über Anpassungsmöglichkeiten und Anpassungsgeschwindigkeit an höhere Mitteltemperaturen ist noch wenig bekannt. Hitzewellen belasten vor allem Menschen in städtischen Siedlungsräumen, da die Hitzewellen durch den städtischen Wärmeinseleffekt (höherer Strahlungsumsatz und Wärmespeicherung) in größeren Städten verstärkt und gegebenenfalls verlängert werden kann. Auch ist die nächtliche Abkühlung in städtischen Siedlungsräumen sehr viel geringer als im ländlichen Raum, wodurch die nächtliche Erholungsphase beeinträchtigt wird (Band 2, Kapitel 6). Für die Hitzewelle im Jahr 2003 wurden in Österreich zwischen 180 und 330 hitzebedingte Todesfälle registriert. Niederschlagsbedingte Extremereignisse (Muren, Überflutungen etc.) erhöhen die Verletzungsgefahr und können ebenfalls das Leben bedrohen. Die in Schwellen- und Entwicklungsländern häufig mit Überschwemmungen verbundene Seuchengefahr ist bei intakten hygienischen Rahmenbedingungen in Österreich ein geringeres Problem.

Indirekte Klimaauswirkungen auf die menschliche Gesundheit sind durch die Ausbreitung nichtheimischer Tier- und Pflanzenarten zu erwarten. Hier spielen vor allem jene Krankheitserreger eine Rolle, die von blutsaugenden Insekten und Zecken übertragen werden. Denn nicht nur die Erreger selbst, sondern auch die Vektoren (Insekten und Zecken) sind in ihrer Aktivität und Verbreitung von klimatischen Bedingungen abhängig. Neu eingeschleppte Krankheitserreger wie etwa Viren, Bakterien und Parasiten, aber auch allergene Pflanzen und Pilze, wie z. B. das Beifußblättrige Traubenkraut (*Ambrosia artemisiifolia*) sowie der Eichenprozessionsspinner (*Thaumetopoea processionea*) und neue Vektoren z. B. die Tigermücke (*Stegomyia albopicta*) können sich etablieren, aber auch bereits vorhandene Krankheitserreger können sich regional ausbreiten (oder auch verschwinden). So beobachtet man schon jetzt eine Verschiebung der Zeckenpopulationen in höhere Regionen. Nager dienen als Reservoire, ihre Verbreitung und Zahl verschiebt sich mit dem Klimawandel. Da komplexe Jäger-Beute-Beziehungen eine wichtige Rolle spielen, sind konkrete Abschätzungen zukünftiger Entwicklungen schwierig. Zu den möglicherweise vermehrt auftretenden Krankheiten zählen die von Zecken und anderen Vektoren übertragene Hirnhautentzündung, das Gelbfieber, Dengue, Malaria, Leishmania, Hanta sowie grippeartige Erkrankungen. Auch durch Trinkwasser und Lebensmittel übertragene Krankheitserreger (z. B. Salmonellen) sind temperaturabhängig und können sich bei höheren Durchschnittstemperaturen entsprechend weiter ausbreiten (Band 2, Kapitel 6).

Die gesundheitliche Betroffenheit durch den Klimawandel ist eng mit sozialen Bedingungen verknüpft. Meist ist es das Zusammentreffen verschiedener sozialer Faktoren (z. B. niedriges Einkommen, geringer Bildungsgrad, wenig Sozialkapital, prekäre Arbeits- und Wohnverhältnisse, Arbeitslosigkeit, eingeschränkte Handlungsspielräume), die weniger privilegierte Bevölkerungsgruppen besonders verwundbar für Folgen des Klimawandels machen. Ärmere soziale Schichten sind – zum Teil bedingt durch die Lage ihrer Wohnungen und Häuser im Siedlungsraum (z. B. im dicht verbauten Gebiet mit wenig Grün, im hochwassergefährdeten Bereich), mehr jedoch durch die bautechnische Beschaffenheit der Gebäude – dem Klimawandel gegenüber besonders exponiert und haben weniger Möglichkeiten zur Anpassung (z. B. an zunehmende Hitzewellen) und zum Schutz der Gesundheit. Die Abschwächung und Verkürzung der kalten Jahreszeit (weniger Heizgradtage) kann angesichts steigender Energiepreise hingegen als ein entlastender Faktor für sozial Schwächere wirken (Band 2, Kapitel 6).

Frauen handeln in vielen Bereichen klimafreundlicher als Männer, sind jedoch auch in Österreich oft stärker von Auswirkungen des Klimawandels betroffen. Während der Hitzewelle 2003 sind in Europa deutlich mehr Frauen als Männer (über alle Altersgruppen) zu Tode gekommen (Band 2, Kapitel 6).

Der klimabedingte Migrationsdruck auf Österreich aus Entwicklungs- und Schwellenländern wird zunehmen. Dies ist vor allem dem globalen Ungleichgewicht zwischen den Verursachern des Problems und den am meisten betroffenen Menschen geschuldet (Band 2, Kapitel 6; Band 2, Kapitel 1). Ob sich der steigende Migrationsdruck auch in erhöhten Einwanderungszahlen niederschlagen wird, hängt jedoch von der politischen Gestaltung ab (Band 2, Kapitel 6).

Gemessen am übrigen Europa werden für Österreich mittlere direkte Klimafolgekosten erwartet (Band 2, Kapitel 6). Die zu erwartende höhere Variabilität im Niederschlag wird primär die Land- und Forstwirtschaft, und mit Einschränkungen auch die Energie- und Wasserwirtschaft der östlichen und südöstlichen Landesteile betreffen (Band 2, Kapitel 2; Band 2, Kapitel 3). Die potenzielle Zunahme extremer Niederschlagsereignisse sowie deren mittelbare Folgen, wie Überschwemmungen und Massenbewegungen, werden vor allem im alpinen Raum sowie in einigen Flusstälern hohe Schadenspotenziale für die Infrastruktur zeitigen (Band 2, Kapitel 2; Band 2, Kapitel 4). Es ist dabei zu beachten, dass die absolute Abschätzung der Klimafolgekosten schwierig ist, da nicht nur Veränderungen in der Qualität und Quantität eines Gutes bzw. einer Dienstleistung Berücksichtigung finden müssen, sondern auch Auswirkungen auf nicht über Märkte gehandelte Ökosystemleistungen (Band 2, Kapitel 6).

Die ökonomischen Gesamtschäden durch extreme Wetterereignisse sind in Österreich in den letzten Jahren stark angestiegen. Auf Basis von Versicherungsdaten wird für Österreich zwischen 1980 und 2010 ein Gesamtschaden durch extreme Wetterereignisse von 10,6 Mrd. Euro geschätzt (in Preisen von 2013, Abbildung S.2.6). Zu beachten ist jedoch, dass für das Ansteigen der ökonomischen Schäden sowohl die Anzahl und Intensität der Wetterereignisse als auch die steigende Exposition von Sachwerten verantwortlich sind. So sind z. B. aufgrund des starken Siedlungswachstums in einigen Risikoregionen die Schadenspotenziale in den vergangenen Jahrzehnten stark angestiegen. Für die Periode 2001 bis 2010 schlagen sich insbesondere die Hochwässer 2002 (rund 3,7 Mrd. Euro) und 2005 (knapp 0,6 Mrd. Euro) sowie mehrere starke Winterstürme mit Schäden von jeweils mehreren hundert Mil-

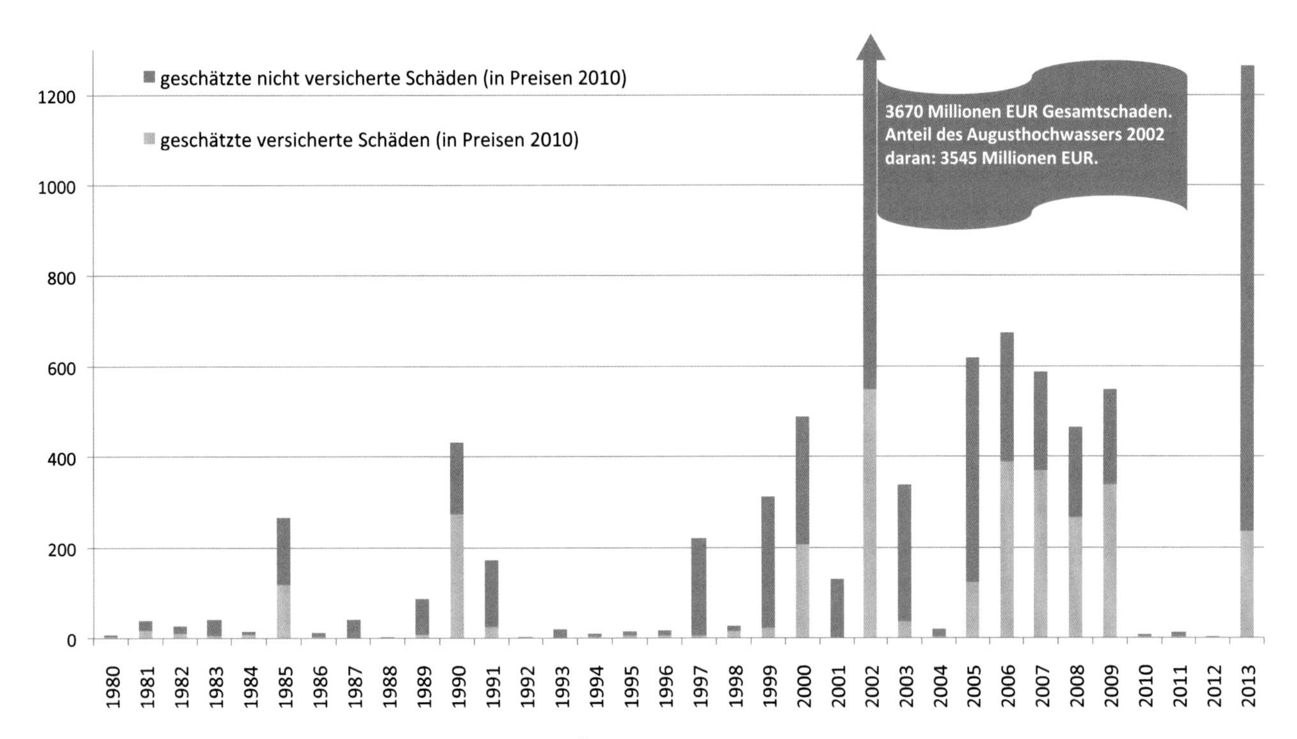

Abbildung S.2.6. Wetter- und witterungsbedingte Schäden in Österreich 1980 bis 2010. Copyright: Münchener Rückversicherungs-Gesellschaft Geo Risks Research, NatCatSERVICE (2014)

Figure S.2.6. Weather and climate related damage in Austria 1980 to 2010. Copyright: Munich Re Geo Risks Research, NatCatSERVICE (2014)

lionen Euro zu Buche. Es ist zu beachten, dass es sich dabei lediglich um direkte Schadenskosten handelt, die durch Wiederherstellung und Reparaturen anfielen, während indirekte Kosten von Folgewirkungen nicht erfasst sind. Weiters finden viele kleinere Ereignisse oder sich langsam aufbauende Schäden hier keine Berücksichtigung, weswegen der ökonomische Gesamtschaden durch Wetterereignisse noch deutlich höher als die hier angeführten Werte liegen dürfte (Band 2, Kapitel 6).

Der Wintertourismus in Österreich wird mit hoher Wahrscheinlichkeit negativ vom Klimawandel betroffen sein. Eine winterliche Erwärmung und damit verbundene Verkürzung bzw. Unterbrechung der Saison sowie die geringere Schneesicherheit in tieferen Lagen und im Osten des Landes wird sich negativ auf den Wintertourismus auswirken. Weiters ist von einer steigenden Abhängigkeit von wasser- und energieintensiver künstlicher Beschneiung in ganz Österreich auszugehen (Band 2, Kapitel 6).

Für Bade- und Erholungstourismus bieten steigende Temperaturen sowie geringere Niederschlagshäufigkeit zukünftig Chancen. Diesbezüglich wird vor allem der Sommertourismus vom Klimawandel profitieren, wobei sich Österreich gegebenenfalls auch als „Sommerfrische" gerade für die Mittelmeerländer positionieren könnte. Allerdings müssen diese Potentiale auch entsprechend genutzt werden und es ist noch nicht klar, wie weit sich diese Möglichkeiten in Zukunft erschließen lassen werden. Es wird erwartet, dass die Zuwächse im Sommertourismus die Verluste im Wintergeschäft mit hoher Wahrscheinlichkeit nicht kompensieren werden können (Band 2, Kapitel 6).

Der Städtetourismus zeigt sich insgesamt dem Klimawandel gegenüber als relativ robust. Auswirkungen sind insofern zu erwarten als sich die Aktivitäten von Städtetouristen eventuell stärker auf städtische Grünflächen, Parks und Gastgärten konzentrieren werden und nicht klimatisierte Gebäude in den Sommermonaten eher gemieden werden. Weiters ist mit einer Verlagerung der Besucherzahlen in Städten vom Sommer hin zu den Übergangsjahreszeiten zu rechnen (Band 2, Kapitel 6).

Hinsichtlich des Energiebedarfs werden die klimawandelbedingten Heizenergieeinsparungen mit hoher Wahrscheinlichkeit den zusätzlichen Energiebedarf zur Raumkühlung mehrfach übertreffen (Band 2, Kapitel 6). Österreich deckt derzeit seinen Strombedarf zu etwa 60 % aus Wasserkraft. Für die Zukunft wird ein leichter Rückgang der Wasserkrafterzeugung erwartet, wobei die Produktion klimabedingt im Sommer ab- und im Winter zunehmen wird. Die vorliegenden Prognosen zeigen Unterschiede in der Jahreserzeugung die bis Ende dieses Jahrhunderts zwischen ±5 % und

–15 % liegen. Bezüglich des Kühlwasserbedarfs von Kraftwerken sind regional und saisonal Einschränkungen möglich, wie z. B. im Sommer im Voralpenbereich. Kalorische Anlagen an den größeren Flüssen (Drau, Inn, Mur, Donau) sollten jedoch auch in Zukunft keinen Nutzungseinschränkungen unterliegen (Band 2, Kapitel 2).

Der nicht durch Naturgefahren gefährdete Siedlungsraum wird sich weiter verkleinern. Derzeit befinden sich in Österreich rund 400 000 Gebäude in Hochwassergefahrenzonen. Es ist davon auszugehen, dass sich der künftige Siedlungsraum auch weiter in die Hochwassergefahrenzonen ausdehnen wird, sofern die Raumordnung nicht restriktiv einschreitet (Band 2, Kapitel 6). Zudem muss erwartet werden, dass sich Hochwasserzonen klimabedingt ausdehnen werden (Band 2, Kapitel 2). Gerade in Alpentälern wird die weitere Ausdehnung der Siedlungsfläche erschwert werden, da sich sowohl die Hochwasserzonen in den Tälern als auch die durch Massenbewegungen gefährdeten Bereiche in Hanglagen vergrößern werden (Band 2, Kapitel 2; Band 2, Kapitel 4; Band 2, Kapitel 6).

Energie- und Verkehrsinfrastrukturen weisen eine hohe Exposition gegenüber dem Klimawandel auf, zumal sie sich häufig in exponierten Lagen befinden. Eine Unterbrechung an einer Stelle kann aufgrund der Netzstruktur oftmals zu großflächigen Serviceausfällen führen. Verkehrsinfrastrukturen sind sehr wahrscheinlich von extremen Niederschlagsereignissen besonders betroffen – aktuell treten an ihnen mehr als drei Viertel aller Schäden aus mittelbaren Folgewirkungen extremer Niederschläge (Muren, Rutschungen, Unterspülungen, Lawinen) auf. Das Ausmaß direkter Schäden durch zukünftige Extremereignisse hängt vom Szenario ab; jedenfalls können die indirekte Schäden und Folgekosten ein bedeutend höheres Ausmaß annehmen (Band 2, Kapitel 6).

Wetterbedingte Störungen in der Energieinfrastruktur können durch Kaskadeneffekte zu großräumigen „Black-Outs" führen. Gefährdungen gehen einerseits von physischen Schäden durch Massenbewegungen und Hochwasser aus (Band 2, Kapitel 2; Band 2, Kapitel 4; Band 2, Kapitel 6). Andererseits können auch Hitzewellen zu Netzproblemen führen, da hitzebedingt sowohl in der Energieerzeugung Probleme auftreten können (Niedrigwasser und verminderte Kühlwasserzufuhr, Erreichen von zulässigen Temperaturgrenzen), als auch die Durchleitungen in Richtung Italien bei zugleich steigendem Energiebedarf in Österreich (Kühlenergie und Bewässerung) besonders beansprucht sind (hoher Energiebedarf in Südeuropa und geringere Kraftwerksleistungen ebendort; Band 2, Kapitel 6).

S.3 Klimawandel in Österreich: Vermeidung und Anpassung
S.3 Climate Change in Austria: Mitigation and Adaptation

S.3.1 Emissionsminderung und Anpassung an den Klimawandel
S.3.1 Mitigation and Adaptation to Climate Change

Erfordernisse für Emissionsminderung auf globaler Ebene. Die globalen THG-Emissionen steigen weiterhin entlang des „BAU" Szenarios und werden sich, wenn sich dieser Trend fortsetzt, bis zur Mitte des Jahrhunderts verdoppelt haben. Eine Stabilisierung des Anstiegs der globalen Jahresmitteltemperatur unter 2 °C zum Ende des Jahrhunderts (im Vergleich zum vorindustriellen Temperaturniveau) erfordert bis zur Mitte des Jahrhunderts eine Minderung der THG-Emissionen um zumindest 50 % der derzeitigen Emissionen im globalen Durchschnitt bzw. um bis zu 90 % in industrialisierten Ländern (Band 3, Kapitel 1).

Die Veränderung der globalen Jahresdurchschnittstemperatur im Bereich von 4 °C und darüber, welche bei einem BAU-Szenario zu erwarten ist, bewegt sich in einer Größenordnung die der Differenz des Übergangs von Eiszeit zu Zwischeneiszeit entspricht. Eine um 4 °C erwärmte Erde wäre etwa im Vergleich zu den letzten 10 000 Jahren, die zum Hervorgehen der Zivilisationen führten, eine Welt mit kaum beherrschbaren Folgen für Natur und Gesellschaft. Auch eine Erwärmung um 2 °C wäre mit signifikanten Veränderungen verbunden, stellt aber einen Schwellenwert dar, bei dem davon auszugehen ist, dass katastrophalere Folgen vermieden werden könnten (Band 1, Kapitel 1; Band 3, Kapitel 1).

Sowohl Maßnahmen zur Emissionsminderung als auch zur Anpassung sind unbedingt erforderlich für jegliches Stabilisierungsniveau des globalen Temperaturanstiegs. Unter Emissionsminderung (engl.: Mitigation) von THG-Emissionen, werden technologischer Wandel, wie z. B. Effizienzsteigerungen und Verhaltensänderungen zur Reduktion des Ressourcenverbrauchs sowie der Emissionen pro produzierter Einheit verstanden. Es wird darauf abgezielt Klimaänderungen durch Management der Einflussfaktoren zu verringern. Im Gegensatz dazu beschreibt Klimawandelanpassung (engl.: Adaptation) Initiativen und Maßnahmen um die Verwundbarkeit gegenüber akuten oder erwarteten Auswirkungen des Klimawandels zu reduzieren oder die Resilienz von Mensch-Umwelt-Systemen gegenüber diesen zu erhöhen, beispielswei-

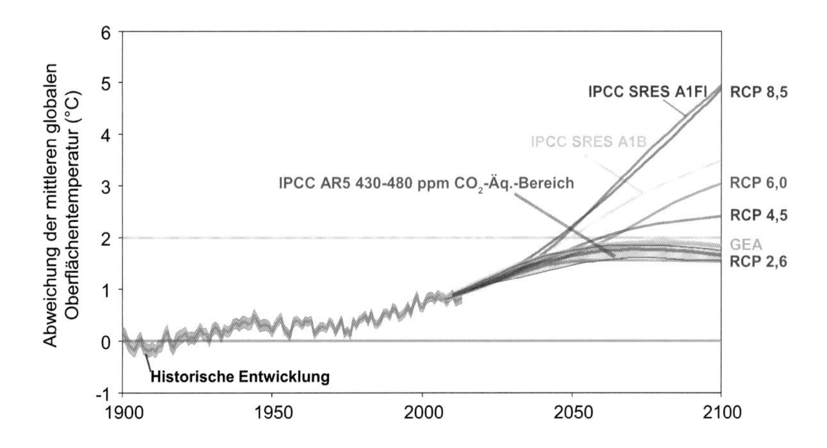

Abbildung S.3.1. Abweichung der mittleren globalen Oberflächentemperatur (°C), historische Entwicklung sowie Darstellung von vier Gruppen an Zukunfts-Szenarien: zwei IPCC SRES-Szenarien ohne Emissionsminderung (A1B und A1F1) die bei etwa 5 °C bzw. knapp über 3 °C Temperaturanstieg im Jahr 2100 liegen (im Vergleich zum Durchschnitt der ersten Dekade des 20. Jahrhunderts), vier neue Emissionsminderungsszenarien welche für IPCC AR5 entwickelt wurden (RCP8,5; 6,0; 4,5 und 2,6), 42 GEA-Emissionsminderungsszenarien und der Bereich der IPCC AR5-Szenarien die alle die Temperatur bis 2100 bei maximal plus 2 °C stabilisieren. Quellen: IPCC SRES (Nakicenovic et al., 2000; IPCC WG I, 2014 und GEA, 2012)

Figure S.3.1. Global mean surface temperature anomalies (°C) relative to the average temperature of the average of the first decade of the 20th century, historical development, and four groups of trends for the future. Two IPCC SRES scenarios without emission reductions (A1B and A1F1), which show temperature increases to about 5 °C or just over 3 °C to the year 2100, and four new emission scenarios, which were developed for the IPCC AR5 (RCP8, 5, 6.0, 4.5 and 2.6), 42 GEA emission reduction scenarios and the range of IPCC AR5 scenarios which show the temperature to stabilize in 2100 at a maximum of +2 °C Sources: IPCC SRES (Nakicenovic et al., 2000; IPCC WG I, 2014 and GEA, 2012)

se durch Hochwasserschutz oder die Ansiedelung von besser angepassten Pflanzenarten.

Entschlossene Emissionsminderungsmaßnahmen wären nötig, um jegliche Ziele zur Stabilisierung des Klimas entgegen der derzeitigen Emissionstrends zu erreichen. Eine vollständige Umsetzung der in Cancun und dem Copenhagen Accord gesetzten freiwilligen Emissionsminderungsziele (sogenannter Pledges) korrespondiert mit einem Entwicklungspfad, der zu einer globalen Erwärmung von über 3 °C (mit 20 % Wahrscheinlichkeit über 4 °C) bis Ende des Jahrhunderts führt (siehe Abbildung S.3.1).

Bedeutende Emissionsminderungsmöglichkeiten bestehen auf globaler Ebene in den Bereichen Energieversorgung, Verkehr, Gebäude, Industrie, Land- und Forstwirtschaft sowie Abfall. Diese werden in den nachfolgenden Kapiteln von Band 3 genauer behandelt.

Im Rahmen des Europäischen „Burden Sharing Agreements“ zur Umsetzung des Kyoto-Protokolls hat sich Österreich zu einer THG-Reduktion von 13 % im Zeitraum 2008 bis 2012 gegenüber 1990 verpflichtet. Im Gegensatz zur Mehrheit der anderen EU-Mitgliedsstaaten (darunter Deutschland, Großbritannien, Frankreich und Schweden) sind die THG-Emissionen in Österreich deutlich gestiegen. Damit konnte das österreichische Kyoto-Ziel nicht durch heimische Emissionsreduktionen erfüllt werden. Eine formale Erfüllung wurde durch Zertifikatzukäufe im Ausland im Ausmaß von etwa 80 Mio. t CO_2-Äq. mit einem Mittelaufwand von rund 500 Mio. € erreicht.

Das Kernelement der Europäischen Klimapolitik ist das Europäische Energie- und Klimapaket, das die drei Kernziele Reduktion der THG-Emissionen um 20 %, Erhöhung des Anteils erneuerbarer Energiequellen am Endenergieverbrauch auf 20 % sowie Erhöhung der Energieeffizienz um 20 % („20-20-20-Ziel“) bis zum Jahr 2020 verglichen mit 2005 definiert. Das Klima- und Energiepaket wird darüber hinaus durch weitere Maßnahmen und Richtlinien (Europäischer Emissionshandel, Energieeffizienz, Förderung erneuerbarer Energien, Ecodesign, Energy Performance of Buildings, Kraft-Wärme-Kopplung) ergänzt (Band 3, Kapitel 1; Band 3, Kapitel 6).

Um gefährliche Klimaveränderungen zu begrenzen und den durchschnittlichen Temperaturanstieg unter 2 °C zu halten (verglichen mit vorindustriellen Niveaus), bestätigte der Europäische Rat im Februar 2011 das Vorhaben der EU, die THG-Emission der EU bis 2050 um 80–95 % zu reduzieren (verglichen mit den Werten von 1990). Einige europäische Länder (Großbritannien, Dänemark, Finnland, Portugal und Schweden) haben bereits konkrete Ziele zur Emissionsminderung für die Zeit bis 2050 vorgelegt. **Österreich hat sich bisher für den Klima- und Energiebereich lediglich kurzfris-**

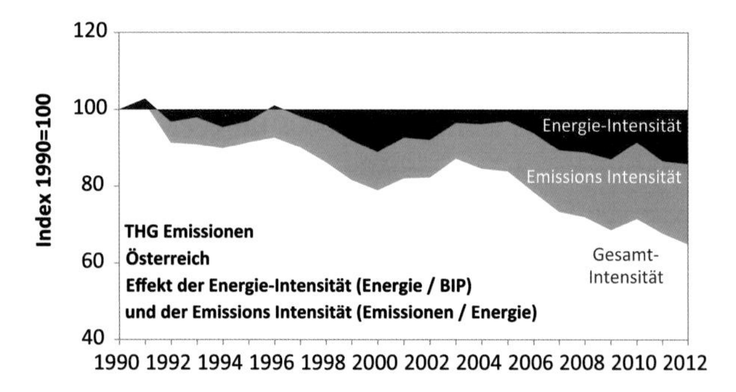

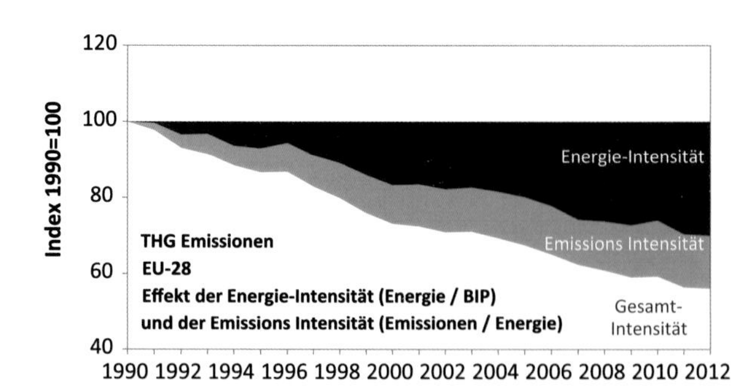

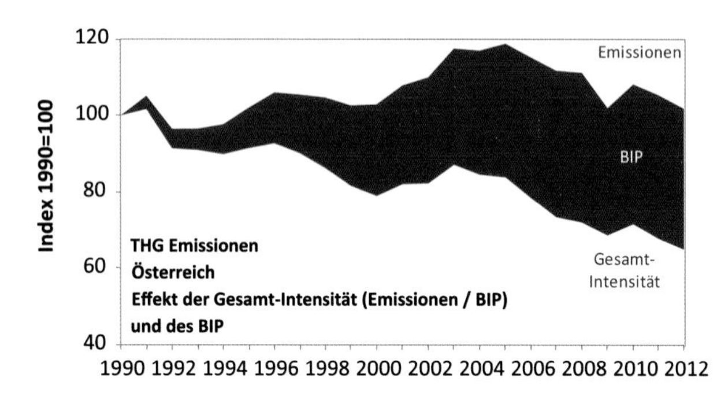

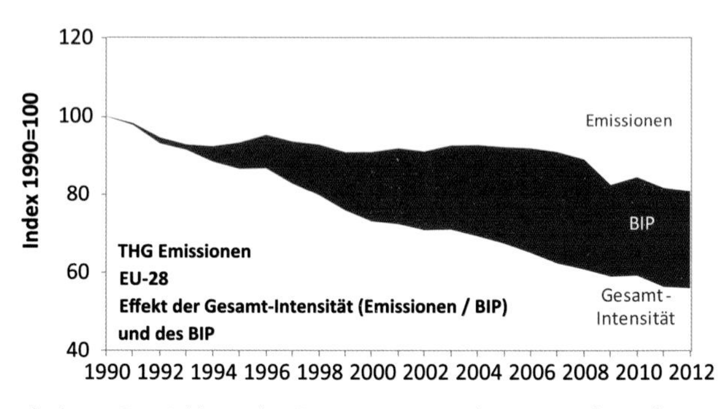

Abbildung S.3.2. Entwicklung der THG-Intensität des BIPs sowie die darin enthaltene Entwicklung der Energieintensität (Energieverbrauch pro Euro BIP) und Emissionsintensität der Energie (THG-Emissionen pro PJ Energie) im Zeitverlauf für Österreich und die EU-28 (oberes Panel). Aus der Entwicklung der THG-Intensität in Verbindung mit der des fast ausnahmslos steigenden BIP (unteres Panel) ergeben sich für Österreich insgesamt in diesem Zeitraum steigende THG-Emissionen (+5 %), für die EU-28 fallende (−18 %). Quelle: Schleicher (2014)

Figure S.3.2. Development of the GHG emission intensity of the GDP and the embedded relative importance of energy intensity (energy use per PJ GDP) in Austria and the 28 member states of the EU (upper panel). When combining this GHG emission indicator per GDP with the clear upward development of the GDP (lower panel), Austria shows an increase of GHG emissions during that period (+5 %) while emissions dropped in the EU-28 (−18 %). Source: Schleicher (2014), based on Eurostat

tige Minderungsziele, nämlich für den Zeitraum bis 2020 gesetzt (Band 3, Kapitel 1; Band 3, Kapitel 6).

Die bisher gesetzten Maßnahmen decken den von Österreich erwarteten Beitrag zur Erreichung des globalen 2 °C Ziels nicht ab. Für die Erreichung der Ziele gemäß dem EU Energie- und Klimapaket bis 2020, wird für Österreich ein Reduktionserfordernis von 14 Mio. t CO_2-Äq. gegenüber einer Referenzentwicklung geschätzt. Diese vergleichsweise bescheidene Minderung ist beispielsweise durch die Umsetzung eines Maßnahmenbündels von Technologieoptionen mit einem Fokus auf Energieeffizienz möglich und würde ein zusätzliches jährliches Investitionsvolumen von 6,3 Mrd. € im Zeitraum 2012 bis 2020 erfordern. Neben der Emissionsminderung ergeben sich ein Output-Effekt von ca. 9,5 Mrd. € und etwa 80 000 zusätzliche Beschäftigungsverhältnisse. Gleichzeitig liegen die Betriebskosteneinsparungen im Jahr 2020 (unter eher konservativen Annahmen bezüglich zukünftiger Energiepreise) bei 4,3 Mrd. € (Band 3, Kapitel 1).

Österreich hat großen Nachholbedarf in der Verbesserung der Energieintensität. Anders als der EU-Durchschnitt weist Österreich in den letzten beiden Dekaden eine relativ gleichbleibende Energieintensität auf (Energieverbrauch pro Euro BIP, siehe Abbildung S.3.2). Seit 1990 sank vergleichsweise hingegen die Energieintensität der EU-28 um 29 % (z. B. in den Niederlanden um 23 %, in Deutschland um 30 % und in Großbritannien um 39 %). In Deutschland und Großbritannien dürfte jedoch ein Teil dieser Verbesserungen auf der Verlagerung energieintensiver Produktionen ins Ausland beruhen. In der Emissionsintensität (THG-Emissionen pro PJ Energie), deren Verbesserung in Österreich den Ausbau der Erneuerbaren seit 1990 reflektiert, zählt Österreich hingegen gemeinsam mit den Niederlanden zu den Ländern mit der stärksten Verbesserung. Diese beiden Indikatoren gemeinsam bestimmen die THG-Emissionsintensität des BIPs, die sowohl in Österreich als auch in den EU-28 seit 1990 abgenommen hat. Die THG-Emissionen sind also langsamer gestiegen als das BIP. Im Vergleich mit den EU-28 zeigt sich nochmals deutlich, dass Österreich bei der Senkung der Energieintensität großen Nachholbedarf hat (Band 3, Kapitel 5).

Der Klimawandel verursacht auf globaler und europäischer Ebene hohe Kosten. Die dem Klimawandel zuzuschreibenden globalen Schäden liegen deutlich jenseits von

100 Mrd. € pro Jahr und könnten sogar jenseits von einer Billion pro Jahr liegen. Für Europa wurden die Kosten aus Schäden durch extreme Wettereignisse im Jahr 2080 auf 20 Mrd. € (bei globaler Erwärmung von 2,5 °C) bis 65 Mrd. € (bei globaler Erwärmung von 5,4 °C und starkem Anstieg des Meeresspiegels) geschätzt. Diese Kostenschätzungen sind jedoch mit vielen Unsicherheiten behaftet und nicht-monetarisierbare Schäden (wie z. B. der Verlust einzigartiger Lebensräume) werden dabei nicht berücksichtigt. Wie für viele andere Länder liegen auch für Österreich detaillierte Studien zu den Kosten des Klimawandels bislang nur für ausgewählte Sektoren und Regionen vor (Band 2, Kapitel 6).

Trotz bestehender Unsicherheiten über das konkrete Ausmaß der Klimawandelfolgen für die unterschiedlichen Regionen und Bereiche ist die frühzeitige **Planung und Durchführung von konkreten Anpassungsmaßnahmen** von großer Wichtigkeit. Zuwarten verringert die Möglichkeiten für erfolgreiche Anpassung und erhöht die damit verbundenen Kosten. **Anpassungsmaßnahmen können die negativen Auswirkungen des Klimawandels abmildern, aber nicht vollständig ausgleichen** (mittleres Vertrauen).Für die vorausschauende Planung und Umsetzung von Anpassungsmaßnahmen steht eine breite Auswahl von Möglichkeiten zur Verfügung, die sowohl von betroffenen BürgerInnen als auch von Gemeinden / Regionen, dem Bund oder privaten und öffentlichen Einrichtungen durchgeführt werden können, wie z. B. Wissenserweiterung, technologische Maßnahmen, Bewirtschaftungsänderungen (Band 3, Kapitel 1; Band 3, Kapitel 6).

Auf internationaler Ebene stand, beginnend ab 1994 unter der UNCCD und ab 2001 unter der UNFCCC in Form der „National Adaptation Programmes of Action“ (NAPA), zunächst die Unterstützung der gegenüber dem Klimawandel am meisten verletzlichen Staaten im Vordergrund. Die durch den Klimawandel bedingten Schäden in Entwicklungsländern im Jahr 2030 werden grob geschätzt zwischen 25 und 70 Mrd. € liegen, sofern keine Anpassungsmaßnahmen gesetzt werden. Dem gegenüber stehen derzeit kumulierte finanzielle Unterstützungen für Anpassung in Entwicklungsländern durch Industriestaaten unter der UNFCCC im Ausmaß von weniger als 0,8 Mrd. € gegenüber (Band 3, Kapitel 1).

Seit 2005 ist auf europäischer Ebene das Thema Anpassung an den Klimawandel präsent und wurde in die Fortschreibung des Europäischen Klimaänderungsprogramms (Second European Climate Change Programme, ECCP II) integriert. Die Europäische Kommission (EK) hat mit dem Grün- und dem Weißbuch zur Anpassung erste Schritte gesetzt, um die Resilienz der EU gegenüber dem Klimawandel zu erhöhen. Während das Grünbuch die Notwendigkeit der Anpassung auf Europäischer Ebene argumentiert, präsentiert das Weißbuch zur Anpassung bereits einen Aktionsrahmen, innerhalb dessen sich die EU und ihre Mitgliedstaaten auf die Folgen des Klimawandels vorbereiten sollen. Im Frühjahr 2013 wurde die EU-Anpassungsstrategie beschlossen (Band 3, Kapitel 1).

Europäische Aktivitäten auf politischer Ebene, wie etwa die Publikation des Grün- und des Weißbuches zur Anpassung, aber auch neues Wissen aus der Forschung haben eine Vielzahl von europäischen Staaten dazu veranlasst, an der Erstellung von nationalen Strategien zur Anpassung an das veränderte Klima zu arbeiten. Bis dato haben 14 europäische Länder eine Anpassungsstrategie verabschiedet (Belgien, Dänemark, Frankreich, Deutschland, Ungarn, Malta, Niederlande, Norwegen, Österreich, Portugal, Schweiz, Spanien, Großbritannien). **Österreich hat 2012 eine nationale Anpassungsstrategie verabschiedet, um den Folgen des Klimawandels gezielt begegnen zu können.** Die Wirksamkeit dieser Strategie wird vor allem daran gemessen werden, wie erfolgreich einzelne betroffene Sektoren bzw. Politikbereiche in der Entwicklung geeigneter Anpassungskonzepte und deren Umsetzung sein werden. Grundlagen für deren Evaluierung, wie z. B. eine regelmäßige Erhebung der Verletzlichkeit nach dem Muster anderer Staaten sind in Österreich erst in der Entwicklung (Band 3, Kapitel 1).

Studien zu den Kosten von Maßnahmen zur Klimawandelanpassung in Europa und Österreich umfassen in der Regel ausgewählte Sektoren und Regionen. Demzufolge sind die Kostenbandbreiten groß und es besteht Forschungsbedarf zur Verbesserung der Grundlagen für Kosten / Nutzenschätzungen.

Aus der Notwendigkeit sowohl Emissionsminderung als auch Klimawandelanpassung zu betreiben, ergibt sich Abstimmungsbedarf, etwa hinsichtlich ihrer unterschiedlichen Fristigkeit. Erfolgt Klimaschutz in zu geringem Umfang würde dies mittel- bis langfristig einen massiven Anpassungsbedarf nach sich ziehen, der in zunehmendem Maße nicht mehr durch „softe“ oder „grüne“ Maßnahmen zu bewältigen wäre, sondern graue / technische und somit gleichzeitig kostenintensivere Maßnahmen nach sich ziehen würde. Da umgekehrt Anpassungsmaßnahmen auch CO_2-intensiv sein können, ergibt sich bei der Planung ein Abstimmungsbedarf mit Klimaschutz, um diesem nicht entgegenzuwirken, sondern, wenn möglich, zu unterstützen (Band 3, Kapitel 1).

Lange Nutzungsdauern von Anlagen können einen emissionsintensiven Entwicklungspfad für Jahrzehnte festschreiben (Lock-in-Effekt). Investitionen in Produktionsprozesse, Verkehrssysteme, Energieanwendung und -transformation sind auf sogenannte Lock-in-Effekte hin zu überprüfen, weil bestehende Kapitalstöcke Minderungsmaßnahmen über die gesamte Nutzungsdauer erschweren und verteuern (Band 1, Kapitel 5; Band 3, Kapitel 1; Band 3, Kapitel 6).

Neben der Schaffung eines transformationsförderlichen Umfeldes ist auch das Beseitigen von Barrieren ein wichtiges Handlungsfeld. Dies ist ein auch international zunehmend wichtiges Thema, das auch in theoretisch-konzeptionelle Diskussionen zu geeigneten Referenzrahmen für ein transformationsförderliches Umfeld eingebettet ist.

Es ist eine Tatsache, dass es trotz gut belegter Studien zu Klimafolgen weder international noch in Österreich zu entsprechend entschiedenem Handeln zum Schutz des Klimas sowie zur Anpassung an den Klimawandel kommt. Dafür werden insbesondere auch Barrieren verantwortlich gemacht. Für Österreich wurden folgende relevante Barrieren identifiziert (hohes Vertrauen).

1. *Institutionelle Barrieren:* Bestehende Verwaltungsstrukturen sind aufgrund von komplexen sektoralen und föderalen Kompetenzaufteilungen zur effektiven Bearbeitung des Klimawandels wenig geeignet. Ebenso stellen die – im Verhältnis zu den langsamen, aber stetigen Prozessen des Klimawandels – kurzen Zeithorizonte gewählter politischer EntscheidungsträgerInnen eine Barriere dar. Auch internationale Rahmenbedingungen spielen eine wichtige Rolle.
2. *Wirtschaftliche Barrieren:* Bei vielen einzelwirtschaftlichen Entscheidungen wird der Eigennutz über das Gemeinwohl gestellt. Märkte versagen daher bei der Lösung des Klimaproblems, wenn Klimafolgen unzureichend oder gar nicht im Preis oder bei Marktregeln berücksichtigt werden. Zudem können sogenannte *Rebound*-Effekte durch gesteigerte Energieeffizienz zu Kosteneinsparungen führen, die wiederum zu höherer Energienachfrage führen.
3. *Soziale Barrieren:* Bei Haushalten und Unternehmen besteht eine Diskrepanz zwischen Umweltbewusstsein und faktischem Handeln. Dies ist oft in einem unzureichenden Vertrauen begründet, dass eigenes Handeln auf einer aggregierten Ebene einen relevanten Beitrag zu leisten vermag.
4. *Unsicherheiten und unzureichendes Wissen:* Unterschiedliche Ansichten zu wechselseitigen Beeinflussungen zwischen natürlichen, technischen und sozialen Systemen (z. B. inwiefern technologische Optionen das Klimaproblem lösen können) sowie widersprüchliche Berichterstattung dämpfen die Bereitschaft für entschiedenes Handeln.

Beispiele für Ansätze zur Überwindung der Barrieren sind eine umfassende Reform der Verwaltungsstrukturen in Hinblick auf die zu bewältigenden Aufgaben oder die Bildung von neuen Netzwerken, die korrekte Bepreisung von Produkten und Dienstleistungen entsprechend ihrer Klimawirkung sowie entsprechende ordnungsrechtliche Rahmenbedingungen, eine stärkere Einbeziehung von VerantwortungsträgerInnen, einschließlich der Zivilgesellschaft und der Wissenschaft, in Entscheidungsfindungsprozesse, die gezielte Steigerung des klima- und umweltbezogenen Wissens sowie das Schließen handlungsrelevanter Wissenslücken.

S.3.2 Land- und Forstwirtschaft, Wasser, Ökosysteme und Biodiversität
S.3.2 Agriculture and Forestry, Hydrology, Ecosystems and Biodiversity

Der Klimawandel stellt für Management, Nutzung und Schutz von terrestrischen und aquatischen Ökosystemen sowie für die nachhaltige Bewirtschaftung der Schlüsselressource Wasser eine besondere Herausforderung dar. Diese stellt sich je nach betroffenem System – von weitgehend natürlichen Ökosystemen und Schutzgebieten bis hin zu intensiv genutzten Agrarökosystemen – unterschiedlich dar.

Das Landsystem zeichnet sich durch die sehr engen Verflechtungen zwischen sozialen, wirtschaftlichen, geomorphologischen, klimatischen und ökologischen Faktoren aus. **Zwischen Land- und Forstwirtschaft, Wasserwirtschaft und Gewässerschutz sowie Erhaltung von Ökosystemen und Biodiversität bestehen zahlreiche klimarelevante Wechselwirkungen**. Diese führen dazu, dass Veränderungen in einem Bereich, etwa in Wirtschaft und Gesellschaft, Auswirkungen in vielen anderen Bereichen haben (Abbildung S.3.3; Band 2, Kapitel 3; Band 3, Kapitel 2)

So kann beispielsweise eine Maßnahme zur Veränderung von THG-Emissionen – z. B. die Ausweitung von Waldflächen und die Erhöhung der Bestockungsdichte im Wald zur Bindung von Kohlenstoff (C) – zu (positiven oder negativen) Rückwirkungen auf die Produktionsleistung (etwa die land- und forstwirtschaftliche Produktion) sowie auf andere Ökosystemleistungen (etwa die Rückhaltekapazität für Wasser oder den Schutz vor Lawinen oder Murenabgängen), auf die Biodiversität, das Risiko von Schadereignissen (Windwurf, Borkenkäferbefall) im Wald sowie auf den Klimaschutz selbst (z. B. indirekte Landnutzungseffekte) haben. Diese Wechselwirkungen können auch die THG-Reduktionspotenziale, die mit einer Maßnahme erzielt werden können, maßgeblich beeinflussen. Dies betrifft u. a. die Frage der bei einem Ersatz von Fossilenergie durch Bioenergie erzielbaren THG-Einsparungen, welche durch systemische Effekte im Bereich der Landnutzung (z. B. Landnutzungsänderungen durch Ausweitung von Anbauflä-

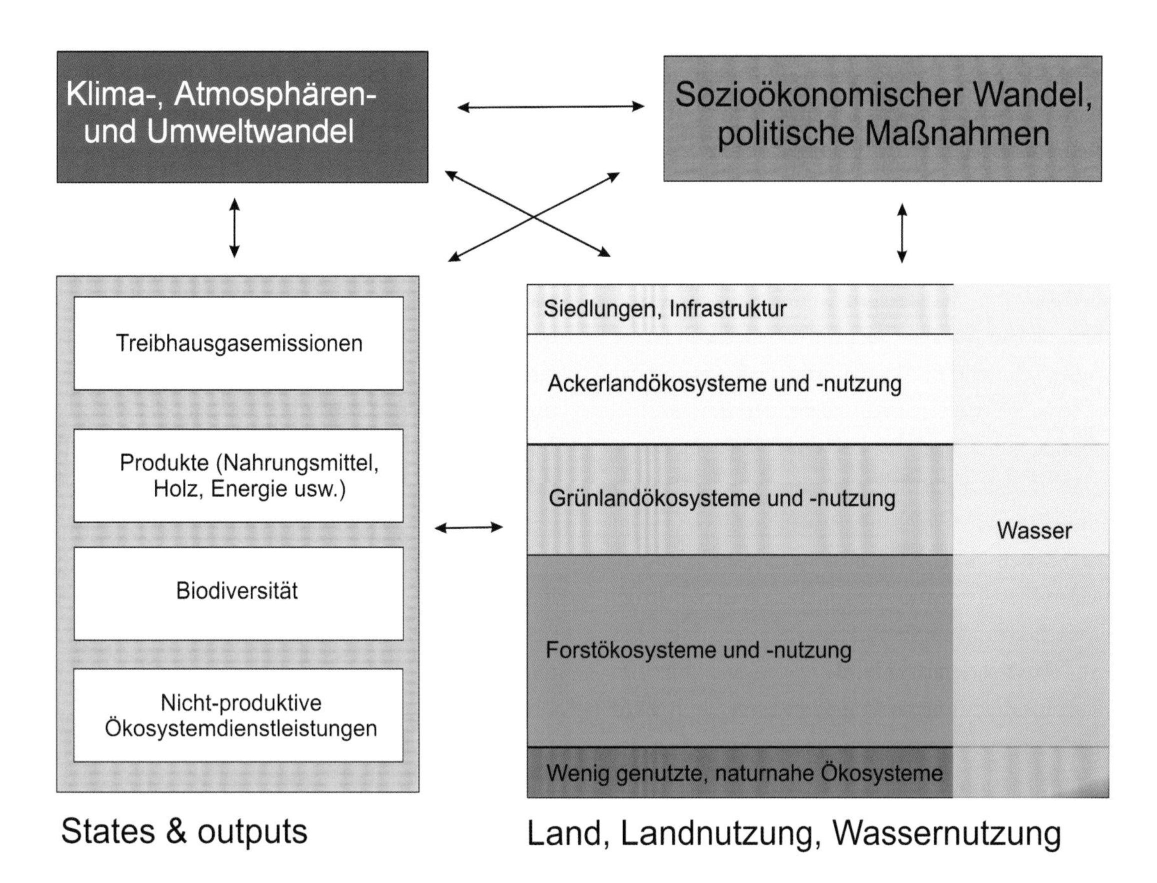

Abbildung S.3.3. Das Landsystem ist durch intensive systemische Wechselwirkungen zwischen verschiedenen Bereichen, wie Wirtschaft, Gesellschaft, Klima und Klimawandel, Ökosystemen usw., gekennzeichnet. Maßnahmen zur Anpassung an den Klimawandel oder zur Reduktion von THG-Emissionen haben daher in der Regel zahlreiche weitere Wirkungen zur Folge. Quelle: Adaptiert nach GLP (2005); MEA (2005); Turner et al. (2007)

Figure S.3.3. Land systems are characterized by intensive systemic feedbacks between different components such as the society, the economy, climate and climate change, ecosystems, etc. Activities to reduce GHG emissions or to adapt to climate change therefore often cause numerous additional effectsimpacts. Source: Adapted from GLP (2005); MEA (2005); Turner et al. (2007)

chen in anderen Regionen) erheblich beeinflusst werden können. Die Berücksichtigung aller relevanten Wechselwirkungen („feedbacks") stellt eine große wissenschaftliche Herausforderung dar, ist aber für die Entwicklung robuster Strategien zum Umgang mit dem Klimawandel von großer Bedeutung.

Die Landwirtschaft kann in vielfältiger Weise THG-Emissionen verringern und Kohlenstoffsenken verstärken. Bei gleichbleibender Produktionsmenge liegen die größten Potenziale in den Bereichen Wiederkäuerfütterung, Düngungspraktiken, Reduktion der Stickstoffverluste und Erhöhung der Stickstoffeffizienz (sehr wahrscheinlich). Nachhaltige Strategien zur THG-Reduktion in der Landwirtschaft erfordern ressourcenschonende und -effiziente Bewirtschaftungskonzepte unter Einbeziehung von ökologischem Landbau, Präzisionslandwirtschaft und Pflanzenzucht unter Erhaltung der genetischen Vielfalt.

Die klimarelevanten Emissionen aus dem Sektor Landwirtschaft sanken in Österreich zwischen 1990 und 2010 um 12,9 %. Dies war zunächst vor allem auf eine Abnahme der Tierzahlen (bis 2005) und danach (2008 bis 2010) auf eine Reduktion des Stickstoffdüngereinsatzes zurückzuführen. Gleichzeitig stiegen in diesem Zeitraum die Tierzahlen bei Schweinen und Rindern wieder an, was zu einer Erhöhung der Emissionen aus der Wiederkäuerverdauung und den Wirtschaftsdüngern führte. Die Landwirtschaft war im Jahr 2010 mit 7,5 Mt CO_2-Äq. für 8,8 % der bilanzierten österreichischen THG-Emissionen verantwortlich (Band 3, Kapitel 2).

Der Ausbau landwirtschaftlicher Bioenergieproduktion kann u. a. im Rahmen einer Strategie zur integrierten Optimierung von Lebensmittel- und Energieproduktion sowie in Form kaskadischer Nutzung von Biomasse zur THG-Reduktion beitragen. Dabei können auf landwirtschaftlichen Flächen die Potenziale zur THG-Reduktion vergrößert werden, indem Fruchtfolgen, Tierhaltung und Biomassenutzungsflüsse im Hinblick auf Nahrungs-, Faser- und Energieproduktion integriert optimiert werden. Zugleich sind jedoch in systemischer

Betrachtungsweise Energie- und Wasserbilanz, Biodiversitätserhalt u. a. mehr zu beachten (Band 3, Kapitel 2).

Anpassungsmaßnahmen in der Landwirtschaft können unterschiedlich rasch umgesetzt werden. Innerhalb weniger Jahre umsetzbar sind unter anderem verbesserter Verdunstungsschutz im Ackerbau (z. B. effiziente Mulchdecken, reduzierte Bodenbearbeitung, Windschutz), effizientere Bewässerungsmethoden, Anbau trocken- oder hitzeresistenterer Arten bzw. Sorten, Hitzeschutz in der Tierhaltung, Veränderung der Anbau- und Bearbeitungszeitpunkte sowie der Fruchtfolge, Frostschutz, Hagelschutz und Risikoabsicherung. (Band 3, Kapitel 2).

Mittelfristig umsetzbare Anpassungsmaßnahmen umfassen unter anderem Boden- und Erosionsschutz, Humusaufbau, bodenschonende Bewirtschaftungsformen, Wasserrückhaltestrategien, Verbesserung von Bewässerungsinfrastruktur und -technik, Warn-, Monitoring- und Vorhersagesysteme für wetterbedingte Risiken, Züchtung stressresistenter Sorten, Risikoverteilung durch Diversifizierung, Steigerung der Lagerkapazitäten sowie Tierzucht und Anpassungen im Stallbau und in der Haltungstechnik (Band 3, Kapitel 2).

Grundsätzlich können im Sektor Landwirtschaft Anpassungsmaßnahmen auf Betriebsebene und auf überbetrieblicher Ebene (privater / öffentlicher Bereich) entschieden oder angeordnet werden, wobei die Umsetzung letztlich immer auch auf Betriebsebene erfolgen muss. Anpassungsmaßnahmen können mehr oder weniger zwangsläufig (autonom) erfolgen, etwa wenn der Klimawandel die Phänologie der Pflanzen beeinflusst, d. h. zeitliche Veränderungen im Jahresablauf bewirkt und auf diese Weise produktionstechnische Maßnahmen bedingt. Sie können aber auch eine bewusste Entscheidung (geplant) zwischen mehreren Optionen voraussetzen, z. B. Wechsel der Fruchtfolge, der Kulturart oder der Bodenbearbeitung. Aus gesellschaftlicher Sicht erscheint es sinnvoll, „Nutzen" und „Kosten" von Anpassungsmaßnahmen nicht nur ökonomisch zu betrachten, sondern auch vor dem Hintergrund einer nachhaltigen Landbewirtschaftung und hinsichtlich einer THG-Reduktion abzuwägen (Band 3, Kapitel 2).

Die Art der Waldbewirtschaftung und der Holznutzung haben großen Einfluss auf den Kohlenstoffkreislauf. Der österreichische Wald stellte bis etwa 2003 eine bedeutende Senke für CO_2 dar; seither ist seine Senkenfunktion geringer und in manchen Jahren nahe Null. Für die Senkenfunktion des Waldes bis 2003 war sowohl das Wachstum der Waldfläche als auch die Steigerung der pro Flächeneinheit gespeicherten Kohlenstoffmenge verantwortlich. Mit Ausnahme der letzten zehn Jahre nahmen in den vergangenen Jahrzehnten die Kohlenstoffvorräte erheblich zu, obwohl die Nutzung kontinuierlich gesteigert wurde, da die Waldfläche insgesamt wuchs, sich die Altersstruktur (Altersgruppen der vorhandenen Bäume) verschob und der Holzeinschlag stets geringer als der Zuwachs war. Der Rückgang der Kohlenstoffsenke erklärt sich daraus, dass die Erntemengen nach dem Jahr 2002 signifikant anstiegen. Der Holzeinschlag stieg ab der Jahrtausendwende bis etwa 2008 stark an und nahm danach wieder etwas ab. Außerdem wurde die Berechnungsmethode verändert: Erstmals wurden die Veränderungen des Bodenkohlenstoffpools (Auflagehumus und Mineralboden) berücksichtigt, wobei der Boden eine leichte Kohlenstoffquelle darstellt (Band 3, Kapitel 2.)

Die THG-Emissionsbilanz von forstlicher Biomasse hängt stark von systemischen Effekten im Forstsystem ab. Zu beachten sind Wechselwirkungen zwischen der eingeschlagenen Holzmenge, der Kohlenstoffsenke des Waldes sowie dem aufgebauten Kohlenstoffvorrat, die je nach Betrachtungszeitraum unterschiedliche Netto-THG-Emissionen ergeben (Abbildung S.3.4, Band 3, Kapitel 2).

Der Ersatz von emissionsintensiven Rohstoffen bzw. Bauteilen in langlebigen Produkten, insbesondere Gebäuden, durch Holz, kann zu einer Steigerung der Kohlenstoffspeicherung in Produkten und gesamthaft zu einer THG-Reduktion beitragen. Die besten Resultate im Hinblick auf die THG-Bilanz bringt eine integrierte Optimierung der Forstwirtschaft, inklusive Forstmanagement, Nutzung von Holz für langlebige Produkte und Nutzung von Nebenprodukten, wie Schwachholz und Abfällen aus Produktion bzw. Produkten am Ende ihrer Lebenszeit für die energetische Nutzung. Eine kaskadische Nutzung von Biomasse stellt in der Forstwirtschaft in vielen Fällen eine ökologisch effektive Nutzungsstrategie dar. Je nach Standort, Baumart, wirtschaftlichen Gegebenheiten usw. kann die Nutzung von Schwachholz als Brennstoff sinnvoll sein. Ein derartiges Nutzungskonzept wird in Österreich derzeit weitgehend verfolgt (Band 3, Kapitel 2).

Die Forstwirtschaft muss langfristig planen – die Anpassung an den Klimawandel stellt für sie daher eine besondere Herausforderung dar. Trotz erheblicher Unsicherheiten müssen bereits heute Entscheidungen gefällt werden, die sich unter geänderten Klimabedingungen bewähren sollen. Als geeignete Strategie in dieser Situation gilt eine Form der Waldbewirtschaftung, die den Forstwirten auch bei unerwarteten Entwicklungen ausreichend Handlungsspielraum verschafft. Als besondere Herausforderungen gelten dabei die großen Unsicherheiten bei der Regionalisierung der Veränderungen, insbesondere der extremen Wetterereignisse, und beim Risiko von Schadinsekten und forstschädlichen Pilzen. Die Wahl der geplanten Umtriebszeit ist ein wichtiger Parameter für Anpas-

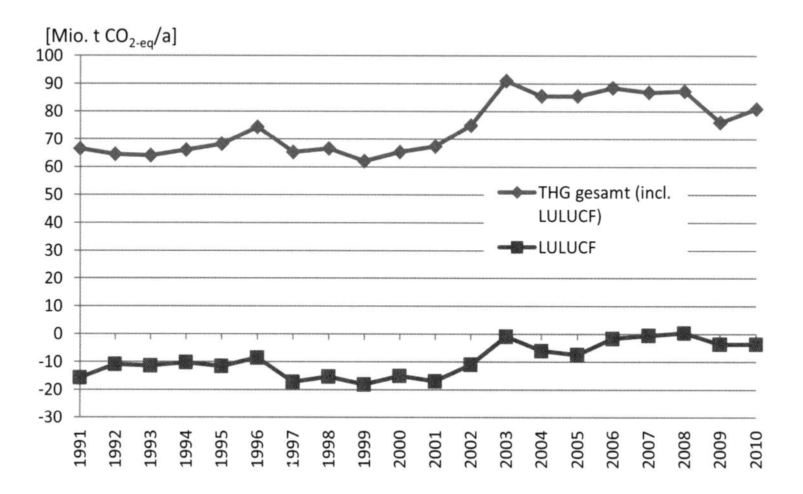

Abbildung S.3.4. THG-Emissionen (inklusive landnutzungsbedingter Quellen/Senken) in Österreich insgesamt und THG-Emissionen des Landnutzungssektors (LULUCF). Quelle: National Inventory Report, Anderl et al. (2012)

Figure S.3.4. Total Austrian GHG emissions (including sources and sinks from land use, land-use change and forestry, LULUCF) contrasted with LULUCF emissions only. Source: National Inventory Report, Anderl et al. (2012)

sungsstrategien insbesondere zur Verringerung des Risikos von Schadereignissen, wobei Wechselwirkungen mit der Kohlenstoffsenkenfunktion des Waldes zu beachten sind. (Band 3, Kapitel 2).

Die Herausforderungen des Klimawandels für die Forstwirtschaft sind regional sehr unterschiedlich. In Regionen, in denen die Produktivität der Wälder derzeit durch die Länge der Vegetationsperiode begrenzt wird, wird die Produktivität der Wälder durch den Klimawandel verbessert. Dies gilt für weite Teile des Bergwaldes sowie für Flächen, die oberhalb der aktuellen Waldgrenze gelegen sind. Bereits bekannte Problemgebiete, wie der sommerwarme Osten und der Nordosten Österreichs, werden in Zukunft noch schwieriger zu bewirtschaften sein, da der Wald in diesen Regionen bereits an der Verbreitungsgrenze der Steppe gelegen ist. Hier ist der Wasserhaushalt der bestimmende Faktor (Band 3, Kapitel 2).

Eine Umfrage ergab, dass die Relevanz des Klimawandels für die Forstwirtschaft von den LeiterInnen österreichischer Forstbetrieben bereits wahrgenommen wird. Mehr als 85 % der BetriebsleiterInnen von größeren Forstbetrieben geben an, bereits Anpassungsmaßnahmen an den Klimawandel umgesetzt zu haben, während KleinwaldbesitzerInnen bisher weniger reagiert haben (Band 3, Kapitel 2).

Die Widerstandskraft von Wäldern gegenüber Risikofaktoren sowie die Anpassungsfähigkeit können erhöht werden. Beispiele für resilienzsteigernde Anpassungsmaßnahmen sind kleinflächigere Bewirtschaftungsformen, standorttaugliche Mischbestände, Sicherstellung der natürlichen Waldverjüngung im Schutzwald durch angepasstes Wildmanagement. Problematisch sind vor allem Fichtenbestände auf Laubmischwaldstandorten in Tieflagen sowie Fichtenreinbestände in den Bergwäldern mit Schutzfunktion. Die Anpassungsmaßnahmen in der Forstwirtschaft sind mit beträchtlichen Vorlaufzeiten verbunden (Band 3, Kapitel 2).

Eine erfolgreiche **Anpassung der Wasserwirtschaft an den Klimawandel** kann durch integrative, interdisziplinäre Ansätze gewährleistet werden. Anpassungsmaßnahmen in den Bereichen Hoch- und Niederwasser, wie etwa bei Landnutzungsänderungen im Einzugsgebiet, können durch Kohlenstoffsequestrierung auch zur THG-Minderung beitragen. Veränderungen des Feststoffhaushaltes durch die global ansteigende Lufttemperatur haben weniger nachteilige Auswirkungen auf Fließgewässersysteme als das fehlende Sedimentkontinuum. In der Trinkwasserversorgung stellen insbesondere die Vernetzung kleinerer Versorgungseinheiten sowie die Schaffung von Redundanzen bei den Rohwasserquellen wichtige Anpassungsmaßnahmen dar. In der Abwasserreinigung liegt die primäre Herausforderung in der Berücksichtigung verminderter Wasserführungen in den empfangenden Gewässern. Eine Erhöhung des organischen Anteils im Boden führt zu einer Steigerung der Speicherkapazität von Bodenwasser. Durch den Schutz und die Ausweitung von Retentionsflächen (z. B. Auen) können Ziele des Hochwasserschutzes und des Biodiversitätsschutzes zur Anpassung an geänderte Abflussverhältnisse kombiniert werden (Band 3, Kapitel 2).

In der Wasserwirtschaft gibt es nur geringe Möglichkeiten zur THG-Reduktion. Im Bereich der Siedlungswasserwirtschaft kann die Errichtung von Faultürmen zur Erzeugung von Biogas bei Kläranlagen von entsprechender Größe zur THG-Reduktion beitragen. Methanemissionen aus bestehenden Stauseen sind schwer zu vermeiden (Band 1, Kapitel 1).

Die Auswirkung der Klimaänderung auf die Energieproduktion der Wasserkraftwerke wird in verschiedenen Studien unterschiedlich beurteilt. Erwartet wird, dass es zu einer jahreszeitlichen Verlagerung der Produktion vom Sommer- auf das Winterhalbjahr kommen wird (Band 3, Kapitel 2).

Der Klimawandel erhöht den Druck auf Ökosysteme und Biodiversität, die schon derzeit durch vielfältige Faktoren wie etwa Landnutzung oder Immissionen belastet sind. Viele Naturschutzmaßnahmen zur Förderung der Biodiversität können auch zur THG-Reduktion beitragen. Schutz bzw. Restaurierung von Mooren oder Verringerung der Nutzungsintensität in dafür geeigneten Wald- oder Feuchtgebieten schaffen Kohlenstoffsenken und fördern Biodiversität. Derartige Maßnahmen können auch makroökonomisch attraktiv sein, werden aber ohne Anreizsysteme nur in geringem Umfang umgesetzt werden (Band 3, Kapitel 2).

Ökosysteme und biologische Vielfalt sind nicht nur durch den Klimawandel, sondern durch viele andere globale, regionale und lokale Veränderungen bedroht. Negativ können sich etwa die Einbringung gebietsfremder, invasiver Arten, die Deposition von Schadstoffen, die Zerstörung von Lebensräumen durch Bautätigkeit für Siedlungen, Gewerbe, Industrie oder Tourismus, Wassernutzung sowie Land- und Forstwirtschaft auswirken. Maßnahmen in anderen Sektoren haben daher Folgen für Naturschutz, Ökosysteme und Biodiversität, sowohl indirekt (über den Klimawandel), als auch direkt, etwa durch Landnutzung. THG-Minderungsmaßnahmen in anderen Sektoren stellen somit häufig auch Adaptionsmaßnahmen für den Bereich Naturschutz und Biodiversität dar (Band 2, Kapitel 3; Band 3, Kapitel 2).

Steigender Druck auf Ökosysteme und Biodiversität kann zum Verlust der Fähigkeit von Ökosystemen führen, kritische Ökosystemleistungen weiterhin in ausreichender Quantität und Qualität zu liefern. Risiken bestehen insbesondere durch bereits vorhandene Beeinträchtigungen sowie durch klimabedingte Verschiebungen von Arealgrenzen, denen Arten auf Grund von Wanderungsbarrieren, z. B. im alpinen Raum, nicht gewachsen sind. Die Schaffung eines umfassenden Lebensraumverbundes in Österreich stellt eine wichtige Anpassungsoption dar (Band 2, Kapitel 3; Band 3, Kapitel 2).

Es kann auch zu Trade-offs zwischen Klimaschutzmaßnahmen und dem Schutz der Biodiversität kommen. Etwa **im Bereich erneuerbarer Energien treten Konflikte zwischen Klimaschutz und Erhaltung der Biodiversität auf**. Ein weiterer Ausbau der Wasserkraft kann zu einer Verringerung der biologischen Vielfalt in Fließgewässern führen. Eine Zunahme der Flächeninanspruchnahme für den Anbau von Energiepflanzen oder eine intensivere Holznutzung der Wälder kann ihre Funktion als CO_2-Senke vermindern und Auswirkungen auf die Biodiversität haben. Durch frühzeitiges Erkennen möglicher Konflikte zwischen Klima- und Biodiversitätsschutz ist es möglich, das vorhandene Potenzial für Synergien bestmöglich zu nutzen (Band 3, Kapitel 2).

Nachhaltiger Konsum bietet erhebliche THG-Reduktionspotenziale. Nachfrageseitige Veränderungen, etwa eine Veränderung der Konsumgewohnheiten im Bereich Ernährung sowie Maßnahmen zur Reduktion von Lebensmittelabfällen, können erheblich zur THG-Reduktion beitragen. (Band 3, Kapitel 2).

In der EU-25 gehen knapp 30 % der insgesamt durch Konsum verursachten THG-Emissionen auf Lebensmittel zurück. Auf den Konsum von Fleisch- und Milchprodukten entfallen in den EU-27 14 % der gesamten THG-Emissionen. In Österreich dürften die THG-Emissionen durch den Lebensmittelkonsum in einer ähnlichen Größenordnung liegen wie in Deutschland, wo etwa die Hälfte der durch die Ernährung verursachten THG-Emissionen aus der landwirtschaftlichen Produktion stammen, davon etwa 47 % aus der Tierproduktion und ungefähr 9 % aus der Pflanzenproduktion. Die verbleibenden 44 % der THG-Emissionen für Ernährung teilen sich auf Verarbeitung, Handel und Verbraucheraktivitäten wie Kühlung usw. auf (Band 3, Kapitel 2).

Eine Umstellung der Ernährung in Richtung eines deutlich verringerten Konsums tierischer Produkte kann maßgeblich zur THG-Reduktion beitragen. Ein regional und saisonal orientierter, überwiegend auf pflanzlichen Produkten beruhender Ernährungsstil sowie Bevorzugung von Produkten mit niedrigen THG-Emissionen in der Vorleistungskette kann erhebliche THG-Einsparungen bringen. Ein Umstieg auf Produkte aus biologischer Landwirtschaft kann ebenfalls zur THG-Reduktion beitragen, wenn er mit einer Nachfrageveränderung in Richtung pflanzlicher Produkte verbunden ist, die den Flächenmehrbedarf durch die geringeren Erträge kompensiert. Insgesamt wird geschätzt, dass durch eine weitreichende Ernährungsumstellung mehr als die Hälfte der durch Lebensmittelbereitstellung verbundenen THG-Emissionen eingespart werden könnten (Band 3, Kapitel 2). Derartige Verhaltensänderungen haben auch bedeutsame gesundheitsrelevante Nebenwirkungen (Band 2, Kapitel 6).

Die Verringerung von Verlusten im gesamten Lebenszyklus (Produktion und Konsum) von Lebensmitteln könnte einen wichtigen Beitrag zur THG-Reduktion leisten. Allerdings sind die österreichischen Daten zu Lebensmittelverlusten bzw. -abfällen widersprüchlich und wenig robust; das Vermeidungspotential liegt in internationalen Vergleicht teilweise sehr niedrig, es besteht daher erheblicher Forschungsbedarf (Band 3, Kapitel 2).

Systemische Effekte verursachen große Unsicherheiten bei der umfassenden Bewertung der THG-Effekte von Bioenergie; dies betrifft insbesondere direkte und indirekte Effekte von Landnutzungsänderungen. Landnutzungsbezogene THG-Emissionen durch Bioenergieproduktion können positiv oder negativ sein. Sie entscheiden in vielen Fällen darüber, ob der Ersatz von Fossilenergie durch Bioenergie tatsächlich den erwünschten THG-Einspareffekt erzielt. Die Größe der mit Landnutzungswandel verbundenen THG-Emissionen hängt vor allem von zwei Faktoren ab: (1) der Nutzungsgeschichte des zum Bioenergieanbau verwendeten Landes sowie den Charakteristika der verwendeten Bioenergiepflanzen und (2) den systemischen Effekten wie etwa der Verdrängung des Anbaus von Futter- und Lebensmitteln (indirect land-use change: iLUC). Die Daten- und Modellunsicherheiten, die mit einer Abschätzung von iLUC verbunden sind, rechtfertigen es nicht, systemische Effekte, die mit einem Ausbau der Bioenergie im großen Maßstab verbunden sind, zu ignorieren. Damit würde lediglich implizit angenommen, dass die mit iLUC verbundenen Emissionen Null seien, was in der Regel nicht korrekt ist. Wenn der Ausbau der Bioenergie zur THG-Reduktion beitragen soll, ist es nötig, mit iLUC verbundenen Emissionen bei der Berechnung der THG-Emissionen zu berücksichtigen (Band 3, Kapitel 2).

S.3.3 Energie
S.3.3 Energy

Energie ist vital für unser Wirtschaftssystem und für die Produktion von Gütern und die Bereitstellung von Dienstleistungen; der Energieeinsatz bietet daher zentrale Gestaltungsmöglichkeiten. Während in Österreich der Energieeinsatz pro Wertschöpfung (BIP) seit 1990 praktisch unverändert ist, sank er in anderen Ländern und im EU-Durchschnitt deutlich. Ohne sichtbaren Veränderungstrend wurden in Österreich von 1990 bis 2011 pro Milliarde EUR Bruttoinlandsprodukt (BIP) zwischen 4,8 und 5,5 PJ an Primärenergie eingesetzt. Aus der Sicht des Klimawandels führt dieser Energieeinsatz jedoch zu gravierenden Problemen, geht die Umwandlung von fossiler Primärenergie in Energiedienstleistungen letztendlich mit THG-Emissionen einher.

Für eine Transformation des Energiesystems ist der Fokus auf Energiedienstleistungen entscheidend. Energiedienstleistungen sind die letztlich wohlstandsrelevante Größe. Die Energieproduktivität auf allen Ebenen des Energiesystems bestimmt den Bedarf an Energie, die für die Bereitstellung der Energiedienstleistung erforderlich ist. Der Energieträgermix bestimmt welche Energieträger direkt für den Endverbrauch oder Transformationsprozesse eingesetzt wird. Klimapolitik muss daher sowohl beim Energiebedarf als auch bei Energietechnologien und den Energieträgern ansetzen (Band 3, Kapitel 3; Band 3, Kapitel 6).

Im Jahr 2011 betrug der gesamte Bruttoinlandsbedarf an Primärenergie in Österreich über 1 400 PJ, womit sich der Energieeinsatz seit 1955 mehr als verdreifacht hat (Abbildung S.3.5). Zugleich ist eine Stagnation des Primärenergiebedarfs von 2005 bis 2011 zu erkennen, darunter ein signifikanter Rückgang im Jahr 2009, der auf die geringere Produktion im Zuge der Wirtschaftskrise zurückzuführen ist (Band 3, Kapitel 3).

Innerhalb dieses Zeitraums zeigt sich die Dominanz fossiler Energieträger mit einem ständigen Anteil von mehr als 70 %, was in absoluten Zahlen einen Bedarfsanstieg von ca. 750 PJ (1973) auf ca. 1 000 PJ (2011) bedeutet. Bei fossilen Energieträgern zeigt Kohle sowohl anteilsmäßig also auch absolut (von 245 PJ auf 145 PJ) einen deutlichen Rückgang (Band 3, Kapitel 3).

Der Bedarf an Mineralölprodukten verzeichnet seit 1973 einen Zuwachs von 450 PJ auf aktuell 550 PJ, was ausschließlich auf den Verkehrssektor zurückzuführen ist. In anderen Bereichen (Industrie, Stromerzeugung, Raumwärme) hat die Bedeutung von Erdöl deutlich abgenommen. Gas ist der einzige fossile Energieträger, dessen Anteil sich am Primärenergieverbrauch erhöhte (2011 lag der Anteil mit ca. 350 PJ bei knapp 24 %). In der Gesamtbedeutung stieg der Anteil erneuerbarer Energietechnologien im Jahr 2011 auf 26 %. Historisch betrachtet waren in der Entwicklung des Endenergieverbrauchs die wichtigsten Aspekte der Anstieg der Anteile von Strom (von 17 % im Jahr 1990 auf 23 % im Jahr 2011) und Gas (von 13 % 1990 auf 28 % 2011; Band 3, Kapitel 3).

In Österreich lag der Anteil der energiebedingten THG-Emissionen von 1990 bis 2011 bei ca. 87 % der Gesamtemissionen. Energiebedingte THG-Emissionen sind abhängig von der Nachfrage nach Energiedienstleistungen (Services), der Effizienz der Umwandlungstechnologie und dem spezifischen THG-Emissionsfaktor. Als Ursachen für die hohe THG-Intensität des österreichischen Energiesystems sind vor allem die großen Umwandlungsverluste (ca. 50 %) von Primärenergie zu Nutzenergie, der hohe Anteil THG-emittierender fossiler Energieträger (derzeit ca. 70 % des österreichischen Energieverbrauchs), aber auch die niedrigen Energiepreise zu sehen, welche seit 1965 im Durchschnitt in realer Größe (d. h. kaufkraftbereinigt) gleich geblieben sind. Energiebedingte THG-Emissionen in Österreich stiegen seit 1990 praktisch nur im Verkehrsbereich, wo bis 2005 ein Anstieg auf fast 25 Mio. t CO_2-Äq. sichtbar ist, daraufhin allerdings ein Rückgang bis 2011. Im Haushaltssektor wurde gegenüber 1990 ein Rückgang von ca. 20 % registriert, in allen anderen Bereichen von 1990 bis 2011 nur sehr marginale Veränderungen (Band 3, Kapitel 3).

Der Energiesektor ist besonders aufgrund seines hohen Anteils an THG-Emissionen und wegen der zahlreichen Minderungsmöglichkeiten von großer Klimaschutzrele-

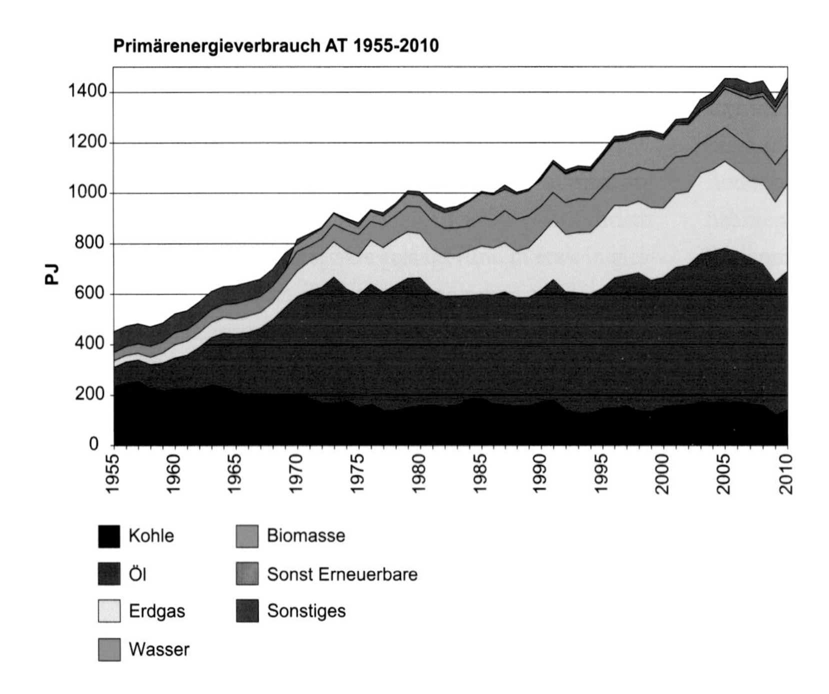

Abbildung S.3.5. Primärenergieverbrauch in Österreich nach Energieträgern 1955 bis 2011. Quelle: Darstellung R. Haas. Daten der Energy Economics Group und Statistik Austria (2013)

Figure S.3.5. Primary energy consumption in Austria by energy sources. Source: Graph by R. Haas based on data of the Energy Economics Group and Statistik Austria (2013)

vanz. Es bieten sich auch einige synergetische Maßnahmen an, die eine gleichzeitige THG-Reduktions- und Anpassungswirkung erzielen (z. B. passive Maßnahmen zur Reduktion der Kühllast von Gebäuden, Photovoltaik als Kapazitätsbeitrag im Sommer).

Die wichtigsten Optionen zur Minderung von THG Emissionen für die einzelnen Abschnitte der Energiekette sind folgende:

Energieaufbringung: Zur Reduktion von THG-Emissionen beim Primärenergieeinsatz bieten sich grundsätzlich die Nutzung erneuerbarer Energiequellen, allenfalls auch der Einsatz von Carbon Capture & Storage (CCS)-Technologien sowie die Nutzung der Atomkraft an.

In Österreich stehen die Einsatzmöglichkeiten der beiden letztgenannten Optionen nicht zur Diskussion, demzufolge wird hier nur die Nutzung erneuerbarer Energie erörtert. Das Potential aller verfügbaren erneuerbaren Energiequellen in Österreich bis 2050 liegt bei ca. 170 TWh bzw. 610 PJ pro Jahr, wobei besonders Biomasse, Wind und Photovoltaik einen deutlich größeren Beitrag als heute liefern können (Band 3, Kapitel 3).

Energieumwandlung und -übertragung: Szenarioabhängig kann im Bereich der Stromerzeugung bis 2050 eine bis zu 100 %ige Abdeckung durch erneuerbare Energietechnologien erreicht werden. Der Markteintritt von erneuerbaren Energietechnologien stellt momentan die bedeutendste Veränderung im Stromerzeugungsbereich dar. Wegen der derzeit kontinuierlich sinkenden Kosten, insbesondere der Photovoltaik, ist in nächster Zeit weiterhin mit einem deutlichen Anstieg der Erneuerbaren zu rechnen. Dies wird in den nächsten Jahren auch das gesamte österreichische Marktsystem verändern, indem temporär sehr große Strommengen aus diesen Anlagen produziert und die Eigenverbrauchsanteile erhöht werden, zugleich aber auch Stromspeichern und Smart Grids eine bedeutendere Rolle im Stromsystem zukommen wird als derzeit (Band 3, Kapitel 3).

Infrastrukturveränderungen und Strukturanpassungen bei der Erzeugung, den Netzen und der Speicherung sind zur Optimierung dieser Entwicklung des Energiesystems notwendig, und bei maßvoller Weiterentwicklung der energiepolitischen Rahmenbedingungen und Einsatz von dezentralen Erneuerbaren Energieträger-Technologien im Erzeugungsbereich, von Smart-Grids auf Verteilnetzebene sowie neuen Stromspeichertechnologien und -kapazitäten sowie Smart-Meters bei den Verbrauchern durchaus erreichbar – sieht man von möglichen gesellschaftspolitischen Bedenken, u. a. hinsichtlich des Datenschutzes und des Schutzes der Privatsphäre ab (Band 3, Kapitel 3).

Im Bereich der Wärmenetze werden bereits Veränderungen registriert: nach thermischer Sanierung mit Fernwärme versorgte Gebäude weisen Wärmenetze mit sehr geringer Wärmedichte auf; gleichzeitig bergen Wärmenetze das Potenzial, den Übergang zu erneuerbarer Wärmeversorgung zu ermöglichen (Band 3, Kapitel 3; Band 3, Kapitel 5).

Energienutzung: Verbraucherseitige Optionen zur Energiebedarfsreduktion sind qualitativ hochwertige thermische Sanierungen des Gebäudebestands zur Wärmeversorgung und Klimatisierung von Wohngebäuden sowie eine stärkere optimierte Einbindung von Erneuerbaren. Im Sinne des Klimaschutzes und der Energieeffizienz kann die derzeitige Entwicklung zunehmend ambitionierter Neubaustandards einen wichtigen Beitrag leisten, sodass unter diesen Rahmenbedingungen thermisch signifikant verbesserte Gebäude bis 2050 etwa 70 % des Wärmebedarfs durch Erneuerbare decken könnten und hier ein breites Portfolio aus Biomasse, Solarthermie und Erdwärme zum Einsatz käme (Band 3, Kapitel 3; Band 3, Kapitel 5).

Beim Stromverbrauch existiert in Österreich ein beträchtliches Energieeinsparpotenzial, wobei Studien klar belegen, dass dieser ohne gravierende politische Eingriffe mit einem Portfolio an wirksamen Maßnahmen weiter deutlich ansteigen wird (Band 3, Kapitel 3).

Optionen zur Anpassung an den Klimawandel: Der Anpassungsbedarf des Energiesektor an den Klimawandel betrifft vor allem die Klimaabhängigkeit der Erneuerbaren, den erhöhten Kühlbedarf von Wärmekraftwerken und Verschiebungen der Energienachfrage durch veränderten Heiz- und Kühlbedarf. Speziell bei der Wasserkraft spielen in Österreich potentielle Auswirkungen des Klimawandels aufgrund veränderter Niederschlagsmengen und –muster (vor allem auch jahreszeitliche Verschiebungen) sowie veränderter Abflussmengen durch erhöhte Verdunstung eine besondere Rolle. Dies kann auch konventionelle thermische Kraftwerke indirekt über die Verfügbarkeit von Kühlwasser betreffen. Dem könnte durch Veränderungen an Turbinen oder an Staubecken begegnet werden, um entweder die energetischen Erträge zu sichern oder sogar zu erhöhen.

Energiepolitische Instrumente: Zur Umsetzung der Minderungsmaßnahmen bedarf es energiepolitischer Instrumente, welche sich aus den analysierten Studien und Szenarien im folgenden Portfolio zusammenfassen lassen (Band 3, Kapitel 3).

- *CO_2-bezogene Energiesteuer:* Zentrales Instrument der meisten Policy-Studien ist die Einführung von kontinuierlich wachsenden Energiesteuern zur effektiven Reduktion der THG-Emissionen, kombiniert mit Anreizen zum Umstieg auf CO_2-arme Energieträger und Steigerung der Energieeffizienz; dies bedeutet eine Senkung des Energieverbrauchs, aber auch vermehrte Investitionen in energieeffiziente Geräte, Kraftfahrzeuge und Anlagen. Der Wettbewerb am Energiemarkt und der damit verbundene Umstieg auf kostengünstigere (erneuerbare) Energien führen dazu, dass z. B. biogene Energieträger, Wasserstoff oder Strom für E-Fahrzeuge nicht mehr aufwendig subventioniert werden müssen. Langfristig resultieren Umweltvorteile aus der durch niedrigere Besteuerung dieser Kraftstoffe erreichten Nachfrageverschiebung.
- *Standards:* Speziell dynamische Höchstverbrauchsstandards stellen in verschiedenen Bereichen wichtige Instrumente dar: Eine Verschärfung thermischer Gebäudestandards für bestehende Gebäude, die Realisierung thermischer Standards für Neubauten (entsprechend Plusenergiehäusern), verschärfte Standards für Elektrogeräte in Haushalten und im Dienstleistungsbereich (Bürogebäude) und rigorose Verschärfung der Standards bezüglich der CO_2-Emissionen verschiedener alternativer Energieträger sind wesentliche Vorgaben zur Reduktion und Optimierung des Energiekonsums.
- *Andere Anreizsysteme:* Subventionen sind vor allem in jenen Bereichen zielführend, in denen die finanzielle Förderung für Erneuerbare bevorzugt über Einspeistarife bzw. Marktprämienmodelle vorgenommen wird, vor allem solange es keine Steuern gibt, die alle Externalitäten berücksichtigen; zusätzlich sind Anreize für die zunehmende Marktintegration von Erneuerbaren, sowohl bei Strom als auch bei Wärme und Mobilität hilfreich, ebenso wie Zuschüsse zur Wohngebäudesanierung und eindeutige Anreiz- und Informationssysteme (z. B. Labeling-Systeme) zur Eliminierung von unrentablen Altgeräten.
- *Soft knowledge and skills:* Die Anhebung des allgemeinen Wissensniveaus bezüglich eines sparsamen Energieeinsatzes ist nötig zur Bekämpfung von Energiearmut und für gezielte Gerätetausch- und Sanierungsaktionen. Verbesserte Beratung für Heizungstausch, Elektrogeräte und Gebäudesanierung zählen auch zu den soft knowledge and skills. Besonders im Wohngebäudebereich gibt es hohen Bedarf an Auditing- und Monitoringaktivitäten zur sukzessiven Auffindung von energetischen Schwachstellen.

Fazit. Folgende grundsätzliche Ansätze existieren, um im Energiesektor THG-Emissionen zu senken:

- Reduktion des Bedarfs an Energiedienstleistungen, z. B. Heizung / Kühlung, Elektrogeräte, PKW-Nutzung).
- Verbesserung der Effizienz in der Energiekette, d. h. effizientere Bereitstellung der gesamten Energiedienstleistungsnachfrage, z. B. effizientere Elektrogeräte, geringere Kraftstoffintensität von Fahrzeugen bei gleicher Leistung und Serviceniveau).
- Bereitstellung der gesamten Energiedienstleistungsnachfrage mit einem CO_2-ärmeren Mix an Energieträgern, z. B. durch Umstieg auf erneuerbare Energieträger.

Studien mit ambitionierten Energie- oder THG-Emissionsreduktionsszenarien gehen davon aus, dass im Schnitt die Nutzung von Erneuerbaren bis 2050 auf eine Größenordnung von zumindest 600 PJ gesteigert werden kann. Wenn es gleichzeitig gelingt den Gesamtenergieverbrauch auf das aus Erneuerbaren bereitstellbare Niveau zu senken, wäre eine THG-freie Energieversorgung bis 2050 erreichbar (Band 3, Kapitel 3).

Abschließend sei festgestellt: Nur wenn letztlich ein abgestimmter Mix dieser einzelnen Maßnahmen umgesetzt wird, ist es möglich, das THG-Reduktionspotenzial in Österreich bis 2050 unter Berücksichtigung gesellschaftlich vorgegebener Rahmenbedingungen weitgehend zu erschließen (Band 3, Kapitel 3; Band 3, Kapitel 6).

S.3.4 Verkehr
S.3.4 Transport

Von allen Sektoren sind in den letzten beiden Dekaden die THG-Emissionen im Verkehr mit +55 % am stärksten gestiegen. Die in den letzten Jahren auf EU-Ebene forcierten regulativen Instrumente – im Wesentlichen Standards für CO_2-Emissionen pro zurückgelegtem km – haben lange Zeit nicht die gewünschten Erfolge gezeigt. Die Gründe dafür waren, dass die gesteigerte Effizienz der PKWs zu einem Großteil durch höhere Fahrleistungen (= gefahrene km) und größere/schwerere PKWs kompensiert wurden (Band 3, Kapitel 3).

Geht man – ohne zusätzliche Maßnahmen – von der in der österreichischen Verkehrsprognose 2025+ abgebildeten steigenden Verkehrs- und Fahrleistung (Fzgkm) aus, und unterlegt bereits (auf EU-Ebene sowie national) beschlossene technische Vorschriften, so ist davon auszugehen, dass die CO_2-Emissionen in den nächsten Jahren weiter ansteigen. Die vereinbarten technischen Grenzwerte führen erst ab Mitte dieses Jahrzehnts zu einem Rückgang der CO_2-Emissionen, die dann 2030 noch 12 % über dem Wert des Jahres 1990 liegen. Im Jahr 2030 werden ca. 45 % der CO_2-Emissionen des Verkehrs von PKWs und etwa 35 % im Straßengüterverkehr emittiert (alle Werte ohne Berücksichtigung des Flugverkehrs; Band 3, Kapitel 3).

Bereits beobachtbar sind die durch die Begrenzung des CO_2-Ausstoßes pro gefahrenem Kilometer für PKWs und Lieferwagen bewirkten ersten Erfolge. Auch Angebotsänderungen im öffentlichen Verkehr und (spürbare) Preissignale hatten nachweisliche Auswirkungen auf den Anteil des Individualverkehrs in Österreich (Abbildung S.3.6, Band 3, Kapitel 3).

Um eine deutliche Reduktion der THG-Emissionen des Personenverkehrs zu erzielen, ist ein umfassendes Maßnahmenpaket notwendig. Zentral sind dabei eine deutliche Reduktion des Einsatzes fossiler Energie, eine Erhöhung der Energieeffizienz sowie die Veränderung des Nutzerverhaltens. Voraussetzung hierfür sind verbesserte Wirtschafts- und Siedlungsstrukturen, in denen die Wegstrecken minimiert sind. Dies kann zur Stärkung umweltfreundlicher Mobilitätsformen, wie Zufußgehen und Radfahren genutzt werden. Öffentliche Verkehrsmittel wären auszubauen und zu verbessern, sowie deren CO_2-Emission zu minimieren. Technische Maßnahmen für den PKW-Verkehr beinhalten weitere massive Effizienzsteigerungen bei den Fahrzeugen oder beim Einsatz alternativer Antriebe – vorausgesetzt die dafür notwendige Energie wird ebenfalls emissionsarm produziert (Band 3, Kapitel 3).

Der Güterverkehr, gemessen in Tonnenkilometern, nahm in Österreich in den letzten Dekaden stärker zu als das Bruttoinlandsprodukt. Die weitere Entwicklung der Transportnachfrage ist durch eine Reihe wirtschaftlicher und gesellschaftlicher Rahmenbedingungen gestaltbar. Optimierung der Logistik und Stärkung CO_2-effizienterer Verkehrsmittel sind zwei Steuerungsmöglichkeiten. Eine Reduktion der THG-Emissionen pro Tonnenkilometer kann durch alternative Antriebe und Treibstoffe, Effizienzsteigerungen sowie durch eine Verlagerung hin zum Schienenverkehr erreicht werden (Band 3, Kapitel 3).

Substantielle Reduktionen der THG-Emissionen im Verkehrsbereich verlangen ein abgestimmtes Portfolio politischer Maßnahmen, welche neben der Verkehrsvermeidung (Reduktion der zurückgelegten Distanz), den Umstieg auf effiziente Verkehrsträger (öffentlicher Verkehr) sowie den Einsatz von „Zero-Emission“-Fahrzeugen und regenerativer Energie beinhalten (Abbildung S.3.7). Zentraler Aspekt sind geeignete ökonomische Rahmenbedingungen, also neue Preis- (für den motorisierten Individualverkehr) und Tarifsysteme (für den öffentlichen Verkehr) als Anreiz zum Umstieg vom motorisierten Individualverkehr auf öffentlichen Verkehr und auf Zero-Emission-Fahrzeuge (Band 3, Kapitel 3).

Raumplanungsmaßnahmen können zur Reduktion der Fahrzeugkilometer (Personen- und Güterkilometer) im Verkehr beitragen, indem sie es ermöglichen, die menschlichen Grundbedürfnisse (Wohnen, Arbeiten, Bildung, Erholung, Gemeinschaft) und wirtschaftlichen Austauschprozesse in geringerer räumlicher Distanz zu erfüllen. Mehr Effizienz im Autoverkehr wird auch mittels höherer Besetzungsgrade (Fahrgemeinschaften, weniger Leerfahrten, weniger Parksuchverkehr etc.) erreicht (Band 3, Kapitel 3).

Die Reduktion fossiler Energie setzt Verbrennungsmotoren mit geringerem Verbrauch voraus oder Maßnahmen, die Fahrzeuge fördern, welche einen geringeren CO_2-Austoss aufweisen

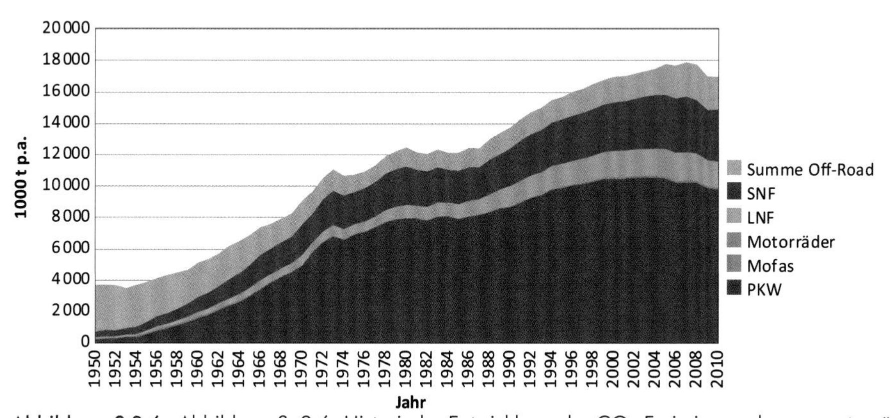

Abbildung S.3.6. Abbildung S. 3.6: Historische Entwicklung der CO_2-Emissionen des gesamten österreichischen Verkehrs 1950 bis 2010. LNF = Leichte Nutzfahrzeuge (Lieferwagen und LKWs <3,5 t Gesamtmasse); SNF = Schwere Nutzfahrzeuge (LKWs >3,5 t Gesamtmasse sowie Busse); Off-Road = Eisenbahn (Dampf- und Dieseltraktion, Baumaschinen, Landwirtschaftliche Maschinen, Rasenmäher etc.). Quelle: Hausberger und Schwingshackl (2011)

Figure S.3.6. Historical development of CO_2-emissions in transport from 1950 to 2010 in Austria; LNF = light commercial vehicles (<3.5 t total weight); SNF = heavy duty vehicles (>3.5 t total weight and buses); Off-road = trains (steam and diesel traction, construction machines, agricultural machines, lawnmowers, etc.). Source: Hausberger and Schwingshackl (2011)

(wie z. B. e-Mobilität, gespeist aus Erneuerbaren), bzw. einen energieeffizienteren Verkehrsfluss vorsehen (Band 3, Kapitel 3).

Raumplanung: Aus Sicht der Raumplanung sind die größten Anpassungserfolge für den Alpenraum zu erwarten, indem generell Planungsinstrumente weiterentwickelt werden und ländergrenzen- und sektorenübergreifend zusammengearbeitet wird. Der daraus resultierende Wissenstransfer und die einhergehende Bewusstseinsbildung sollen Wege zur Entwicklung belastbarer Siedlungs- und Infrastrukturen bieten, ebenso wie Schutz vor Naturgefahren, optimale Verwaltung von Wasser und anderer Ressourcen, welche die Landschaftsentwicklung und Freiraumsicherung nachhaltig gewährleisten und darüberhinaus auch im Tourismusbereich eine Neuorientierung bewirken (Band 3, Kapitel 3).

Finanzwirtschaftlicher Bereich (Steuern und Subventionen): In Bezug auf neue Bepreisungssysteme für den motorisierten Individualverkehr sehen alle untersuchten Studien ähnliche Prioritäten: Vor allem eine kontinuierlich ansteigende (CO_2-basierte) Kraftstoffsteuer, ergänzt durch eine verbrauchsabhängige Zulassungssteuer, die den Trend zu größeren Fahrzeugen vermindern soll und somit eine bessere Effizienz gewährleisten, kann Wirkung zeigen. Hierfür können unterstützend wirken „Road-Pricing" in großen Städten, die Abschaffung von Vergünstigungen wie die bevorzugte Behandlung von Dienstfahrzeugen, eine aufkommensneutrale Umgestaltung der Pendlerpauschale, die Entwicklung neuer Konzepte und Intensivierung der Parkraumbewirtschaftung und die Tarifvereinfachung im öffentlichen Verkehr sowie systematischer Ausbau der Anreizsysteme für Zeitkarten (Band 3, Kapitel 3).

Wissenschaftlich belegt sind außerdem die signifikanten Auswirkungen bei einer Verteuerung von energie- und THG-intensiven Mobilitätsformen zugunsten einer Reduktion der Fahrleistung und/oder eine Verlagerung auf andere Verkehrsmittel, bzw. den öffentlichen Verkehr (Band 3, Kapitel 3).

Verkehrsplanung und „Soft tools": Zur Verkehrsverlagerung im Personenverkehr bedarf es des Ausbaus und weiterer Anreize für den ÖV, eines besseren Mobilitätsmanagements in Betrieben, der Förderung des Radverkehrs (Bau neuer Strecken, Lückenschlüsse in bestehenden Radverkehrsnetzen, Fahrradabstellplätze) sowie überzeugender Öffentlichkeitsarbeit (Band 3, Kapitel 3; Band 3, Kapitel 6).

Der Güterverkehr benötigt zur Umsetzung einer Verkehrsverlagerung eine verbesserte Logistik, eine höhere Auslastung der Transportmittel (gewichts- und volumenmäßig) und die Erhöhung der Attraktivität bei der Nutzung von Bahn und Binnenschiff (Donau) durch Ausbau der Bahnstrecken und -anschlüsse sowie der Schifffahrtinfrastruktur (Band 3, Kapitel 3).

Technische Lösungsansätze alternativer Antriebstechnologien, alternativer Energieträger und Effizienzsteigerungen konventioneller „Fahrzeuge": Effizientere Technologien umfassen vor allem den erhöhten Einsatz alternativer Kraftstoffe und den steigenden Anteil elektrisch betriebener PKWs und LNF sowie die Reduktion spezifischer CO_2-Emissionen von „Bio-Kraftstoffen", sodass sie bis 2020 70 % weniger als fossile Kraftstoffe ausstoßen. Das Ausmaß der Reduktion wird durch Emissionen bei der Herstellung der Kraftstoffe eingeschränkt, sodass der großskalige Einsatz von Biokraftstoffen zunehmend in Frage gestellt wird (Band 3, Kapitel 3; Band 3, Kapitel 3).

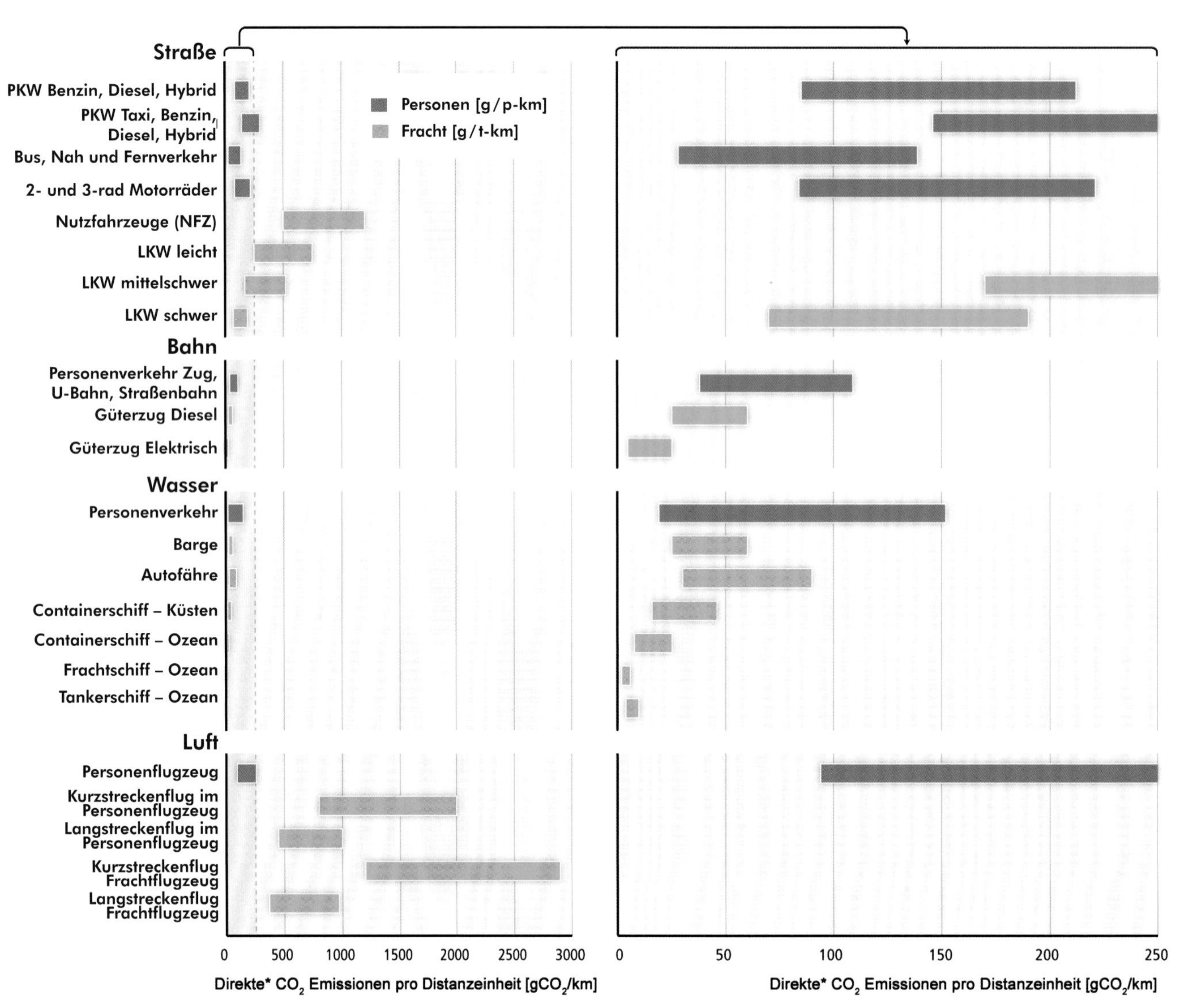

Abbildung S.3.7. Typische direkte CO_2-Emissionen pro Passagierkilometer und pro Tonnenkilometer für Fracht und für die Hauptverkehrsträger, wenn fossile Brennstoffe benutzt werden, und thermische Stromerzeugung für den Eisenbahnverkehr benutzt wird. Quelle: IPCC (2014)

Figure S.3.7. A comparison of characteristic CO_2-emissions per passenger-kilometer and ton-kilometer for different transport modes that use fossil energy and thermal electricity generation in the case of electric railways. Source: IPCC (2014)

Die Relevanz alternativer Kraftstoffe (Bio-Kraftstoffe, Wasserstoff, Erdgas) wird zumindest bis 2030 in moderatem Rahmen bleiben. Eine Elektrifizierung im straßengebundenen Güterverkehr ist derzeit nicht sinnvoll darstellbar, deshalb stellen Biokraftstoffe hier ebenso wie bei mobilen Maschinen derzeit die wesentliche Alternative dar (Band 3, Kapitel 3).

S.3.5 Gesundheit
S.3.5 Health

Der österreichische Gesundheitssektor kann wesentlich zu einer klimagerechten Transformation beitragen. Das österreichische Gesundheits- und Sozialwesen beschäftigt ca. 10 % aller Erwerbstätigen und produziert ca. 6 % der österreichischen Brutto-Wertschöpfung, wobei dieser Anteil weiter wächst. Diese wichtige Rolle im österreichischen Wirtschaftsgefüge bedingt auch eine hohe Verantwortung des Sektors für die nachhaltige Erbringung der Wirtschaftsleistungen. Weil ökologische Nachhaltigkeit für die langfristige Förderung und Erhaltung der Gesundheit bedeutsam ist, kommt dem Gesundheitssektor darüber hinaus eine wichtige Vorbildwirkung zu, die dessen Verantwortung im Klimaschutz weiter unterstreicht (Band 3, Kapitel 4).

Viele Maßnahmen im Gesundheitswesen sind nicht spezifisch für diesen Sektor entwickelt worden, sondern sind Teil sektoraler Strategien. Maßnahmen wie hohe thermische Gebäudestandards, effizientes Energiemanagement, Umstieg auf erneuerbare Energieträger besitzen auch im Gesundheitssektor ein nennenswertes Reduktionspotenzial (siehe Strategien im Kapitel „Gebäude"), wie einige Vorreiter bereits deutlich demonstrieren. Das Gesundheitswesen hat zudem insbesondere in den Bereichen Mobilität, umwelt- und ressourcenschonende Beschaffung und klimafreundliche Abfallwirtschaft Gestaltungsmöglichkeiten bezüglich der Emissionsreduktion. Die Schaffung von Anreizen für PatientInnen und MitarbeiterInnen klimafreundliche Verhaltensweisen anzunehmen kann dabei einen wesentlichen Beitrag leisten (Band 3, Kapitel 4).

Anpassung im Kontext der Gesundheit bezieht sich einerseits auf institutionelle und private, geplante Maßnahmen und andererseits auf biologisch-physiologische Prozesse. Letztere sind automatische und unbewusste Vorgänge des individuellen menschlichen Körpers und laufen auf verschiedenen Ebenen und mit unterschiedlichen Geschwindigkeiten ab. Diesbezüglich wesentlich ist das Wissen um bestehende Grenzen solcher Anpassungsprozesse sowie um gefährdete Risikogruppen, die aufgrund verschiedener Faktoren (Alter, Vorerkrankungen, soziale Faktoren etc.) eingeschränkte Anpassungsfähigkeiten aufweisen. Während biologisch-physiologische Prozesse eher Reaktionen auf kurzfristige Wetterereignisse ermöglichen, können institutionelle Anpassungsstrategien helfen auf langfristige Änderungen zu reagieren sowie sich der oben genannten Risikogruppen anzunehmen (Band 2, Kapitel 6; Band 3, Kapitel 4).

Das Gesundheitswesen ist daher ein zentrales Element in einer Verbesserung der Anpassungsfähigkeit an mögliche gesundheitsrelevante Folgen des Klimawandels. Besonders Risikogruppen, die aufgrund von Alter oder Vorerkrankungen sensibel auf klimatische Änderungen reagieren, können so rechtzeitig unterstützt werden. Ein nachhaltiges Gesundheitswesen setzt zudem auf Prävention statt Behandlung und Heilung von Krankheiten. Eine solche Transformation erfordert eine strukturelle Änderung des gesamten Systems (Band 3, Kapitel 4).

Bedrohungen durch neu eingeschleppte oder etablierte Krankheitserreger und Vektoren sind praktisch nicht voraussagbar und die Möglichkeiten, prophylaktische Gegenmaßnahmen zu ergreifen, sind gering. Sie stellen daher eine große Herausforderung für das Gesundheitssystem dar (Band 2, Kapitel 6). Kontinuierliche, detaillierte Erhebung und Überwachung von Gesundheitsdaten, die regelmäßig mit Klima- und Ausbreitungsdaten in Beziehung zu setzen sind, stellen eine wichtige Voraussetzung für die Entwicklung gezielter Anpassungsstrategien dar. Bisher sind diesbezügliche Untersuchungen zeitlich punktuell und räumlich auf wenige Regionen Österreichs beschränkt (Band 3, Kapitel 4).

Eine Barriere ist in diesem Zusammenhang die eingeschränkte Verfügbarkeit von Daten. Obwohl das Gesundheitssystem bereits jetzt routinemäßig gesundheitsrelevante Daten sammelt sind diese nicht oder nicht in ausreichendem Detailgrad für die wissenschaftliche Forschung zugänglich. Datenschutzrechtliche Bedenken, unklare Kompetenzen, mangelhafte Kooperationsbereitschaft sowie technische Probleme behindern derzeit eine hinreichende Übermittlung der Daten, ohne die aussagekräftige und detaillierte Analysen der regionalen und lokalen Dosis-Wirkungs-Beziehungen und darauf aufbauende Konzepte für Anpassungsmaßnahmen nur schwer zu erstellen sind (Band 3, Kapitel 4).

Gesundheitsrelevante Anpassung betrifft jedenfalls auch vielfach individuelle Verhaltensänderungen von entweder einem Großteil der Bevölkerung oder von Angehörigen bestimmter Risikogruppen (Band 3, Kapitel 4).

Schließlich ist darauf hinzuweisen, dass auch Anpassungs- und Klimaschutzmaßnahmen in anderen Bereichen für die Gesundheit des Menschen von Bedeutung sein können. Hier gilt es auf der einen Seite negative Feedbacks zu vermeiden und auf der anderen Seite Synergieeffekte zu nutzen (Band 3, Kapitel 4).

Klimarelevante Transformation geht oft direkt mit gesundheitsrelevanten Verbesserungen und einer Erhöhung der Lebensqualität einher. Für den Wechsel vom Auto zum Fahrrad beispielsweise wurden eine positiv-präventive Wirkung auf das Herz-Kreislaufsystem und weitere signifikant positive Gesundheitseffekte nachgewiesen, welche die Lebenszeit statistisch signifikant ansteigen lassen, neben den positiven Umweltwirkungen für die Gesamtgesellschaft. Zusätzliche gesundheitsfördernde Wirkungen wurden ebenso für nachhaltige Ernährung (z. B. wenig Fleisch) nachgewiesen. Aufgrund der existierenden Feedbackeffekte erhöht es die Gesamteffektivität, wenn GesundheitsexpertInnen ein Mitspracherecht bei der Gestaltung und Planung relevanter Maßnahmen außerhalb des Gesundheitssystems eingeräumt wird. Dies alleine würde es ermöglichen Maßnahmen so zu konzipieren, dass sie vorteilhaft für die Gesundheit sind oder zumindest die positiven Effekte überwiegen (Band 3, Kapitel 4).

S.3.6 Tourismus
S.3.6 Tourism

Weltweit wird der jährliche Beitrag des Tourismus an den gesamten CO_2-Emissionen infolge von Transport (Herkunft-Zielort), Beherbergung und Aktivitäten (vor Ort) auf rund 5 % geschätzt. Mit 75 % entfällt ein Großteil der tourismusverursachten CO_2-Emissionen auf den Touristentransport, gefolgt von der Beherbergung mit 21 % (Abbildung S.3.8, Band 3, Kapitel 4).

Auch für Österreich ist davon auszugehen, dass der Tourismussektor für einen hohen Anteil der THG-Emissionen verantwortlich ist, da er einen bedeutenden Wirtschaftszweig des Landes darstellt. Im Jahr 2010 trug der Tourismus unter Berücksichtigung indirekter Effekte 7,45 % zur Gesamtwertschöpfung bei. Bislang fehlen allerdings weitgehend genauere Untersuchungen zu den Emissionen des heimischen Tourismussektors, eine detaillierte Erfassung findet sich bislang nur im Bereich des schneebasierten Wintertourismus. Als größter Emittent wird dort die Beherbergung mit einem Anteil von 58 % identifiziert, gefolgt vom An- / Abreise- und Zubringerverkehr mit 38 %. Seilbahnen, Schlepplifte, Pistengeräte und Schneekanonen sind hingegen nur für 4 % der gesamten schneebasierten Wintertourismusemissionen verantwortlich (Band 3, Kapitel 4).

Ein hohes Einsparungspotential in Bezug auf tourismusverursachte THG-Emissionen wird somit im Transportwesen und im Beherbergungsbereich gesehen und kann zudem durch Anpassung des betrieblichen Managements von touristischen Anlagen erzielt werden.

Erfolgreiche PionierInnen im nachhaltigen Tourismus zeigen Wege der THG-Emissionsreduktion in dieser Branche auf. In Österreich gibt es Vorzeigeprojekte auf allen Ebenen – Einzelobjekte, Gemeinden und Regionen – sowie in verschiedenen Bereichen, wie Hotellerie, Mobilität, touristisches Angebot. Aufgrund der langfristigen Infrastrukturinvestitionen ist der Tourismus für „Lock-in Effekte" besonders anfällig (Band 3, Kapitel 4).

Veränderungen des Klimas wirken sich sehr stark auf die österreichische Tourismusbranche aus. Dies liegt an der besonders großen Abhängigkeit von den örtlichen klimatischen Bedingungen. Zieht man den derzeitigen Wissensstand hinsichtlich zukünftiger Entwicklung des Klimas in Betracht, so ist davon auszugehen, dass die Konsequenzen sowohl negativer als auch positiver Natur sein werden. Die Gewährleistung einer langfristigen und nachhaltigen Entwicklung des Tourismussektors geht mit einem rechtzeitigen Erkennen von Vor- und Nachteilen des Klimawandels sowie einer darauf aufbauenden Anpassungsstrategie einher.

Die verschiedenen Bereiche des österreichischen Tourismus werden unterschiedlich stark vom Klimawandel betroffen sein. Es wird erwartet, dass zum Beispiel **der Städtetourismus netto im Jahresverlauf kaum, wohl aber saisonal betroffen** sein wird. Im Sommer sind sind Rückgänge im Städtetourismus aufgrund vermehrter Hitzetage und tropischer Nächte möglich. Verlagerungen der Touristenströme in andere Saisonen und Regionen sind möglich und derzeit schon beobachtbar. Für alpine Badeseen könnte sich der Klimawandel sogar als vorteilhaft herausstellen. Besonders negative Effekte sind hingegen für den Neusiedler See – dessen Wasserspiegel voraussichtlich deutlich sinken wird – den Bergtourismus und den alpinen Wintertourismus zu erwarten. Für den Bergtourismus ist vor allem der Rückgang des Permafrostes und der Rückgang von Gletscherzungen bereits heute ein großes Problem, da dadurch bestehende Wege instabil oder von Steinschlag bedroht werden. Neben Anpassung, Neubau und Instandhaltung bestehender Hüttenzugänge, Höhenwanderwege und Übergänge zur Reduzierung bzw. Vermeidung unverhältnismäßiger Risiken beinhalten Maßnahmen zur Anpassung im Bergtourismus auch das Auflassen oder die Neuanlage von Wegen sowie die Einrichtung von Wege-Informationssystemen (Band 3, Kapitel 4).

Der Wintertourismus wird durch den stetigen Temperaturanstieg weiter unter Druck kommen. Im Vergleich mit naturschneesicheren Destinationen drohen vielen österreichischen Schigebieten Nachteile durch steigende Beschneiungskosten. Besonders bedeutend sind daher aus österreichischer Sicht Anpassungsmaßnahmen hinsichtlich des alpinen Wintertourismus. Das liegt einerseits an der Klimasensitivität des Wintertourismus durch die Abhängigkeit von Schnee und andererseits an der wichtigen Stellung des Wintertourismus in der heimischen Tourismuswirtschaft. Während sich nämlich die Nächtigungszahlen in Österreich im Sommer- und Winterhalbjahr in etwa die Waage halten, sind die Einnahmen pro Gast im Winter deutlich höher. Die Kompensation reduzierten natürlichen Schneefalls durch künstliche Beschneiung ist bereits heute eine verbreitete Maßnahme um mit der jährlich variierenden Schneedecke umzugehen (Band 3, Kapitel 4).

Zukünftige Anpassungsmöglichkeiten durch technische Beschneiung sind begrenzt. Es sind zwar derzeit 67 % der Pistenfläche mit Beschneiungsanlagen ausgerüstet, jedoch ist der Einsatz der Anlagen durch steigende Temperaturen und die Verfügbarkeit von Wasser eingeschränkt (wahrscheinlich, Band 3, Kapitel 4). Die Förderung des Ausbaus der Beschneiung durch die öffentliche Hand könnte daher zu Fehlanpas-

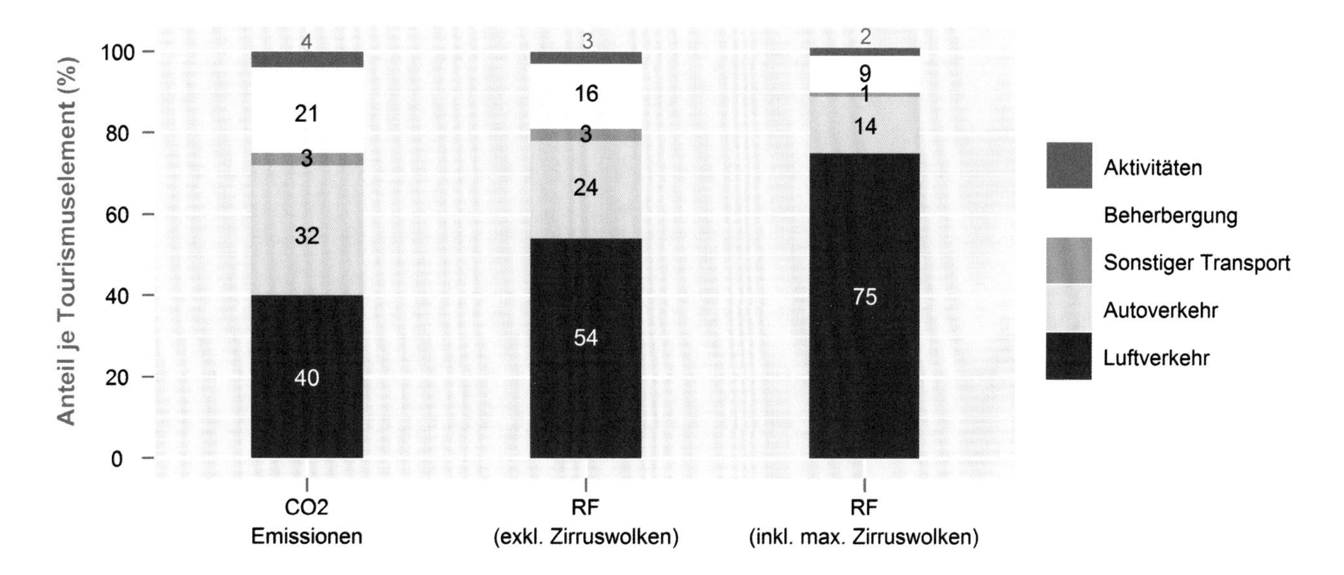

Abbildung S.3.8. Geschätzter Anteil der Tourismusaktivitäten an globalen CO_2-Emissionen und Strahlungsantrieb des Tourismus (inklusive Tagestourismus) im Jahr 2005. Quelle: adaptiert von UNWTO-UNEP-WMO (2008)

Figure S.3.8. Estimated share of tourist activites which contribute to global CO_2 emissions and radiation (inlcuding day-trippers) in 2005. Source: adapted from UNWTO-UNEP-WMO (2008)

sungen und kontraproduktiven „Lock-in Effekten" führen (Band 3, Kapitel 4).

Die Beschneiung führt auch zu erhöhtem Energieverbrauch, dementsprechend höheren Kosten und somit zu erhöhten Preisen für die SkifahrerInnen. Bereits heute ist dies für viele Menschen ein Grund, den Skisport nicht mehr auszuüben. Eine weitere Strategie stellt die Ausweitung bzw. das Ausweichen von Skigebieten in höhere Lagen und Nordhänge zur Sicherung eines durchgehenden Schibetriebs mit frühem Saisonstart und spätem Saisonende dar. Diesbezügliche Tendenzen konnten in der Vergangenheit bereits beobachtet werden. Allerdings sieht sich auch diese Strategie einigen Beschränkungen gegenüber, wie etwa der Präferenz von SkifahrerInnen für sonnige Hänge, der naturräumlichen Begrenztheit vieler Skigebiete, sich weiter in die Höhe auszubreiten, dem potentiell erhöhten Lawinen- und Windrisiko sowie der Gefährdung fragiler Ökosysteme (Band 3, Kapitel 4).

Eine allgemeine und vielfach genannte Strategie zur Anpassung an den Klimawandel – nicht nur im Wintertourismus – stellt die **Diversifizierung des Angebots** dar. Ein gemischtes Angebotsportfolio weist bereits aufgrund des impliziten Versicherungseffektes ein geringeres Gefährdungspotential als ein einseitig ausgerichtetes Angebot auf. Dennoch zeigen Ergebnisse, dass das Potential der Angebotsdiversifizierung begrenzt ist, denn die Skidestinationen werde nicht wegen der schneeunabhängigen Alternativangebote, sondern aufgrund der schneebasierten Aktivitäten aufgesucht (Band 3, Kapitel 4.)

Für besonders stark gefährdete Gebiete steht in letzter Konsequenz auch die Erstellung eines integrativen Ausstiegsszenarios aus dem Schneetourismus als Strategie zur Verfügung. Insbesondere am Alpenrand und in tieferen Lagen ist der Prozess der Schließung nicht mehr rentabler Anlagen kleinerer Betriebe bereits beobachtbar. Das kleine Skigebiet am Gschwender Horn in Immenstadt (Bayern) stellt ein bekanntes und erfolgreiches Beispiel eines aktiv geplanten Rückzugs vom nicht mehr rentablen Skitourismus nach einer Serie von schneearmen Wintern Anfang der 1990er Jahre dar. Die Lifteinrichtungen wurden abgetragen und die Skipisten renaturiert. Heute wird das Gebiet für Sommer- (Wandern, Mountainbiking) und Wintertourismus (Schneeschuhwandern, Schitouren) genutzt (Band 3, Kapitel 4).

Grundsätzlich gibt es eine Reihe von Strategieansätzen, die eine adäquate Anpassung des Tourismussektors an den Klimawandel ermöglichen könnten (Band 3, Kapitel 4). Wie erfolgreich diese Ansätze umgesetzt werden, hängt jedoch auch davon ab, ob eher individuell und reaktiv oder vernetzend und vorausschauend gehandelt wird. Nur vernetzende und vorausschauende Aktivitäten würden kontraproduktive Situationen (wie etwa höherer Ressourcenverbrauch durch Beschneiungsanlagen) vermeiden und eine langfristig erfolgreiche Entwicklung des österreichischen Tourismussektors ermöglichen (Band 3, Kapitel 4).

Einbußen im Tourismus im ländlichen Raum haben hohe regionalwirtschaftliche Folgekosten. Da der Verlust an

Arbeitsplätzen hier oft nicht durch andere Branchen aufgefangen werden könnte, würde ein diesbezüglicher Strukturwandel zu Abwanderungen führen. Bereits jetzt stehen periphere ländliche Räume durch Urbanisierungswellen vor großen Herausforderungen (Band 3, Kapitel 4).

Durch zukünftig zu erwartende sehr hohe Temperaturen im Mittelmeerraum im Sommer könnte der Tourismus in Österreich profitieren. Indirekt könnte der Sommertourismus davon profitieren, dass aufgrund der zu erwartenden hohen Temperaturen im Mittelmeerraum das österreichische Klima im Vergleich dazu attraktiver wird (Band 3, Kapitel 4).

S.3.7 Produktion
S.3.7 Production

Der Energieeinsatz in der österreichischen Industrie war zwischen 1970 und 1995 mit 200 bis 250 PJ / Jahr relativ konstant, wuchs aber danach deutlich und überstieg 2005 die 300 PJ Marke (Abb. S 3.9, Band 3, Kapitel 5).
Im Zeitraum 1970 bis 1995, in dem kaum ein Zuwachs des Energieverbrauches erfolgte, stieg der Produktionswert und die Produktionsmengen um knapp mehr als das Doppelte. Dies ist darauf zurück zu führen, dass einerseits Produktionssteigerungen durch Effizienzerhöhungen im Rahmen der allgemeinen technischen Entwicklung kompensiert wurden und andererseits darauf, dass es eine Strukturänderung im Bereich der Produktion gegeben hat. In den Jahren 1973 und 1980 erfolgten Einbrüche, die auf die damals aufgetretenen Energie(preis)krisen zurück zu führen sind. Der Anteil der elektrischen Energie ist in den letzten 30 Jahren nahezu konstant (strichlierte Linie in Abbildung S.3.9) um 30 %. In den letzten 1 ½ Jahrzehnten liegt ein völlig anderer Trend vor, der zu einer Steigerung des Energieeinsatzes um beinahe 50 % auf über 300 PJ / Jahr führte (Band 3, Kapitel 5).

Aufgrund des hohen Anteils der Produktion an im Inland emittierten THG stehen für die Produktion bisher hauptsächlich Klimaschutzmaßnahmen (und nicht Anpassungsstrategien) **im Vordergrund.** Emissionsminderungen an klimawirksamen Gasen aus dem Energieeinsatz können im Bereich Produktion einerseits durch Reduktion des Endenergieverbrauchs erfolgen, andererseits durch eine Umstellung auf emissionsärmere Energieträger. Prozessbedingte CO_2-Emissionen sind nur durch Produktions- oder Produktinnovationen verminderbar. Die Reduktion anderer THGe (Methan, Stickoxide, Florkohlenwasserstoffe etc.) kann ebenfalls nur prozessspezifisch erfolgen (Band 3, Kapitel 5).

Obwohl in der österreichischen Industrie bereits Klimaschutzmaßnahmen getroffen werden, gibt es nach wie vor enorme ungenutzte Emissionseinsparungspotentiale. Diese betreffen vor allem Energieeffizienzmaßnahmen und die Nutzung erneuerbarer Energien. Aber auch die Förderung und Entwicklung von radikal neuen Technologie-Innovationen ist für eine mit dem 2 °C-Ziel vereinbare Emissionsreduktion erforderlich (Band 3, Kapitel 5).

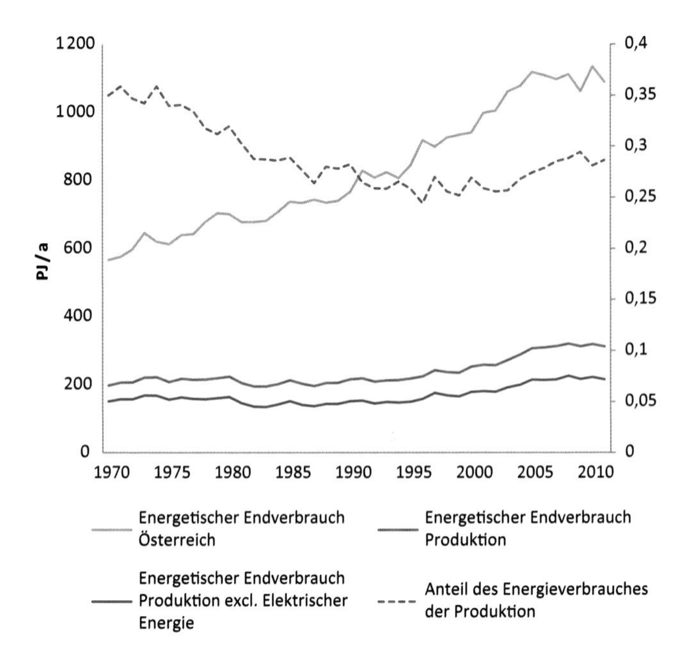

Abbildung S.3.9. Bedeutung des Sektors „Produktion" beim Energieverbrauch in Österreich, Werte in PJ / Jahr. Quelle: Statistik Austria (2012)

Figure S.3.9. Energy consumption of the production sector in Austria; values in PJ / yr. Source: Statistik Austria (2012)

Die Industrie ist größter THG-Emittent in Österreich. Im Jahre 2010 betrug der Anteil des produzierenden Bereiches am gesamten österreichischen Energieendverbrauch sowie an den THG-Emissionen jeweils knapp 30 %. Emissionsreduktionen in einem Ausmaß von etwa 50 % und mehr können nicht durch kontinuierliche Verbesserungen und Anwendung des jeweiligen Standes der Technik erreicht werden. Hier ist entweder die Anwendung von Verfahren mit Speicherung der THG-Emissionen (Carbon Capture and Storage, wie etwa in den EU-Szenarien zum Energiefahrplan 2050 hinterlegt) oder die Entwicklung klimaschonender neuer Verfahren notwendig (radikal neue Technologien und Produkte bei drastischer Reduktion des Endenergieeinsatzes). Diese eröffnet Chancen für die Entwicklung neuer Werkstoffe auf internationalen Märkten (Band 3, Kapitel 5).

Nur wenige Teilsektoren haben den größten Anteil am Energiebedarf und damit an den THG-Emissionen. Die fünf größten Emittenten (Energie- und Prozessemissionen) sind die Sektoren Eisen und Stahl, Metallerzeugung, Mine-

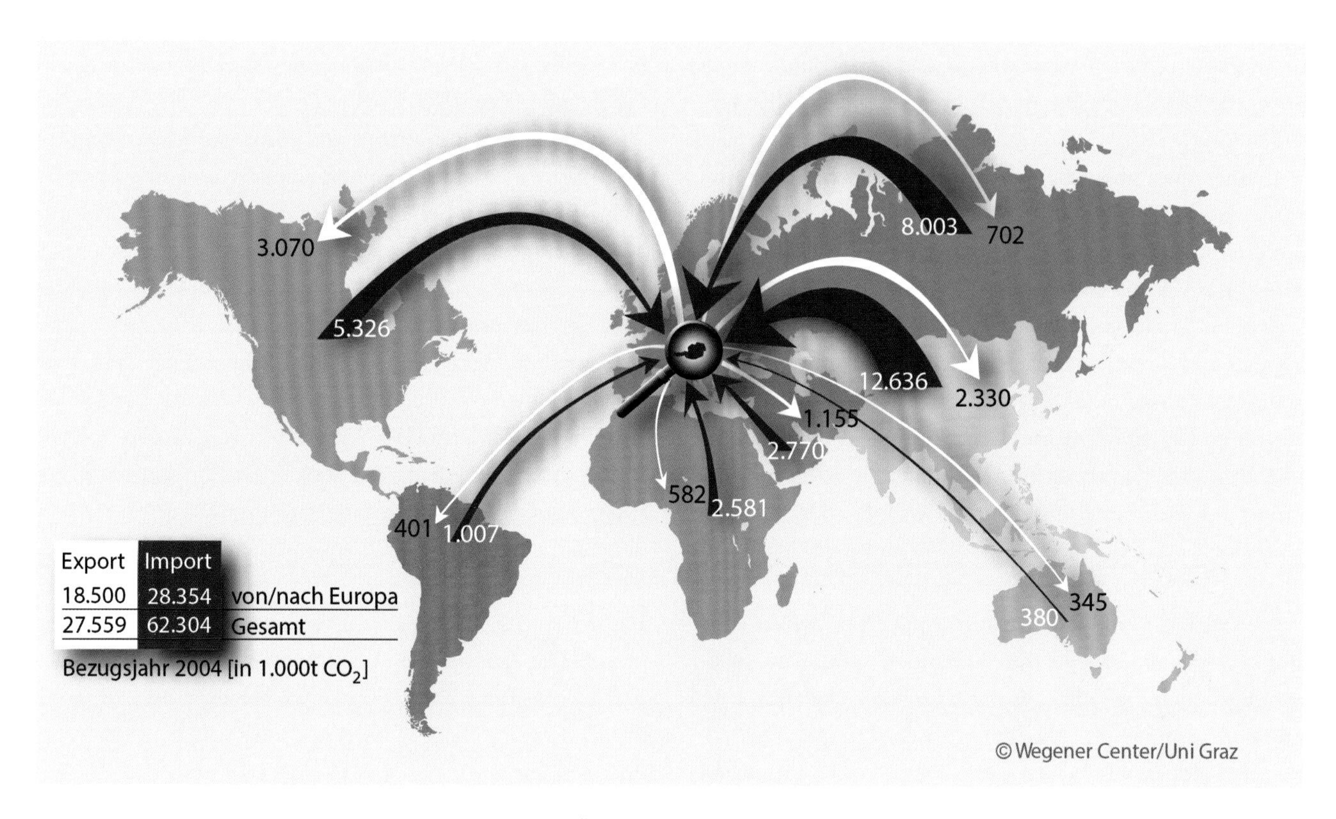

Abbildung S.3.10. CO_2-Ströme im Güterhandel von / nach Österreich, nach Weltregionen. Die in den Importgütern implizit enthaltenen Emissionen sind mit roten Pfeilen dargestellt, die in den Exportgütern enthaltenen, Österreich zugerechneten Emissionen mit weißen Pfeilen. In der Bilanz fallen Süd- / Ostasien, besonders China und Russland als Regionen auf, aus denen Österreich emissionsintensive Konsum- und Investitionsgüter importiert. Quelle: Munoz und Steininger (2010)

Figure S.3.10. CO_2 streams from the trade of goods to/from Austria according to major world regions. The emissions implicitly contained in the imported goods are shown with red arrows, the emissions contained in the exported goods, attributed to Austria, are shown with white arrows. Overall, south Asia and east Asia, particularly China, and Russia, are evident as regions from which Austria imports emission-intensive consumer- and capital- goods. Source: Munoz and Steininger (2010)

ralische Produkte, Zellstoff / Papier / Druck, und Chemie. Gemeinsam sind diese Teilsektoren für mehr als zwei Drittel der Gesamtemissionen in der Produktion verantwortlich.

Bei den bereits getroffenen emissionsreduzierenden Maßnahmen ist aufgrund der Kostenvorteile vor allem die Umstellung von Kohle und Öl auf Gas eine sehr effiziente, bereits umgesetzte Einsparungsstrategie. Ein daraus resultierender Nachteil ist jedoch die Ressourcenabhängigkeit von Ländern mit unsicheren und ethisch fragwürdigen politischen Situationen. Es gibt eine Reihe von weiteren freiwilligen, bereits getroffenen, Maßnahmen wobei viele davon auf die Reduktion des Brennstoffbedarfs abzielen. Diesbezüglich wird ein geringerer Brennstoffbedarf jedoch oft mit einem höheren Strombedarf kompensiert, was zwar die Emissionsbilanz des Sektors verbessert, sich jedoch negativ auf die Emissionsbilanz des Elektrizitätssektors auswirkt. Eine weitere Maßnahme ist das „EU-Emission Trading System", dem die größten Betriebe der energieintensiven Sektoren unterliegen. Aufgrund der recht durchgängig geringen Zertifikatspreise sind die Emissionsminderungssignale daraus bisher eher gering (Band 3, Kapitel 5).

In Österreich sind Bemühungen zur Verbesserung der Energieeffizienz und zur Förderung erneuerbarer Energieträger zu erkennen, zur Zielerreichung sind sie jedoch nicht genügend mit Maßnahmen hinterlegt. Sowohl hinsichtlich Energieeffizienz als auch hinsichtlich des Einsatzes erneuerbarer Energieträger sind vorhandene Potentiale noch nicht ausgeschöpft. Mit Ausnahme der Zellstoffindustrie sind erneuerbare Energieträger in der Industrie gering verbreitet. Standortbedingt könnten kleinmaßstäbige Wasserkraftwerke eine Alternative zur Stromgewinnung bieten. Neben dem Einsatz von erneuerbaren Energieträgern sind besonders industrielle Kraft-Wärme Kopplungen zu erwähnen. Vor allem in der Papier- und Zellstoffindustrie gibt es diesbezüglich sehr gute Voraussetzungen. Auch in der Herstellung von elektrischem Strom aus Niedertemperaturabwärme (ORC-Anlagen) liegt ein großes Potenzial. Mittelfristig kann auch ein Teil des technologisch erforderlichen Kohlenstoffes aus biogenen Quellen abgedeckt werden. Auch hier besteht ein großer Forschungsbedarf (Band 3, Kapitel 5; Band 3, Kapitel 6).

Bezieht man auch die durch österreichischen Konsum im Ausland verursachten CO_2-Emissionen mit ein, so liegen die Emissionswerte für Österreich um etwa die Hälfte höher. Ein weiterer wesentlicher Bestandteil einer effektiven Klimaschutzstrategie in der Industrie sollte die Berücksichtigung globaler Prozesse sein. Österreich ist Mitverursacher der Emissionen anderer Staaten. Bezieht man diese Emissionen mit ein und bereinigt sie andererseits um die den österreichischen Exporten zurechenbaren Emissionen, so erhält man die „Konsum-basierten" Emissionen Österreichs. Diese liegen deutlich über den in der UNO-Statistik für Österreich ausgewiesenen Emissionen und dies mit steigender Tendenz (1997 um 38 %, 2004 um 44 % darüber). Aus den Warenströmen lässt sich ableiten, dass die österreichischen Importe die meisten Emissionen in China, Süd- und Ostasien allgemein, bzw. Russland verursachen (Abbildung S.1.5). Die Berücksichtigung des globalen Kontexts würde auch die teilweise hohen Rückgänge im industriellem Energieverbrauch und den Emissionen anderer EU-Mitgliedsstaaten relativieren, da diese oft auch auf Abwanderungen energieintensiver Industriezweige beruhen (Band 3, Kapitel 5; Band 3, Kapitel 6).

Derzeit gibt es bei keiner der untersuchten Branchen Strategien zur Anpassung an den Klimawandel. Es ist anzunehmen, dass Veränderungen des Kühlungs- und Wärmebedarfes, der Verfügbarkeit von Bioressourcen (z. B. Holz) sowie klimabedingt veränderte Nachfrage mögliche Herausforderungen sind.

S.3.8 Gebäude
S.3.8 Buildings

Basis für alle österreichischen Studien im Gebäudebereich bildet die Vollerhebung der Statistik Austria über die Anzahl an Gebäuden und Wohnungen sowie der Mikrozensus, welcher ein gleitendes statistisch relevantes Sample an Wohnungen umfasst. Für Nichtwohngebäude gibt es eine erste Studie zur Ermittlung der Energieverbräuche in verschiedenen Gewerbesparten.

Der Gebäude- und Wohnungsbestand in Österreich wächst seit 1961 linear, zum einen durch die steigende Bevölkerung, zum anderen durch größere Nutzfläche pro Person. Im Jahr 2011 waren ca. 4,4 Mio. Wohnungen in 2,2 Mio. Gebäuden vorhanden, etwa ¾ davon in Form von Ein- und Zweifamilienhäusern. Ca. 70 % der Wohnfläche wurde vor 1980 mit energetisch schlechtem Standard errichtet. Ein Großteil hiervon ist nach wie vor für eine energetische Sanierung geeignet (Band 3, Kapitel 5).

Der Sektor Raumwärme und sonstiger Kleinverbrauch trägt mit 28 % zum Endenergiebedarf und mit 14 % zu THG-Emissionen bei. Trotz des Zubaus an Wohnfläche und Nichtwohngebäudefläche bleibt der Energiebedarf seit 1996 etwa konstant, zusätzlicher Energiebedarf durch Neubauten und Energieeinsparung durch Abriss und Sanierung halten sich etwa die Waage. Private Haushalte machen mit circa 260 PJ / Jahr etwa 62 %, die privaten und öffentlichen Dienstleister mit 130 PJ etwa 31 % des Endenergiebedarfs aus. Der Rest liegt im Bereich der Landwirtschaft. In privaten Haushalten macht die Raumheizung mit über 2 / 3 (195 PJ / Jahr) den Hauptanteil aus, die Warmwasserbereitung liegt bei circa 13 % (35 PJ / Jahr), Kochen bei knapp 3 % (7 PJ / Jahr). Der Rest (sonstiges, 37 PJ / Jahr) entspricht dem Haushaltsstrombedarf. Für Raumheizung und Warmwasser liegen Holz, Gas und Öl jeweils bei 27 %, Fernwärme bei 14 % und Strom bei 9 %; Solarthermie und Wärmepumpen machen jeweils knapp über 2 % aus.

Während sich von 2003 bis 2010 der Anteil erneuerbarer Energieträger für die privaten Haushalte insgesamt von 22,9 auf 26,9 % und der Anteil der Fernwärme von 6,9 % auf 9,9 % erhöht hat, reduzierte sich der Anteil von Heizöl von 25 auf 19 %. Erdgas blieb mit 20,5 % konstant und der Anteil von Kohle war sehr klein, was klar einen Trend hin zu erneuerbaren Energieträgern und Fernwärme darlegt. Dazu tragen die hohe Volatilität der Ölpreise und die Verfügbarkeit von technisch hochentwickelten, automatischen Heizungssystemen auf Basis von Erneuernbaren wesentlich bei.

Im öffentlichen und privaten Dienstleistungssektor wurden hauptsächlich Strom (38 %), Fernwärme (23 %), Erdgas (20 %) und Heizöl (13 %) als Energiequellen herangezogen (Gesamtenergiebedarf 121 PJ), während Biomasse nur 2,5 % ausmacht (keine Angaben zu weiteren Erneuerbaren). Die leitungsgebundenen Energieträger stellen insgesamt über 80 % des energetischen Endverbrauchs im Dienstleistungssektor dar; Kohle, Diesel, Benzin und Flüssiggas sowie die Erneuerbare und Abfälle spielen mit einem Anteil von 4,2 % hingegen gesamtsektoral betrachtet eine geringere Rolle.

Österreichische Haushalte verursachten 2010 ca. 24 Mio. t THG-Emissionen inklusive Biomasse (entspricht 26 %). Werden die CO_2-Emissionen aus biogenen Energieträgern gemäß internationaler Konvention CO_2-neutral bilanziert, reduzieren sich die Emissionen auf 17 Mio. t und der Anteil auf ca. 24 %. Je die Hälfte trägt hierbei Raumwärme sowie sonstiger Kleinverbrauch, Warmwasserbereitung und Strombedarf bei.

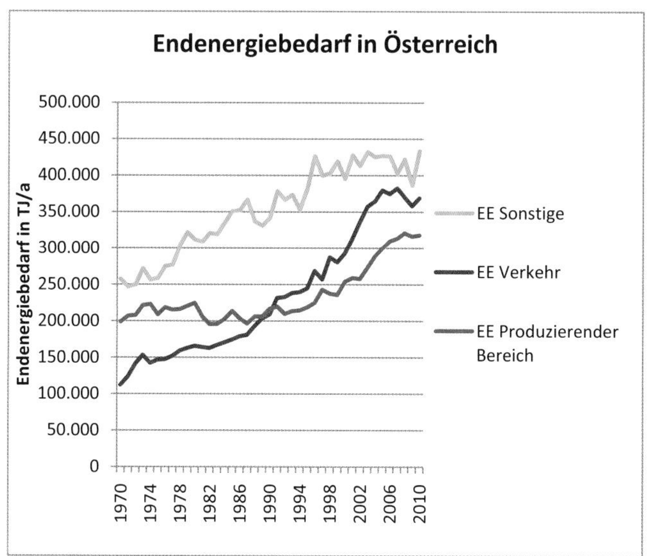

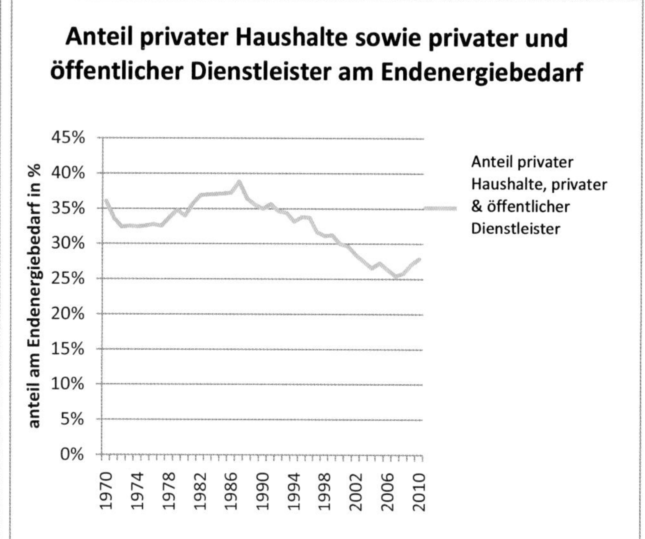

Abbildung S.3.11. Energetischer Endverbrauch der Sektoren (links) und Anteil der Privaten Haushalte sowie Privater und Öffentlichen Dienstleister (rechts). Quelle: Statistik Austria (2012)

Figure S.3.11. Energy end use according to sector (left) and proportion of households, and private & public sector providers (right). Source: Statistik Austria (2012)

Der Sektor „Raumwärme und sonstiger Kleinverbrauch" des Bereichs Haushalte (ohne Strom- und Fernwärmebedarf) trug nach dem Klimaschutzbericht 2011 rund 14 % der THG-Emissionen bei. Verglichen mit dem Anteil von 28 % am Endenergiebedarf, vor allem aufgrund der verwendeten CO_2-emissionsarmen Energieträger (Biomasse und Fernwärme) ist dieser Prozentsatz wesentlich geringer.

Der durch den Klimawandel verursachte Außentemperaturanstieg wird den Heizenergiebedarf von Gebäuden verringern, allerdings wird sich der Kühlbedarf erhöhen. Anpassungsstrategien im Gebäudebereich setzen gesetzliche und förderungstechnische Instrumente zur Reduktion des Kühlbedarfs von Gebäuden sowie technische Maßnahmen in puncto Gebäudeausrichtung, Fensterflächen, Speichermassen, Nachtlüftung etc. voraus.

Basierend auf dem IPCC-Szenario IS92a und den Berechnungsalgorithmen nach der österreichischen normativen Umsetzung der EU *Energy Performance of Buildings Directive* (EPBD) wird die Reduktion des Heizwärmebedarfs 1990 bis 2050 ca. 20 % betragen, bei gleichzeitiger Zunahme des Kühlbedarfs. Der Heizwärmebedarf wird trotzdem für die meisten Gebäude den Kühlbedarf übersteigen.

Technologischer Fortschritt realisiert bei kürzlich errichteten Neubauten und Sanierungen eine deutliche Reduktion des Heizenergiebedarfs, der von 2006 bis 2010 von 42 kWh / m² / Jahr auf 28,8 kWh / m² / Jahr im geförderten Wohnbau sank. Im Sinne des mit der europäischen Gebäuderichtlinie (Neufassung 2010) eingeschlagenen Weges in Richtung „nearly zero energy buildings" ist eine ambitionierte Festlegung von Neubaustandards erforderlich, um hier langfristige Klimaschutzziele zu erreichen. Der Heizwärmebedarf nach thermisch-energetischer Sanierung von Wohnbauten erreichte 2011 einen durchschnittlichen Wert von 48,8 kWh / m² / Jahr. 2006 lag der Wert bei rund 67 kWh / m² / Jahr. Da der größte Anteil an Wohnungen im Bestand liegt, kommt der energetischen Sanierung von Gebäuden der höchste Stellenwert zu.

Die weitere Senkung der THG-Emissionen gelingt durch optimale Einbindung der Nutzung Erneuerbarer im Gebäudebereich. Die Potentialanalyse setzt jedoch die Betrachtung des Gesamtenergiesystems mit Mobilität, Gewerbe, Industrie und Gebäuden voraus, damit eine isolierte Betrachtung des Gebäudesektors nicht zu hohe Potentiale für diesen Bereich ergibt.

Je geringer der Energiebedarf von Gebäuden, desto leichter fällt die Versorgung über Erneuerbare. Solarthermie und Photovoltaik können zunehmend auf den nicht zur Belichtung notwendigen und entsprechend richtig ausgerichteten Flächen zur Energiegewinnung genutzt werden, ebenso wird der Einsatz von mit Erneuerbaren betriebenen Wärmepumpen aufgrund der Skalierbarkeit bis zu sehr kleinen Bau- und Leistungsgrößen weiter forciert werden. Aufgrund limitierter Verfügbarkeit kann Biomasse eher im Bereich Industrie und Mobilität als bei Gebäuden ausgebaut werden, sieht man von Eigenversorgung am Land ab. Nahwärmenetze spielen mit zunehmender Effizienz der Gebäude eine geringere Rolle,

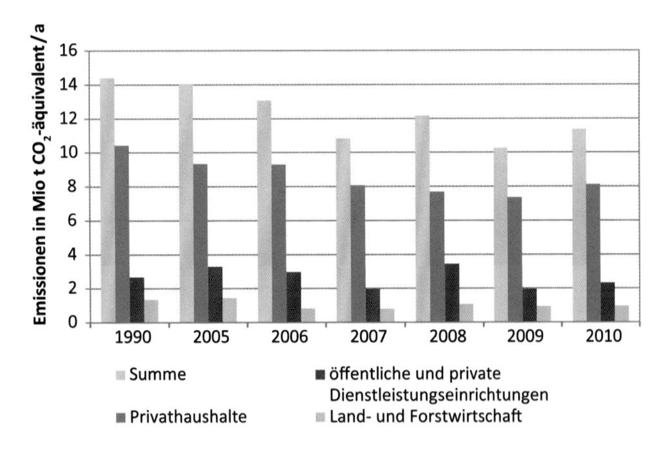

Abbildung S.3.12. CO_2-Äq. Emissionen des Sektors Raumwärme und sonstiger Kleinverbrauch. Quellen: Anderl et al. (2009, 2011, 2012)

Figure S.3.12. CO_2-equivalent emissions in the space heating sector and other small consumers. Sources: Anderl et al. (2009, 2011, 2012)

da das Verhältnis Wärmeabgabe zu Netzverluste immer ungünstiger wird.

Der Haushaltsstromverbrauch wird ohne gravierende politische Eingriffe weiter ansteigen. Zwar bieten effizientere Technologien Einsparungspotential, durch Verbreitung neuer stromintensiver Anwendungsbereiche, bei gleichbleibenden niedrigen Strompreisniveaus wird der Gesamtstromverbrauch jedoch zumindest moderat weitersteigen.

Bis 2050 kann mittels höherer Energieeffizienz und erneuerbaren Energien eine Abdeckung von etwa 90 % des Wärmebedarfs im Gebäudebereich erzielt werden. Die – jedoch weitgehend noch nicht mit Maßnahmen hinterlegte – Energiestrategie Österreich sieht einen Investitionseinsatz von 2,6 Mrd. €/Jahr zur Erreichung einer 3 %-igen Sanierungsrate für Wohngebäude bis 2020 vor. Der ausgelöste Bruttoproduktionswert beträgt rund 4 Mrd. €/Jahr, der Fördermitteleinsatz wird mit ca. 1 Mrd. €/Jahr angegeben. Für Nichtwohngebäude würden bei einer Sanierungsrate von 3 % circa 400 Mio. €/Jahr dazukommen. So könnten bis 2020 ca. 4,1 Mio. t/Jahr THG-Emissionen und ca. 1,33 Mrd. €/Jahr Energiekosten eingespart und etwa 37 000 neue Arbeitsplätze geschaffen werden, was bei einer Laufzeit von 10 Jahren ca. 14 Mrd. € an Fördermitteleinsatz und ca. 3 400 t/Jahr dauerhafte Emissionseinsparung darstellt (Band 3, Kapitel 5).

Handlungsoptionen zur weiteren Verbesserung der energetischen Gebäudesanierung gibt es in der verstärkt energetischen und ökologischen Ausrichtung der Bauordnungen für Neubauten und Sanierung sowie in der Verschiebung von Wohnbaufördermitteln in Richtung Sanierung. Auch die Datenlage zu Gebäudebestand und Energieverbrauch (besonders Nichtwohngebäude) ist in Österreich verbesserungswürdig. Im Stadtklimabereich (Städtebau, Farbgebung, Gebäudebegrünung) liegen erst wenige Untersuchungen mit Österreichbezug vor, sodass die Abschätzung von Temperaturreduktionmaßnahmen zur Minderung der klimabedingten Erwärmung in Ballungsräumen und dadurch erzielbarer Energie- und Emissionseinsparungen noch nicht umfassend möglich ist. Detailliertere ökonomische Studien zur Kosten/Nutzen-Abschätzung hochwertiger Gebäudesanierung fehlen ebenfalls weitgehend, die meisten Studien widmen sich lediglich Einzelobjekten (Band 3, Kapitel 5).

S.3.9 Transformationspfade
S.3.9 Transformative Pathways

Ohne Maßnahmen zur Eindämmung der Emissionen ist mit bedeutenden negativen Konsequenzen für die Biospäre sowie für die sozio-ökonomischen Bedingungen weltweit zu rechnen. Ein wichtiger Zielwert, um den im Sinner der UNFCCC „gefährlichen" Klimawandel einzugrenzen, ist die Zunahme der Erderwärmung auf maximal 2 °C zu begrenzen. Zusätzlich zu den notwendigen Minderungs- sind jedenfalls Anpassungsmaßnahmen erforderlich, um den Auswirkungen des nicht mehr zu verhindernden Klimawandels zu begegnen (Band 3, Kapitel 1; Band 3, Kapitel 6).

Der bis zum Ende des 21. Jahrhunderts und darüber hinaus realisierte Temperaturanstieg hängt maßgeblich von den bis dahin kumulierten CO_2-Emissionen ab. Abbildung S.3.13 illustriert diesen Zusammenhang anhand von Ergebnissen zahlreicher Modelle für jeden der vier vom IPCC (2013) entwickelten „Repräsentativen Konzentrationspfade" (RCP) bis 2100.

Die bisherigen Klimaschutzmaßnahmen haben sich als unzureichend erwiesen, um die gefährlichen Klimawandeltrends umzukehren. Jede weitere Verzögerung weltweiter Schutzmaßnahmen gefährdet zunehmend die Erreichbarkeit des 2 °C Zieles. Die überwiegende Wirkungsrichtung der bisher vorgeschlagenen Maßnahmen war „top-down" und auf Nationalstaaten bezogen. Teilweise sind sie in internationalen Verträgen verbrieft. Eine wesentliche Ursache für die Ineffektivität gegenwärtiger Klimapolitik liegt darin begründet, dass sie nicht anerkennt, welch große Zahl von Akteuren an der Klimaverantwortung teilhat und dass daher ein interaktiver (bottom-up und top-down) und rückgekoppelter Politikprozess zu effektiver Regulierung notwendig wäre. Ein weiterer bedeutender Faktor für das Politikversagen ist in der komplexen Verbindung von sozialer, wirtschafts- und Umweltproblematik begründet. Die wiederholte Enttäuschung hochgesteckter

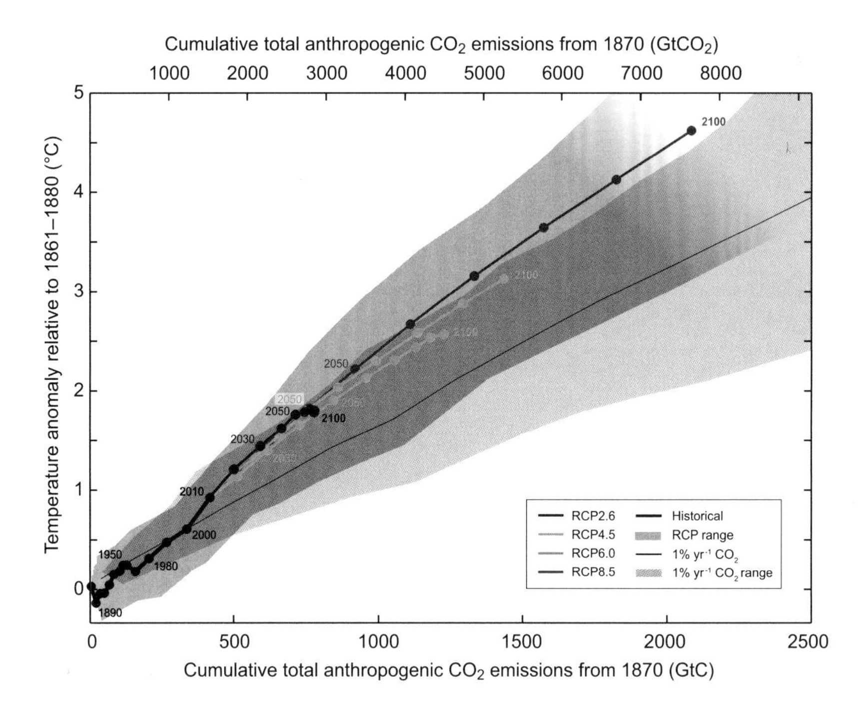

Abbildung S.3.13. Die Wirkung kumulativer Emissionen auf den Temperaturanstieg, historisch von 1870 bis 2010 sowie zukünftig in den vier „repräsentativen Konzentrationspfade" (RCP). Jeder RCP ist als farbige Linie und mit Punkten für die Durchschnitte pro Jahrzehnt dargestellt. Empirisch belegte Ergebnisse über die historische Periode (1860 bis 2010) werden fettgedruckt in schwarz angezeigt. Die dünne schwarze Linie zeigt Modellergebnisse mit 1 % jährlicher CO_2-Steigerung. Der rosafarbene Bereich zeigt die Spannweite der Ergebnisse des gesamten Szenario-Ensembles für die vier RCPs (siehe Band 1, Kapitel 1; Band 3, Kapitel 1). Diese sind jeweils nach ihrem im Jahr 2100 erreichten Strahlungsantrieb (zwischen 2,6 und 8,5 W/m²) benannt. Quelle: IPCC AR5 WG1 SPM (2013)

Figure S.3.13. The impact of cumulative total CO_2 emissions on temperature increases for the historic period from 1870 to 2010 and for the future using four "Representative Concentration Pathways" (RCPs). Each RCP is depicted as a coloured line, with points indicating mean decadal values. Results from empirical studies for the historical period (1860 to 2010) are indicated in black. The thin black line depicts model results with a CO_2 increase of 1 % per year. The pink coloured plume illustrates the spread of the suite of ensemble models for the four RCP scenarios (see Volume 1, Chapter 1 and Volume 3, Chapter 1). These are named after their radiation forcing reached in 2100 (between 2.6 and 8.5 W/m²); Source: IPCC AR5 WG1 SPM (2013)

Erwartungen bezüglich der internationalen Klimaverhandlungen hat zu Klimapolitikverdrossenheit bei PolitikerInnen und Öffentlichkeit geführt. (Band 3, Kapitel 6)

Um gangbare Pfade zur Erreichung des 2 °C Zieles entwerfen zu können, ist es erforderlich ein Verständnis für die Zusammenhänge zwischen Umweltzerstörung, Armut und sozialer Ungleichheit zu entwickeln. Beispiele für solche Interaktionen sind das Zusammenwirken von Klimawandel, Mobilitätsverhalten und Landnutzungsänderungen, die Bevölkerungsentwicklung, der Gesundheitszustand der Bevölkerung und Umweltschädigungen, technologischem Wandel und globaler Marktintegration sowie der Tatsache, dass einige Teile der Welt sich rasch verändern, während andere in Stagnation und Armut verharren (Band 3, Kapitel 6).

In struktureller Hinsicht stehen die Krise des Klimawandels und der übermäßige Ressourcenverbrauch in engem Zusammenhang mit der derzeit vorherrschenden wirtschaftlichen Ordnung. Aus dieser Perspektive sind die ressourcenintensiven Lebensweise und die Produktionsverhältnisse, sowie das Herrschen von wenigen über viele und die zunehmende wirtschaftliche Ungleichheit allesamt Bestandteil und Grundursache der Klimakrise. **Weil die gegenwärtig vorherrschenden Strukturen und Praktiken für die Nachhaltigkeitskrise ursächlich sind, müssen diese zur Überwindung der Krise verändert werden.** Jene derart umfassenden sozioökonomischen Veränderungsprozesse, die auf Nachhaltigkeit abzielen, werden als **sozio-ökologische Transformation** bezeichnet (Band 3, Kapitel 6). Zu den neuen Pfaden und Praktiken zählen transformative Ansätze der Klimawandelvermeidung und -anpassung, die über marginale und inkrementelle Schritte hinausgehen. Solche Maßnahmen können Änderungen in Form und Struktur erfordern, sie eröffnen damit grundsätzlich neue Handlungsstrategien (Band 3, Kapitel 6).

Ganz in diesem Sinne zeigt die vorangegangene sektorale Betrachtungsweise, dass in Österreich in allen Sektoren bedeutendes Emissionsminderungspotential vorhanden ist und dass Maßnahmen, dieses zu nutzen, bekannt sind. Sie macht aber auch deutlich, dass **weder mit den geplanten, noch mit wei-**

terreichenden sektoralen, meist technologieorientierten Maßnahmen der von Österreich zu erwartende Beitrag zur Einhaltung des globalen 2 °C Zieles erreicht werden kann. Das 2 °C Ziel einzuhalten erfordert auch in Österreich mehr als inkrementell verbesserte Produktionstechnologien, grünere Konsumgüter und eine Politik, die marginale Effizienzsteigerungen anstößt. **Es ist eine Transformation der Interaktion von Wirtschaft, Gesellschaft und Umwelt erforderlich, die von Verhaltensänderungen der Einzelnen getragen wird, solche aber ihrerseits auch befördert.** Wird die Transformation nicht rasch eingeleitet und umgesetzt, steigt die Gefahr unerwünschter, irreversibler Veränderungen (Band 3, Kapitel 6).

Die in der österreichischen Energiestrategie anvisierten Ziele zum Ausbau erneuerbarer Energien und zur Energieeffizienz orientieren sich an den EU Zielen für 2020, die eine EU-weite Reduktion der Emissionen von 20 % gegenüber 1990 anstreben. Ausgehend von verschiedenen globalen Klimaschutzszenarien bestehen ernsthafte Zweifel, ob die von der EU vorgegebenen Reduktionsziele für 2020 ausreichend sind, um das langfristig anvisierte Ziel einer Stabilisierung des Temperaturanstiegs unter 2 °C kosteneffizient zu erreichen (Band 3, Kapitel 1). Stattdessen werden für Industrieländer stringentere Emissionsziele im Bereich von -25 bis -40 % für 2020 diskutiert, was auch mit den illustrativen Reduktionspfaden im EU „Fahrplan für den Übergang zu einer wettbewerbsfähigen CO_2 armen Wirtschaft 2050“ nahegelegt wird.

Umgelegt auf Österreich werden die EU-2020-Ziele derzeit als Reduktionsverpflichtung von etwa 3 % gegenüber 1990 interpretiert. Das ist ein bedeutend niedrigeres Klimaschutzziel für 2020 als Österreich ursprünglich für die erste Kyoto-Periode bereits für 2012 anvisierte. Als überdurchschnittlich wohlhabendes Land innerhalb der EU, das außerdem relativ großzügig mit erneuerbaren Energiepotenzialen ausgestattet ist, wäre es für Österreich gut möglich sich in seinen Klimaschutzzielen für 2020 zumindest an den ursprünglichen Kyoto-Zielen (-13 % Emissionen im Vergleich zu 1990) zu orientieren.

Aktuelle Studien zu den Auswirkungen der Konjunkturkrise von 2008 bis 2010 im EU-Raum kommen darüber hinaus zu dem Schluss, dass die Krise dazu beigetragen hat, dass die EU2020 Ziele von -20% THG-Emissionen deutlich günstiger zu erreichen sind als ursprünglich angenommen und dass diese mit zusätzlichem Aufwand realistischerweise auch übererfüllt werden können (Band 3, Kapitel 6).

In einigen Politikbereichen wird die Diskussion über sozio-ökologische Transformation reduziert auf Konzepte wie **„nachhaltiges Wachstum“**, **„qualitatives Wachstum“** oder die aktuelle Variante **„Green Growth“**. Dabei handelt es sich um Konzepte welche die Produktionsweise vor allem durch neuere Technologien umweltfreundlicher machen wollen, die Produktions- und Konsumlogik jedoch unverändert lassen. „Green Growth“ schlägt im Wesentlichen eine Fortsetzung bestehender Politikmaßnahmen zur Förderung von Wirtschaftswachstum vor, reichert diese jedoch verstärkt mit Umweltmaßnahmen an. Der kürzlich veröffentlichte „European Report on Development“ (2013) erkennt zwar Green Growth als Politikoption an, fordert aber gleichzeitig eine wesentlich breitere Palette von Zielvorstellungen und strukturellen Änderungen, die eine inklusive und nachhaltige Entwicklung gleichsam auf der lokalen, nationalen und globalen Ebene ermöglichen.

Moderne Volkswirtschaften und ökonomische Forschung sind strukturell eng mit dem Paradigma des unbegrenzten wirtschaftlichen Wachstums, gemessen am Bruttoinlandsprodukt (BIP), verbunden. Nationale und internationale Klimaschutzpolitik konzentriert sich auf wachstumsabhängige Politikmaßnahmen. **Nur eine kleine Zahl von Studien hinterfragt kritisch die Auswirkungen von stringenten Klimaschutzzielen auf die Entwicklungspfade von Volkswirtschaften sowie die dabei zu erwartenden Rückkopplungen.**

Da Green Growth als primärer Lösungsansatz umstritten ist, stellt sich die Frage wie man zu Klimaschutz bei gleichzeitiger Zielerreichung in sozio-ökologischen Systemen kommen soll. Dazu muss geklärt werden, wie Leistung und Zielerreichung in sozio-ökologischen Systemen gemessen werden sollen. Für planerische und politische Entscheidungen und um sozio-ökologische Systeme in Richtung Nachhaltigkeit steuern zu können, ist es wichtig **geeignete Indikatorsysteme** zur Verfügung zu haben, die **gesellschaftlichen Fortschritt und Wohlergehen messen**. Einige Faktoren, die zur Lebensqualität beitragen, wie etwa Wohnbauaktivität, gesunde Ernährung, Gesundheitsversorgung, Bildung, Sicherheit korrelieren positiv mit dem BIP, dem gängigen Indikator. Andererseits bewirken auch dem Gemeinwohl schadende Faktoren und Aktivitäten, wie etwa Naturkatastrophen, zunehmende Umweltschäden oder soziale Auflösungsprozesse BIP-Steigerungen. Daher wird auf europäischer und internationaler Ebene nach besser geeigneten Indikatoren gesucht.

Klimafreundlichkeit ist eine erforderliche, für sich allein aber unzureichende, Bedingung nachhaltiger Entwicklung. Das Erreichen des 2 °C Ziels erfordert die gleichzeitige Fokussierung auf klimafreundliche Technologien, Verhaltensweisen und institutionellen Wandel. Insbesondere betrifft dies die Bereiche Energiebereitstellung und -nachfrage, industrielle Prozesse und Landwirtschaft. Diesen drei Aktivitätsfeldern kommt besondere Bedeutung zu: In Österreich verursachten

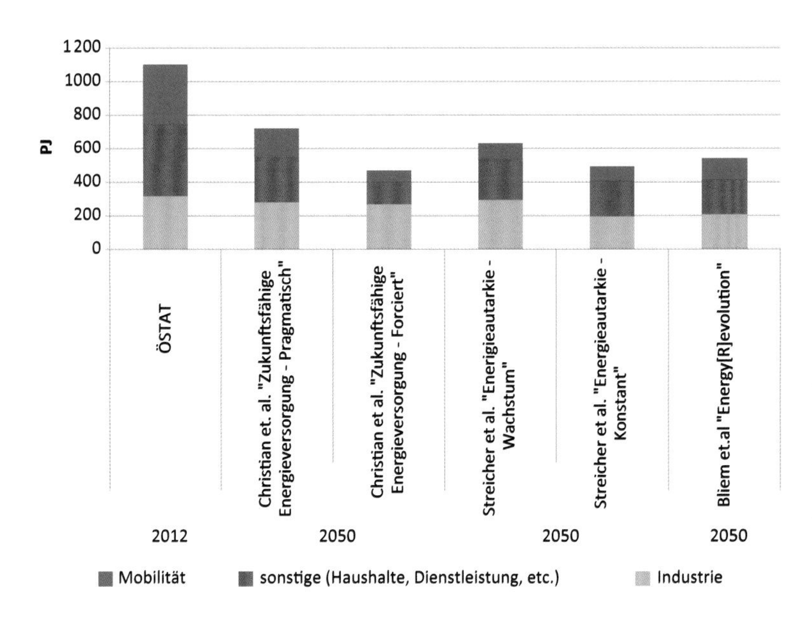

Abbildung S.3.14. Vergleich des Energetischen Endverbrauchs nach Sektoren 2012 und 2050 in verschiedenen Szenarien; Quellen: basierend auf Statistik Austria (2011). Statistik der Zivilluftfahrt (2010)

Figure S.3.14 Comparison of end energy use per sector in 2012 compared to 2050 for various scenarios; Sources: based on Statistik Austria (2011). Statistik der Zivilluftfahrt (2010)

sie im Jahr 2010 79 % der treibhauswirksamen Emissionen, davon der Straßenverkehr alleine rund ein Drittel, industrielle Prozesse verursachten 13 % der Emissionen und die Landwirtschaft 9 %. Das Kriterium Klimafreundlichkeit muss in zukünftigen Investitions-, Produktions-, Politik- und Konsumentscheidungen als Selbstverständlichkeit integriert werden um die Gefahr irreversibler Schäden zu begrenzen. Gleichzeitig ist darauf zu achten, dass weder soziale, noch ökonomische Rahmenbedingungen überfordert werden. Klimafreundlichkeit ist also in den Kontext der wesentlich breiter angelegten Kriterien der Nachhaltigkeit einzubinden.

Während **klimafreundliche Maßnahmen** oft mit Kosten und unerwünschten Veränderungen verbunden sind, haben diese Maßnahmen auch das **Potential unterschiedliche Begleitnutzen zu entfalten**, etwa in den Bereichen Lebensqualität, Gesundheit, Beschäftigung, ländliche Entwicklung und Umweltschutz, Versorgungssicherheit und nicht zuletzt Entlastung der Handelsbilanz. Die Internalisierung dieser positiven Begleiteffekte von Klimaschutz schafft den nötigen Handlungsspielraum.

Für Österreich liegen mehrere empirische Untersuchungen vor, die Veränderungen im Energiesystem bis 2050 analysieren. Allesamt sehen sie Möglichkeiten zur Reduktion des energetischen Endverbrauchs um etwa 50 % bis 2050 (siehe Abbildung S.3.14).

Die Energiemodelle, mit denen die in Abbildung S.3.14 vorgestellten Szenario-Analysen durchgeführt wurden, zeigen, dass sie den Optionen zur Änderung der Energiebereitstellung viel Aufmerksamkeit widmen, **während eine wesentliche Herausforderung weitgehend unbeachtet bleibt, nämlich die Analyse der Nachfrage und des Energieverbrauchs.** Diese zu untersuchen würde es erfordern eine ungleich größere Anzahl technischer Details, AkteurInnen und institutioneller Arrangements zu berücksichtigen sowie die Ursachen („driving forces") der steigenden Energienachfrage zu analysieren. Solche Untersuchungen wären aber nötig, um die wesentlichen AkteurInnen, Maßnahmen, Barrieren, Risiken und Kosten der Transformation zu beschreiben. Weil mit dem Umbau zur Klimaverträglichkeit keineswegs nur Belastungen verbunden sind, sondern dabei auch bedeutende Wachstumsbranchen gegründet werden, besteht öffentliches und volkswirtschaftliches Interesse daran, die neu entstehenden Möglichkeiten und die zu erwartenden Umverteilungsprozesse darzustellen. Dies ist auch erforderlich um effektiv wirkende Märkte gestalten zu können und nicht zuletzt um Handlungsspielräume zur internationalen Verhandlung des globalen 2 °C Ziels zu identifizieren.

Um innerhalb der oben skizzierten Energieszenarien alternative Pfade zur Transformation in eine klimafreundliche und nachhaltige Gesellschaft zu erörtern, ist es außerdem erforderlich die **Auswirkung von globalen und regionalen Entwicklungsdynamiken** zu berücksichtigen, die den weiteren Kontext für Entwicklungsoptionen in Österreich bilden und die in den Modellen nur unvollständig berücksichtigt werden. Bevor Handlungsmöglichkeiten einzelner AkteuInnen angesprochen werden, ist es im Sinne eines holistischen Ansatzes auch nötig die Implikation der jeweils gewählten Bilanzrahmen der Klimaverantwortung zu spezifizieren, weil diese maßgeblich definieren was als Handlungsspielraum und -wirkung der Klimaschutzmaßnahmen sichtbar wird.

Der Klimawandel wird in anderen Weltregionen teilweise zu größeren Auswirkungen führen, und den Migrationsdruck auf Europa (und damit Österreich) erhöhen. Wiewohl Migration bisher primär innerhalb der jeweiligen Region stattfindet, könnten insbesondere die schon jetzt einsetzenden Flüchtlingsströme aus Afrika nach Europa weiter anwachsen. Veränderungen der Migrationsströme können sowohl Folge von extremen Wetterereignissen als auch von längerfristiger Klimavariabilität sein und können für viele eine effektive Anpassungsstrategie an den Klimawandel darstellen.

Als kleine, diversifizierte und wirtschaftlich offene Volkswirtschaft ist Österreich einer Vielzahl von internen und externen Dynamiken ausgesetzt, die bisher nur unvollständig als treibende Faktoren in Energie- und Emissionsmodellen abgebildet werden. Ein Beispiel dafür ist die rasch fortschreitende europäische und globale Marktintegration und Globalisierung, die bewirkt, dass Prozessketten der verarbeitenden Industrien internationalisiert und komplexer werden sowie die räumlichen Distanzen zwischen den Orten der Produktion und des Konsums von Gütern weiter zunehmen. Wie weiter oben erwähnt gilt beispielsweise im Fall von Österreich, dass bei der Produktion von Importgütern mehr Emissionen im Ausland anfallen als im Inland zur Produktion von Exporten entstehen (Band 3, Kapitel 6). Klimaschutzmaßnahmen müssen solche Zusammenhänge berücksichtigen, weil zu eng definierte Bilanzrahmen eine weitere Auslagerung von Emissionen anregen können und daher ihre Aufgabe, eine globale Reduktion von THG zu erreichen, verfehlen würden.

Die österreichische Politik hat sich im Rahmen der EU-Klimapolitik zum Handeln verpflichtet. (Band 3, Kapitel 1; Band 3, Kapitel 6) Dazu ist eine **Verstetigung und langfristige Planbarkeit der Klimaziele** anzustreben, welche die österreichische Klimapolitik der jüngeren Vergangenheit nicht aufweist. Langfristig bindende Klimaziele minimieren Investitionsrisiken und ermöglichen es privatwirtschaftlichen AkteurInnen vorausschauende Planungsentscheidungen für langlebige Infrastruktur treffen zu können. Eine grundsätzliche Politikmaßnahme wäre auch die umfassende **Evaluierung von Fördermitteln und Subventionen auf mögliche Klimaeffekte**, da diese eine wichtige Steuerungsmöglichkeit der Politik darstellen. Das betrifft insbesondere z. B. die im EU-Vergleich niedrigen Mineralölsteuern, die Pendlerpauschale, die Wohnbauförderung soweit sie nicht mit Auflagen zur Energieeffizienz verknüpft ist, den steuerbefreiten Flugverkehr und steuerbegünstigte Firmenwagen.

Besondere Bedeutung kommt der Unterstützung **neuer Anreizsysteme** zu, die Handeln direkt beeinflussen, gegebenenfalls neue Geschäftsmodelle entstehen lassen und die Energienachfrage bremsen. Energy Service Companies (ESCOs) sind ein Beispiel eines solchen Geschäftsmodells. Sie verfügen selbst oder in Verbindung mit einem Finanzinstitut über einen Fördertopf, aus dem Kapitalmittel bezogen werden können, um Verbesserungen der Energieeffizienz von Anlagen oder Gebäuden durchführen zu können. Ein Teil der dann eingesparten Energieausgaben wird in Folge dazu verwendet, um dem Fördertopf die Investitionen in effizienzsteigernde Maßnahmen zurückzuzahlen.

Durch eine Bepreisung von CO_2 können Produktions-, Konsum- und Investitionsentscheidungen systematisch in Richtung Klimaverträglichkeit gelenkt und die Dekarbonisierung der Energiesysteme sowie eine klimaverträgliche Entwicklung beschleunigt werden (Band 3, Kapitel 6). Indem KäuferInnen für Güter und Dienstleistungen proportional zu deren Klimawandelauswirkung mehr zahlen müssten, besteht für sie ein Anreiz zu alternativen, mit geringeren Klimawandelauswirkungen zu wechseln – und für die ProduzentInnen ein Anreiz, den Kohlenstofffußabdruck der Güter und Dienstleistungen, die sie produzieren, zu reduzieren. Das ist der Grundgedanke des Emissionshandelssystems der Europäischen Union (EU-ETS; Band 3, Kapitel 1; Band 3, Kapitel 6). Die Schwäche des EU-ETS in seinem gegenwärtigen Design besteht in der fehlenden Anpassungsfähigkeit des Cap und zu großzügiger Allokation der Zertifikate (und damit einer niedrigen Bepreisung, Band 3, Kapitel 6). Daher wären Maßnahmen zur Reform des EU-ETS zielführend, welche daran ansetzen das für transformative Investitionen notwendige Preissignal zu stabilisieren (Band 3, Kapitel 6). In Frage kommen auch hier wieder eine direkte Steuerung der Preise oder eine Steuerung der Mengen, wie von der EU-Kommission vorgeschlagen („Market Stability Reserve"). In einigen Fällen sind auch Emissionssteuern eingeführt worden und haben sich in praktischen Anwendungen durchaus bewährt und als wirkungsvoll erwiesen um Emissionen zu reduzieren (Band 3, Kapitel 6).

Eine wesentliche Rolle werden in der Transformation zur klimaverträglichen Energieinfrastruktur **partizipative Planungsprozesse** spielen. Letztendlich wird es notwendig sein, neue Rollen für Individuen, Netzwerke und Gemeinschaften zu definieren, um Entwicklungspfade zu betreten, die uns in Richtung Nachhaltigkeit bringen. Gemeinschaftliche Energieverbünde haben zwar eine lange Geschichte in Österreich, in der gegenwärtigen Marktstruktur stellen sie aber eher Ausnahmen dar. Diese sind unbedingt erforderlich um neuen und dezentralen Energietechnologien sowie erforderlichen Übertragungsnetzwerken eine Form zu geben, die lokale Akzeptanz gewinnt.

Zentral ist dabei die Rolle von sozialer und technologischer Innovation. Sie erfordert Experimentierfreudigkeit und Erfahrungslernen sowie die Bereitschaft, Risiken einzugehen und den Umstand zu akzeptieren, dass einige Neuerungen scheitern werden. Dies ist problematisch für einzelne Unternehmen, aber auch im Bereich öffentlicher Politikmaßnahmen, wo Scheitern durchwegs mit negativen Assoziationen verbunden ist. Darüber hinaus besteht durch die Förderung von spezifischen Technologien durch die öffentliche Hand die Möglichkeit, das Regierungen von bestehenden Interessengruppen geleitet werden (Band 3, Kapitel 6).

Erneuerungen von der Wurzel her, auch hinsichtlich der Güter und Dienstleistungen die von der österreichischen Wirtschaft produziert werden und groß angelegte Investitionsprogramme werden notwendig sein. In der Beurteilung von neuen Technologien und gesellschaftlichen Entwicklungen ist darüber hinaus eine Orientierung entlang einer Vielzahl von Kriterien nötig (Multikriterienansatz) und eine integrativ sozio-ökologisch orientierte Entscheidungsfindung anstelle von kurzfristig und eng definierter Kosten-Nutzen Rechnungen. Nationales Vorgehen sollte darüber hinaus international akkordiert werden, sowohl mit den umgebenden EU-Mitgliedsstaaten, als auch mit der weltweiten Staatengemeinschaft und insbesondere in Partnerschaft mit Entwicklungsländern (z. B. durch Zusammenarbeit im Bereich von Technologietransfers, wie der Initiative „Sustainable Energy for All").

In Österreich sind bereits gegenwärtig Änderungen in den Wertvorstellungen vieler Menschen festzustellen, die einer sozial-ökologischen Transformation zuträglich sind. Einzelne PionierInnen des Wandels sind bereits dabei diese Vorstellungen praktisch in klimafreundlichen Handlungs- und Geschäftsmodellen umzusetzen (z. B. Energiedienstleistungsgesellschaften im Immobilienbereich, klimafreundliche Mobilität, Nahversorgung) und Gemeinden oder auch Regionen zu transformieren. Auch auf der politischen Ebene sind Ansätze zur klimafreundlichen Transformation auszumachen. Will Österreich seinen Beitrag zur Erreichung des globalen 2 °C Zieles leisten und auf europäischer Ebene wie auch international eine künftige, klimafreundliche Entwicklung mitgestalten, müssen solche Initiativen intensiviert und durch begleitende Politikmaßnahmen, die eine verlässliche Regulierungslandschaft schaffen, gestützt werden.

Politische Initiativen in Hinblick auf Klimaschutz und Klimawandelanpassung sind – zur Erreichung der zuvor genannten Ziele – auf allen Ebenen in Österreich erforderlich: Bund, Länder, und Gemeinden. Die Kompetenzen sind in der föderalen Struktur Österreichs so verteilt, dass zudem nur ein abgestimmtes Vorgehen bestmögliche Effektivität sowie die Zielerreichung selbst gewährleisten kann. (hohe Übereinstimmung, starke Beweislage) Für eine effektive Umsetzung der zur Zielerreichung erforderlichen substantiellen Transformation ist zudem die Aktivierung eines breiten Spektrums von Instrumenten angebracht (hohe Übereinstimmung, mittlere Beweislage).

S.4 Bildnachweis
S.4 Figure Credits

Abbildung S.1.1 IPCC, 2001: In: Climate Change 2001: The Scientific Basis. Contribution of Working Group I to the Third Assessment Report of the Intergovernmental Panel on Climate Change. Cambridge University Press, Cambridge.

Abbildung S.1.2 Morice, C.P., Kennedy, J.J., Rayner, N.A., Jones, P.D., 2012. Quantifying uncertainties in global and regional temperature change using an ensemble of observational estimates: The HadCRUT4 data set. J. Geophys. Res. D08101. doi:10.1029/2011JD017187

Abbildung S.1.3
Rogelj J, Meinshausen M, Knutti R, 2012. Global warming under old and new scenarios using IPCC climate sensitivity range estimates. Nature Clim. Change 2:248-253.

Abbildung S.1.4 Umweltbundesamt, 2012: Austria's National Inventory Report 2012. Submission under the United Nations Framework Convention on Climate Change and under the Kyoto Protocol. Reports, Band 0381, Wien. ISBN: 978-3-99004-184-0

Abbildung S.1.5 Böhm, R., Auer, I., Schöner, W., 2011. Labor über den Wolken: die Geschichte des Sonnblick-Observatoriums. Böhlau Verlag.

Abbildung S.1.6 Für den AAR14 erstellt auf Basis: Kasper, A., Puxbaum, H., 1998. Seasonal variation of SO_2, HNO_3, NH3 and selected aerosol components at Sonnblick (3106 m a. s. l.). Atmospheric Environment 32, 3925–3939. doi:10.1016/S1352-2310(97)00031-9; Sanchez-Ochoa, A. und A. Kasper-Giebl, 2005: Backgroundmessungen Sonnblick. Erfassung von Gasen, Aerosol und nasser Deposition an der Hintergrundmeßstelle Sonnblick. Endbericht zum Auftrag GZ 30.955/2-VI/A/5/02 des Bundesministeriums für Bildung Wissenschaft und Kultur, Technische Universität Wien, Österreich; Effenberger, Ch., A. Kranabetter, A. Kaiser und A. Kasper-Giebl, 2008: Aerosolmessungen am Sonnblick Observatorium – Probenahme und Analyse der PM10 Fraktion. Endbericht zum Auftrag GZ 37.500/0002-VI/4/2006 des Bundesministeriums für Bildung, Wissenschaft und Kultur, Technische Universität Wien, Österreich.

Abbildung S.1.7 Für den AAR14 erstellt auf Basis: Steinhilber, F., Beer, J., Fröhlich, C., 2009. Total solar irradiance during the Holocene. Geophysical Research Letters 36. doi:10.1029/2009GL040142; Vinther, B.M., Buchardt, S. L., Clausen, H.B., Dahl-Jensen, D., Johnsen, S. J., Fisher, D.A., Koerner, R.M., Raynaud, D., Lipenkov, V., Andersen, K.K., Blunier, T., Rasmussen, S. O., Steffensen, J.P., Svensson, A.M., 2009. Holocene thinning of the Greenland ice sheet. Nature 461, 385–388. doi:10.1038/nature08355; Renssen, H., Seppä, H., Heiri, O., Roche, D.M., Goosse, H., Fichefet, T., 2009. The spatial and temporal complexity of the Holocene thermal maximum. Nature Geoscience 2, 411–414. doi:10.1038/ngeo513; Hormes, A., Müller, B.U., Schlüchter, C., 2001. The Alps with little ice: evidence for eight Holocene phases of reduced glacier extent in the Central Swiss Alps. The Holocene 11, 255–265. doi:10.1191/095968301675275728; Nicolussi, K.,

Patzelt, G., 2001. Untersuchungen zur holozänen Gletscherentwicklung von Pasterze und Gepatschferner (Ostalpen). Zeitschrift für Gletscherkunde und Glazialgeologie 36, 1–87.; Joerin, U.E., Stocker, T.F., Schlüchter, C., 2006. Multicentury glacier fluctuations in the Swiss Alps during the Holocene. The Holocene 16, 697–704. doi:10.1191/0959683606hl964rp; Joerin, U.E., Nicolussi, K., Fischer, A., Stocker, T.F., Schlüchter, C., 2008. Holocene optimum events inferred from subglacial sediments at Tschierva Glacier, Eastern Swiss Alps. Quaternary Science Reviews 27, 337–350. doi:10.1016/j.quascirev.2007.10.016; Drescher-Schneider, R., Kellerer-Pirklbauer, A., 2008. Gletscherschwund einst und heute – Neue Ergebnisse zur holozänen Vegetations- und Gletschergeschichte der Pasterze (Hohe Tauern, Österreich). Abhandlungen der Geologischen Bundesanstalt 62, 45–51.; Nicolussi, K., 2009b. Alpine Dendrochronologie – Untersuchungen zur Kenntnis der holozänen Umwelt- und Klimaentwicklung, in: Schmidt, R., Matulla, C., Psenner, R. (Eds.), Klimawandel in Österreich: Die Letzten 20.000 Jahre – und ein Blick voraus, Alpine Space – Man & Environment. Innsbruck University Press, Innsbruck, pp. 41–54.; Nicolussi, K., 2011. Gletschergeschichte der Pasterze – Spurensuche in die nacheiszeitliche Vergangenheit., in: Lieb, G.K., Slupetzky, H. (Eds.), Die Pasterze. Der Gletscher am Großglockner. Verlag Anton Pustet, pp. 24–27.; Nicolussi, K., Schlüchter, C., 2012. The 8.2 ka event—calendar-dated glacier response in the Alps. Geology 40, 819–822. doi:10.1130/G32406.1; Nicolussi, K., Kaufmann, M., Patzelt, G., Van der Pflicht, J., Thurn- er, A., 2005. Holocene tree-line variability in the Kauner Valley, Central Eastern Alps, indicated by dendrochronological analysis of living trees and subfossil logs. Vegetation History and Archaeobotany 14, 221–234. doi:10.1007/s00334-005-0013-y; Heiri, O., Lotter, A.F., Hausmann, S., Kienast, F., 2003. A chironomid-based Holocene summer air temperature reconstruction from the Swiss Alps. The Holocene 13, 477–484. doi:10.1191/0959683603hl640ft: Ilyashuk, E.A., Koinig, K.A., Heiri, O., Ilyashuk, B.P., Psenner, R., 2011. Holocene temperature variations at a high-altitude site in the Eastern Alps: a chironomid record from Schwarzsee ob Sölden, Austria. Quaternary Science Reviews 30, 176–191. doi:10.1016/j. quascirev.2010.10.008; Fohlmeister, J., Vollweiler, N., Spötl, C., Mangini, A., 2013. COMNISPA II: Update of a mid-European isotope climate record, 11 ka to present. The Holocene 23, 749–754.doi:10.1177/0959683612465446; Magny, M., 2004. Holocene climate variability as reflected by mid- European lakelevel fluctuations and its probable impact on prehistoric human settlements. Quaternary International 113, 65–79. doi:10.1016/S1040-6182(03)00080-6; Magny, M., Galop, D., Bellintani, P., Desmet, M., Didier, J., Haas, J.N., Martinelli, N., Pedrotti, A., Scandolari, R., Stock, A., Vannière, B., 2009. Late-Holocene climatic variability south of the Alps as recorded by lake-level fluctuations at Lake Ledro, Trentino, Italy. The Holocene 19, 575–589. doi:10.1177/0959683609104032

Abbildung S.1.8 Böhm, R., 2012. Changes of regional climate variability in central Europe during the past 250 years. The European Physical Journal Plus 127. doi:10.1140/epjp/i2012-12054-6. Basierend auf Daten von: Auer, I., Böhm, R., Jurkovic, A., Lipa, W., Orlik, A., Potzmann, R., Schöner, W., Ungersböck, M., Matulla, C., Briffa, K., Jones, P., Efthymiadis, D., Brunetti, M., Nanni, T., Maugeri, M., Mercalli, L., Mestre, O., Moisselin, J.-M., Begert, M., Müller-Westermeier, G., Kveton, V., Bochnicek, O., Stastny, P., Lapin, M., Szalai, S. , Szentimrey, T., Cegnar, T., Dolinar, M., Gajic-Capka, M., Zaninovic, K., Majstorovic, Z., Nieplova, E., 2007. HISTALP—historical instrumental climatological surface time series of the Greater Alpine Region. International Journal of Climatology 27, 17–46. doi:10.1002/joc.1377, sowie auf Daten von: Climatic Research Unit, University of East Anglia, http://www.cru.uea.ac.uk/

Abbildung S.1.9 Böhm, R., 2012. Changes of regional climate variability in central Europe during the past 250 years. The European Physical Journal Plus 127. doi:10.1140/epjp/i2012-12054-6; Basierend auf Daten von: Auer, I., Böhm, R., Jurkovic, A., Lipa, W., Orlik, A., Potzmann, R., Schöner, W., Ungersböck, M., Matulla, C., Briffa, K., Jones, P., Efthymiadis, D., Brunetti, M., Nanni, T., Maugeri, M., Mercalli, L., Mestre, O., Moisselin, J.-M., Begert, M., Müller-Westermeier, G., Kveton, V., Bochnicek, O., Stastny, P., Lapin, M., Szalai, S., Szentimrey, T., Cegnar, T., Dolinar, M., Gajic-Capka, M., Zaninovic, K., Majstorovic, Z., Nieplova, E., 2007. HISTALP – historical instrumental climatological surface time series of the Greater Alpine Region. International Journal of Climatology 27, 17–46. doi:10.1002/joc.1377

Abbildung S.1.10 Auer, I., Böhm, R., Jurkovic, A., Lipa, W., Orlik, A., Potzmann, R., Schöner, W., Ungersböck, M., Matulla, C., Briffa, K., Jones, P., Efthymiadis, D., Brunetti, M., Nanni, T., Maugeri, M., Mercalli, L., Mestre, O., Moisselin, J.-M., Begert, M., Müller-Westermeier, G., Kveton, V., Bochnicek, O., Stastny, P., Lapin, M., Szalai, S., Szentimrey, T., Cegnar, T., Dolinar, M., Gajic-Capka, M., Zaninovic, K., Majstorovic, Z., Nieplova, E., 2007. HISTALP—historical instrumental climatological surface time series of the Greater Alpine Region. International Journal of Climatology 27, 17–46. doi:10.1002/joc.1377; ENSEMBLES project: Funded by the European Commission's 6th Framework Programme through contract GOCE-CT-2003-505539; reclip:century: Funded by the Austrian Climate Research Program (ACRP), Klima- und Energiefonds der Bundesregierung, Project number A760437

Abbildung S.1.11 Auer, I., Böhm, R., Jurkovic, A., Lipa, W., Orlik, A., Potzmann, R., Schöner, W., Ungersböck, M., Matulla, C., Briffa, K., Jones, P., Efthymiadis, D., Brunetti, M., Nanni, T., Maugeri, M., Mercalli, L., Mestre, O., Moisselin, J.-M., Begert, M., Müller-Westermeier, G., Kveton, V., Bochnicek, O., Stastny, P., Lapin, M., Szalai, S., Szentimrey, T., Cegnar, T., Dolinar, M., Gajic-Capka, M., Zaninovic, K., Majstorovic, Z., Nieplova, E., 2007. HISTALP – historical instrumental climatological surface time series of the Greater Alpine Region. International Journal of Climatology 27, 17–46. doi:10.1002/joc.1377; ENSEMBLES project: Funded by the European Commission's 6th Framework Programme through contract GOCE-CT-2003-505539; reclip:century: Funded by the Austrian Climate Research Program (ACRP), Klima- und Energiefonds der Bundesregierung, Project number A760437

Abbildung S.1.12 Gobiet, A., Kotlarski, S., Beniston, M., Heinrich, G., Rajczak, J., Stoffel, M., n.d. 21st century climate change in the European Alps – A review. Science of The Total Environment. doi:10.1016/j.scitotenv.2013.07.050

Abbildung S.2.1 Abbildung für AAR14 erstellt

Abbildung S.2.2 Coy, M.; Stötter, J., 2013: Die Herausforderungen des Globalen Wandels. In: Borsdorf, A.: Forschen im Gebirge –Investigating the mountains – Investigando las montanas. Christoph Stadel zum 75. Geburtstag. Wien: Verlag der Österreichischen Akademie der Wissenschaften

Abbildung S.2.3 Dokulil, M.T., 2009: Abschätzung der klimabedingten Temperaturänderungen bis zum Jahr 2050 während der Badesaison. Bericht Österreichische Bundesforste, ÖBf AG. Verfügbar unter: http://www.bundesforste.at/uploads/publikationen/Klimastudie_Seen_2009_Dokulil.pdf

Abbildung S.2.4 Hydrographisches Zentralbüro BMLFUW, Abteilung IV/4 – Wasserhaushalt

Abbildung S.2.5 IPCC, 2007: In: Climate Change 2007: Impacts, Adaptation and Vulnerability. Working Group II Contribution to the Fourth Assessment Report of the Intergovernmental Panel on Climate Change. Cambridge University Press, Cambridge.

Abbildung S.2.6 Abbildung für AAR14 erstellt, auf Basis von Daten aus: Munich Re, NatCatSERVICE 2014

Abbildung S.3.1 IPCC, 2013: In: Climate Change 2013: The Physical Science Basis. Contribution of Working Group I to the Fifth Assessment Report of the Intergovernmental Panel on Climate Change [Stocker, T.F., D. Qin, G.-K. Plattner, M. Tignor,S. K. Allen, J. Boschung, A. Nauels, Y. Xia, V. Bex and P.M. Midgley (eds.)]. Cambridge University Press, Cambridge, United Kingdom and New York, NY, USA.; IPCC, 2000: Special Report on Emissions Scenarios [Nebojsa Nakicenovic and Rob Swart (Eds.)]. Cambridge University Press, UK.; GEA, 2012: Global Energy Assessment - Toward a Sustainable Future, Cambridge University Press, Cambridge, UK and New York, NY, USA and the International Institute for Applied Systems Analysis, Laxenburg, Austria.

Abbildung S.3.2 Schleicher, Stefan P.,2014. Tracing the decline of EU GHG emissions. Impacts of structural changes of the energy system and economic activity. Policy Brief. Wegener Center for Climate and Global Change, Graz. Basierend auf Daten des statistischen Amtes der Europäischen Union (Eurostat)

Abbildung S.3.3 Abbildung für AAR14 erstellt, auf Basis von Daten aus: GLP, 2005. Global Land Project. Science Plan and Implementation Strategy. IGBP Report No. 53/IHDP Report No. 19. IGBP Secretariat, Stockholm. Verfügbar unter: http://www.globallandproject.org/publications/ science_plan.php; Millennium Ecosystem Assessment, 2005. Ecosystems and Human Well-being: Synthesis. Island Press, Washington, DC. Verfügbar unter: http://www.unep.org/maweb/en/Synthesis. aspx; Turner, B.L., Lambin, E.F., Reenberg, A., 2007. The emergence of land change science for global environmental change and sustainability. PNAS 104, 20666–20671. doi:10.1073/pnas. 0704119104.

Abbildung S.3.4 Umweltbundesamt, 2012: Austria's National Inventory Report 2012. Submission under the United Nations Framework Convention on Climate Change and under the Kyoto Protocol. Reports, Band 0381, Wien. ISBN: 978-3-99004-184-0

Abbildung S.3.5 Für den AAR14 erstellt von R. Haas auf Basis von Daten der Enegrgy Economics Group und der Statistik Austria, 2013a. Energiebilanzen 1970-2011 [WWW Document]. URL http://www.statistik.gv.at/web_de/statistiken/energie_und_umwelt/energie/energiebilanzen/index.html (accessed 7.14.14).

Abbildung S.3.6 Hausberger,S., Schwingshackl, M., 2011. Update der Emissionsprognose Verkehr Österreich bis 2030 (Studie erstellt im Auftrag des Klima- und Energiefonds No. Inst-03/11/Haus Em 09/10-679). Technische Universität, Graz.

Abbildung S.3.7 Übersetzt für AAR14 auf Basis von ADEME, 2007; US DoT, 2010; Der Boer et al., 2011; NTM, 2012; WBCSD, 2012, In Sims R., R. Schaeffer, F. Creutzig, X. Cruz-Núñez, M. D'Agosto, D. Dimitriu, M.J. Figueroa Meza, L. Fulton, S. Kobayashi, O. Lah, A. McKinnon, P. Newman, M. Ouyang, J.J. Schauer, D. Sperling, and G. Tiwari, 2014: Transport. In: Climate Change 2014: Mitigation of Climate Change. Contribution of Working Group III to the Fifth Assessment Report of the Intergovernmental Panel on Climate Change [Edenhofer, O., R. Pichs-Madruga, Y. Sokona, E. Farahani, S. Kadner, K. Seyboth, A. Adler, I. Baum, S. Brunner, P. Eickemeier, B. Kriemann, J. Savolainen, S. Schlömer, C. von Stechow, T. Zwickel and J.C. Minx (eds.)]. Cambridge University Press, Cambridge, United Kingdom and New York, NY, USA

Abbildung S.3.8 UNWTO-UNEP-WMO, 2008: Climate change and tourism – Responding to global challenges. UNWTO: Madrid, Spain. Verfügbar unter: http://www.unep.fr/scp/publications/details. asp?id=WEB/0142/PA

Abbildung S.3.9 Abbildung für AAR14 erstellt, auf Basis von Daten aus STATcube – Statistische Datenbank von Statistik Austria. Verfügbar unter: http://sdb.statistik.at/superwebguest/autoLoad.do?db=deeehh

Abbildung S.3.10 Muñoz, P., Steininger, K.W., 2010. Austria's CO_2 responsibility and the carbon content of its international trade. Ecological Economics 69, 2003–2019. doi:10.1016/j.ecolecon.2010.05.017

Abbildung S.3.11 Abbildung für AAR14 erstellt, auf Basis von Daten aus STATcube – Statistische Datenbank von Statistik Austria. Verfügbar unter: http://sdb.statistik.at/superwebguest/autoLoad.do?db=deeehh

Abbildung S.3.12 Abbildung für AAR14 erstellt, auf Basis von Daten aus: Umweltbundesamt, 2009: Klimaschutzbericht 2009. Reports, Band 0226, Wien. ISBN: 978-3-99004-024-9; Umweltbundesamt, 2011: Klimaschutzbericht 2011. Reports, Band 0334, Wien. ISBN: 978-3-99004-136-9; Umweltbundesamt, 2012: Klimaschutzbericht 2012. Reports, Band 0391, Wien. ISBN: 978-3-99004-194-9

Abbildung S.3.13 IPCC, 2013: Summary for Policymakers. In: Climate Change 2013: The Physical Science Basis. Working Group I Contribution to the Fifth Assessment Report of the Intergovernmental Panel on Climate Change [Stocker,T.F., D.Qin, G.-K. Plattner, M.Tignor, S. K.Allen, J.Boschung, A.Nauels, Y.Xia, V.Bex and P.M. Midgley (eds.)]. Cambridge University Press, Cambridge, UK and New York, USA.

Abbildung S.3.14 Abbildung für AAR14 erstellt, auf Basis von Daten aus: Statistik Austria, 2011: Statistik der Zivilluftfahrt 2010. Wien. ISBN 978-3-902791-15-3. Verfügbar unter: http://www.statistik.at/web_de/dynamic/services/publikationen/14/publdetail?id=14&listid=14&detail=489; Bliem, M., B. Friedl, T. Balabanov and I. Zielinska, 2011: Energie [R]evolution 2050. Der Weg zu einer sauberen Energie-Zukunft in Österreich. Endbericht. Institut für Höhere Studien (IHS), Wien; Christian et al., 2011: Zukunfsfähige Energieversorgung für Österreich (ZEFÖ). Vienna, Umweltmanagement Austria, Institut für industrielle Ökologie und Forum Wissenschaft & Umwelt im Rahmen des Programmes „Energie der Zukunft" des BMVIT. Streicher, W., H. Schnitzer, M. Titz, F. Tatzber, R. Heimrath, I. Wetz, S. Hausberger, R. Haas, G. Kalt, A. Damm, K. Steininger and S. Oblasser, 2011: Energieautarkie für Österreich 2050. funded by the Austrian climate and energy fund (kli:en). Universität Innsbruck – Institut für Konstruktion und Materialwissenschaften, Arbeitsbereich Energieeffizientes Bauen, Innsbruck

Anhang
Zitierweisen

Anhang: Zitierweisen

Zitierweise der Zusammenfassung für Entscheidungstragende (ZfE)

APCC (2014): Zusammenfassung für Entscheidungstragende (ZfE). In: Österreichischer Sachstandsbericht Klimawandel 2014 (AAR14). Austrian Panel on Climate Change (APCC), Verlag der Österreichischen Akademie der Wissenschaften, Wien, Österreich.

Citation of the Summary for Policymakers (SPM)

APCC (2014): Summary for Policymakers (SPM), revised edition. In: Austrian Assessment Report Climate Change 2014 (AAR14), Austrian Panel on Climate Change (APCC), Austrian Academy of Sciences Press, Vienna, Austria.

Zitierweise der Synthese

Kromp-Kolb, H., N. Nakicenovic, R. Seidl, K. Steininger, B. Ahrens, I. Auer, A. Baumgarten, B. Bednar- Friedl, J. Eitzinger, U. Foelsche, H. Formayer, C. Geitner, T. Glade, A. Gobiet, G. Grabherr, R. Haas, H. Haberl, L. Haimberger, R. Hitzenberger, M. König, A. Köppl, M. Lexer, W. Loibl, R. Molitor, H. Moshammer, H-P. Nachtnebel, F. Prettenthaler, W. Rabitsch, K. Radunsky, L. Schneider, H. Schnitzer, W. Schöner, N. Schulz, P. Seibert, S. Stagl, R. Steiger, H. Stötter, W. Streicher, W. Winiwarter (2014): Synthese. In: Österreichischer Sachstandsbericht Klimawandel 2014 (AAR14). Austrian Panel on Climate Change (APCC), Verlag der Österreichischen Akademie der Wissenschaften, Wien, Österreich.

Zitierweise der einzelnen Kapitel

Die vorliegende Zusammenfassung für Entscheidungstragende (ZfE) und Synthese beruhen auf detaillierten Ausarbeitungen, welche als Gesamtband publiziert wurden in:

APCC (2014): Österreichischer Sachstandsbericht Klimawandel 2014 (AAR14). Austrian Panel on Climate Change (APCC), Verlag der Österreichischen Akademie der Wissenschaften, Wien, Österreich, 1096 Seiten. ISBN 978-3-7001-7699-2

Band 1: Klimawandel in Österreich: Einflussfaktoren und Ausprägungen

Haimberger, L., P. Seibert, R. Hitzenberger, A. Steiner und P. Weihs (2014): Das globale Klimasystem und Ursachen des Klimawandels. In: Österreichischer Sachstandsbericht Klimawandel 2014 (AAR14). Austrian Panel on Climate Change (APCC), Verlag der Österreichischen Akademie der Wissenschaften, Wien, Österreich, S. 137–172.

Winiwarter, W., R. Hitzenberger, B. Amon, H. Bauer†, R. Jandl, A. Kasper-Giebl, G. Mauschitz, W. Spangl, A. Zechmeister und S. Zechmeister-Boltenstern, (2014): Emissionen und Konzentrationen von strahlungswirksamen atmosphärischen Spurenstoffen. In: Österreichischer Sachstandsbericht Klimawandel 2014 (AAR14). Austrian Panel on Climate Change (APCC), Verlag der Österreichischen Akademie der Wissenschaften, Wien, Österreich, S. 173–226.

Auer, I., U. Foelsche, R. Böhm†, B. Chimani, L. Haimberger, H. Kerschner, K.A. Koinig, K. Nicolussi und C. Spötl, 2014: Vergangene Klimaänderung in Österreich. In: Österreichischer Sachstandsbericht Klimawandel 2014 (AAR14). Austrian Panel on Climate Change (APCC), Verlag der Österreichischen Akademie der Wissenschaften, Wien, Österreich, S. 227–300.

Ahrens, B., H. Formayer, A. Gobiet, G. Heinrich, M. Hofstätter, C. Matulla, A.F. Prein und H. Truhetz, 2014: Zukünftige Klimaentwicklung. In: Öster- reichischer Sachstandsbericht Klimawandel 2014 (AAR14). Austrian Panel on Climate Change (APCC), Verlag der Österreichischen Akademie der Wissenschaften, Wien, Österreich, S. 301–346.

Schöner, W., A. Gobiet, H. Kromp-Kolb, R. Böhm†,M. Hofstätter und M. Zuvela-Aloise, 2014: Zusammenschau, Schlussfolgerungen und Perspektiven. In: Österreichischer Sachstandsbericht Klimawandel

2014 (AAR14). Austrian Panel on Climate Change (APCC), Verlag der Österreichischen Akademie der Wissenschaften, Wien, Österreich, S. 347–380.

Band 2: Klimawandel in Österreich: Auswirkungen auf Umwelt und Gesellschaft

Stötter, J., H. Formayer, F. Prettenthaler, M. Coy, M. Monreal und U. Tappeiner, 2014: Zur Kopplung zwischen Treiber- und Reaktionssystemen sowie zur Bewertung von Folgen des Klimawandels. In: Österreichischer Sachstandsbericht Klimawandel 2014 (AAR14). Austrian Panel on Climate Change (APCC), Verlag der Österreichischen Akademie der Wissenschaften, Wien, Österreich, S. 383–410.

Nachtnebel, H.P., M. Dokulil, M. Kuhn, W. Loiskandl, R. Sailer, W. Schöner 2014: Der Einfluss des Klimawandels auf die Hydrosphäre. In: Österreichischer Sachstandsbericht Klimawandel 2014 (AAR14). Austrian Panel on Climate Change (APCC), Verlag der Österreichischen Akademie der Wissenschaften, Wien, Österreich, S. 411–466.

Lexer, M.J., W. Rabitsch, G. Grabherr, M. Dokulil, S. Dullinger, J. Eitzinger, M. Englisch, F. Essl, G. Gollmann, M. Gottfried, W. Graf, G. Hoch, R. Jandl, A. Kahrer, M. Kainz, T. Kirisits, S. Netherer, H. Pauli, E. Rott, C. Schleper, A. Schmidt- Kloiber, S. Schmutz, A. Schopf, R. Seidl, W. Vogl, H. Winkler, H. Zechmeister, 2014: Der Einfluss des Klimawan- dels auf die Biosphäre und Ökosystemleistungen. In: Österreichischer Sachstandsbericht Klimawandel 2014 (AAR14). Austrian Panel on Climate Change (APCC), Verlag der Österreichischen Akademie der Wissenschaften, Wien, Österreich, S. 467–556.

Glade, T., R. Bell, P. Dobesberger, C. Embleton- Hamann, R. Fromm, S. Fuchs, K. Hagen, J. Hübl, G. Lieb, J.C. Otto, F. Perzl, R. Peticzka, C. Prager, C. Samimi, O. Sass, W. Schöner, D. Schröter, L. Schrott, C. Zangerl und A. Zeidler, 2014: Der Einfluss des Klimawandels auf die Reliefsphäre. In: Österreichischer Sachstandsbericht Klimawandel 2014 (AAR14). Austrian Panel on Climate Change (APCC), Verlag der Österreichischen Akademie der Wissenschaften, Wien, Österreich, S. 557–600.

Baumgarten, A., C. Geitner, H.P. Haslmayr und S. Zechmeister-Boltenstern, 2014: Der Einfluss des Klimawandels auf die Pedosphäre. In: Österreichischer Sachstandsbericht Klimawandel 2014 (AAR14). Austrian Panel on Climate Change (APCC), Verlag der Österreichischen Akademie der Wissenschaften, Wien, Österreich, S. 601–640.

König, M., W. Loibl, R. Steiger, H. Aspöck, B. Bednar- Friedl, K.M. Brunner, W. Haas, K.M. Höferl, M. Huttenlau, J. Walochnik und U. Weisz, 2014. Der Einfluss des Klimawandels auf die Antroposphäre. In: Österreichischer Sachstandsbericht Klimawandel 2014 (AAR14). Austrian Panel on Climate Change (APCC), Verlag der Österreichischen Akademie der Wissenschaften, Wien, Österreich, S. 641–704.

Band 3: Klimawandel in Österreich: Vermeidung und Anpassung

Bednar-Friedl, B., K. Radunsky, M. Balas, M. Baumann, B. Buchner, V. Gaube, W. Haas, S. Kienberger, M. König, A. Köppl, L. Kranzl, J. Matzenberger, R. Mechler, N. Nakicenovic, I. Omann, A. Prutsch, A. Scharl, K. Steininger, R. Steurer und A. Türk, 2014: Emissionsminderung und Anpassung an den Klimawandel. In: Österreichischer Sachstandsbericht Klimawandel 2014 (AAR14). Austrian Panel on Climate Change (APCC), Verlag der Österreichischen Akademie der Wissenschaften, Wien, Österreich, S. 707–770.

Eitzinger, J., H. Haberl, B. Amon, B. Blamauer, F. Essl, V. Gaube, H. Habersack, R. Jandl, A. Klik, M. Lexer, W. Rauch, U. Tappeiner und S. Zechmeister-Boltenstern, 2014: Land- und Forstwirtschaft, Wasser, Ökosysteme und Biodiversität. In: Österreichischer Sachstandsbericht Klimawandel 2014 (AAR14). Austrian Panel on Climate Change (APCC), Verlag der Österreichischen Akademie der Wissenschaften, Wien, Österreich, S. 771–856.

Haas, R., R. Molitor, A. Ajanovic, T. Brezina, M. Hartner, P. Hirschler, G. Kalt, C. Kettner, L. Kranzl, N. Kreuzinger, T. Macoun, M. Paula, G. Resch, K. Steininger, A. Türk und S. Zech, 2014: Energie und Verkehr. In: Österreichischer Sachstandsbericht Klimawandel 2014 (AAR14). Austrian Panel on Climate Change (APCC), Verlag der Österreichischen Akademie der Wissenschaften, Wien, Österreich, S. 857–932.

Moshammer, H., F. Prettenthaler, A. Damm, H.P. Hutter, A. Jiricka, J. Köberl, C. Neger, U. Pröbstl-Haider, M. Radlherr, K. Renoldner, R. Steiger, P. Wallner und C. Winkler, 2014: Gesundheit, Tourismus. In: Österreichischer Sachstandsbericht Klimawandel 2014 (AAR14). Austrian Panel on Climate Change (APCC), Verlag der Österreichischen Akademie der Wissenschaften, Wien, Österreich, S. 933–978.

Schnitzer, H., W. Streicher und K.W. Steininger, 2014: Produktion und Gebäude. In: Österreichischer Sachstandsbericht Klimawandel 2014 (AAR14). Austrian Panel on Climate Change (APCC), Verlag der Österreichischen Akademie der Wissenschaften, Wien, Österreich, S. 979–1024.

S. Stagl, Schulz, N., K. Kratena, R. Mechler, E. Pirgmaier, K. Radunsky, A. Rezai und A. Köppl, 2014: Transformationspfade. In: Österreichischer Sachstandsbericht Klimawandel 2014 (AAR14). Austrian Panel on Climate Change (APCC), Verlag der Österreichischen Akademie der Wissenschaften, Wien, Österreich, S. 1025–1076.